高等学校应用型本科系列教材

C 语言程序设计任务驱动式教程

主编 丁雪芳　周　燕

参编 马克勤　雍　蓉　冯　佩　王小慧

西安电子科技大学出版社

内 容 简 介

C 语言凭借高效、灵活及强大的底层操作能力，在操作系统、嵌入式系统等关键领域占据核心地位。本书为计算机专业学生、编程爱好者、行业技术人员精心打造，深入讲解了 C 语言编程基础、控制结构，剖析了数组与指针、函数与指针等核心知识，介绍了用户自定义数据类型、编译预处理、文件及其操作等高级特性，以及 C 语言在单片机中的应用。本书以创新任务驱动教学法为核心，各章节的编写遵循"理论铺垫—任务实践—知识巩固"路径，系统覆盖 C 语言各层面的知识，具有较强的系统性与实用性。

书中通过大量源于实际应用场景的任务，激发读者的学习兴趣，助力其将知识转化为实际能力，为职业发展和个人成长铸就坚实基石，开启精彩编程之旅。

图书在版编目（CIP）数据

C 语言程序设计任务驱动式教程 / 丁雪芳，周燕主编. -- 西安：西安电子科技大学出版社，2025.9. --ISBN 978-7-5606-7747-7

I. TP312.8

中国国家版本馆 CIP 数据核字第 2025W5F180 号

C 语言程序设计任务驱动式教程
C YUYAN CHENGXU SHEJI RENWU QUDONGSHI JIAOCHENG

策　　划	成　毅	
责任编辑	张　玮	
出版发行	西安电子科技大学出版社(西安市太白南路 2 号)	
电　　话	(029)88202421　88201467	邮　　编　710071
网　　址	www.xduph.com	电子邮箱　xdupfxb001@163.com
经　　销	新华书店	
印刷单位	西安创维印务有限公司	
版　　次	2025 年 9 月第 1 版	2025 年 9 月第 1 次印刷
开　　本	787 毫米×1092 毫米　　1/16	印　　张　21
字　　数	499 千字	
定　　价	59.00 元	

ISBN 978-7-5606-7747-7

XDUP 8048001-1

＊＊＊ 如有印装问题可调换 ＊＊＊

前　言

在当今数字化浪潮中，C 语言作为极具影响力的编程语言，始终稳居技术舞台的核心位置。从操作系统的底层架构搭建到嵌入式系统的深度定制开发，从大型软件的高效能编程到游戏引擎的强劲动力驱动，C 语言凭借其卓越的执行效率、灵活多变的编程特性以及强大的底层操控能力，成为众多关键领域不可或缺的基石性工具。C 语言既是计算机科学专业学生开启学术探索的基础必修课，也是编程爱好者踏入代码世界的敲门砖，还是行业技术人员提升专业素养、拓宽职业发展路径所需的关键技能，其重要性不言而喻。

面对新工科人才培养的时代挑战，编者汇聚专业智慧，精心编写了本书。本书匠心独运，特色鲜明，在内容编排上，以任务驱动教学法贯穿全书，每一章节均严格遵循"理论铺垫—任务实践—知识巩固"的科学架构，循序渐进地引导读者深入学习。尤为值得一提的是，在本书最后一章，编者精心设计了综合性强、知识覆盖面广的项目实例，以期全方位提升读者的编程实战能力。

本书具体特色如下：

(1) 构建科学学习路径。在理论铺垫环节，我们秉持深入浅出的原则，将 C 语言的复杂知识抽丝剥茧，讲解得清晰透彻，为读者后续的实践操作夯实理论根基。在任务实践部分，书中设计了大量源自真实应用场景的任务，紧密贴合各领域实际需求。比如，在数据处理方面，设置了学生成绩汇总与排序任务，助力读者掌握数据处理核心技能；在嵌入式应用方面，安排了使用 MCS-51 单片机实现八路流水灯的任务，让读者切实感受 C 语言在硬件控制中的能力。通过完成这些任务，读者能够将抽象理论与实际编程紧密结合，在解决实际问题的过程中真正掌握 C 语言编程的精髓。此外，在知识巩固环节，丰富多样的习题能够帮助读者及时检验学习成果，强化对知识的理解与记忆，实现从知识储备到实践能力的有效转化。

(2) 设置全栈式大综合实例。本书一大亮点在于设置了全栈式大综合实例。本书最后一章模拟了真实开发场景，构建了综合性强、涵盖多方面知识的大项目，要求读者综合运用 C 语言知识，对从数据类型的精准选择、控制结构的合理搭建，到数组与指针的灵活运用、函数模块的精心设计，乃至文件操作和用户自定义数据类型进行全面考量，全方位攻克复杂问题。通过完成大综合实例，读者能够将分散在各个章节的知识点融会贯通，显著提升综合编程能力与实际项目应对能力，真正做到学以致用，能无缝对接实际工作场景。

(3) 强化 C 语言在单片机中的应用。本书着重突出 C 语言在单片机领域的应用，深入剖析 C 语言是如何与单片机硬件紧密结合，实现高效的系统控制与功能开发的。书中通过丰富的实例讲解，帮助读者掌握 C 语言在单片机编程中的关键技巧与应用要点，为从事嵌入式系统开发等相关工作筑牢基础。

本书的编写团队由多位深耕 C 语言教学与实践领域多年的资深专业人士组成。团队成员均为长期奋战在高校教学一线的骨干教师，他们不仅具备深厚的教学功底与丰富的教学经验，对学生在学习 C 语言过程中遇到的难点与痛点亦了如指掌，能够精准把握教学内容的深度与广度，还拥有丰富的竞赛指导经验。多年来，团队老师积极投身于各类 C 语言相关竞赛的指导工作，带领学生在全国性及省级编程竞赛中屡获佳绩。他们将这些宝贵经验巧妙融入本书中，为教程注入了实战活力。

本书共 10 章，由丁雪芳、周燕担任主编。各章节编写分工如下：第 1 章由马克勤执笔；第 2 章、第 8 章由雍蓉编写；第 3 章、第 6 章由丁雪芳撰写；第 4 章、第 7 章由冯佩负责；第 5 章、第 10 章由王小慧完成；第 9 章由周燕编写；付春晓负责审校。

在此，我们要向众多为本书编写提供帮助的人士致以诚挚谢意。感谢同行专家提出的宝贵意见和建议，他们的专业视角与独到见解让本书内容更加严谨完善。同时，衷心感谢西安电子科技大学出版社给予的大力支持。

由于篇幅所限及作者水平有限，书中不足之处在所难免，恳请广大同仁和读者批评指正。

编　者

2025 年 3 月

目 录

学习目标

1. 知识目标

(1) 了解程序的概念及程序设计语言的分类。

(2) 掌握算法的概念、算法表现形式以及结构化程序设计方法。

(3) 了解 C 语言的发展及其特点。

(4) 掌握 Dev C++ 集成环境下开发 C 语言程序的步骤。

2. 能力目标

(1) 掌握结构化程序设计的顺序、选择和循环三种基本结构。

(2) 能够使用结构化程序设计的方法来描述算法,并使用 Dev C++ 来实现简单的算法问题。

3. 素质目标

(1) 能够将问题进行结构化设计,运用算法表现形式将问题进行描述并用程序来实现,培养学生的算法思维能力。

(2) 通过了解 C 语言的发展史和特点,培养学生知己知彼的科学分析精神。

本章主要介绍程序的概念及程序设计语言的分类,探究算法的概念与算法表现形式,剖析结构化程序设计方法,梳理 C 语言的发展及特点,演示 Dev C++ 集成环境下开发 C 语言程序的步骤。

1.1 程序语言概述

计算机与人类之间不能直接使用自然语言进行交流,需要借助计算机能够理解并执行的"计算机语言"来交流。和人类语言类似,计算机语言是语法、语义与词汇的集合,可用来编写计算机程序。计算机语言也称为程序设计语言。程序设计语言是一种让计算机能够理解和执行人类指令的形式化语言，它是人与计算机之间进行沟通的桥梁。人们通过使用程序设计语言编写各种程序，来控制计算机完成数据处理、图像渲染、网络通信、游戏开发等各种任务。程序设计语言种类繁多，C 语言是比较常用的程序设计语言之一，通过对 C 语言扩充还产生了如 C++、Java、C# 等语言，这几种语言颇有相通之处，因此学好 C 语言可以为学习其他语言打下基础。

自计算机诞生以来，产生了上千种程序设计语言，有些已经被淘汰，有些则得到了推广和发展。程序设计语言经历了由低级阶段到高级阶段的发展，可以分为机器语言、汇编语言、高级语言。低级语言包括机器语言和汇编语言，高级语言包含 C、Java、Fortran 等语言。越低级的语言越接近计算机的二进制指令，越高级的语言越接近人类的自然语言。

1. 机器语言

计算机工作时所使用的是由"0"和"1"组成的二进制数，它能够认识的也是二进制数，当计算机通过"0"和"1"组成的指令序列执行相应的工作时，这种"0"和"1"组成的二进制数序列就称作机器语言。机器语言是 CPU 直接使用的语言，执行效率高，但与人类平日使用的语言差异较大，阅读和编写比较困难，较易出错。机器语言与特定的计算机硬件紧密相关，不同计算机的指令系统也不同，使得机器指令编写的程序通用性较差且不可移植，因此机器语言又称低级语言。机器语言是第一代计算机语言，主要用于底层硬件控制和对执行效率要求极高的场景，如 BIOS 程序、嵌入式系统的底层驱动程序等。

2. 汇编语言

机器语言作为计算机能直接理解和执行的指令集，其指令均由多位二进制数构成。这一特性注定了用机器语言编程的过程充满艰辛。在编程时，开发者需将每一个数据、指令都精准地转换为二进制形式。像简单的字母"A"，在机器语言中需表示为"1010"，数字"9"则对应"1001"，这要求开发者牢记大量的二进制数与字符、数字的对应关系。机器语言形式多样，极为复杂。编程时，不仅要全面考虑进位问题，确保运算结果的准确性，还要兼顾数据的符号，处理正数与负数相加的各种情况。同时，对于可能出现的溢出状况，也必须在指令编写中加以防范。若不妥善处理这些因素，则运算结果很容易出错。而且，不同情况对应不同的指令形式，开发者必须分别记忆，这极大地增加了编程难度。

为了提高编程效率，人们引入了助记符，例如，用"ADD"代表加法，"MOV"代表数据传递等。如此一来，程序理解起来相对容易，纠错及维护也更方便，这种程序设计语言被称为汇编语言，即第二代计算机语言。但是汇编语言同样十分依赖于机器硬件，移植性差，常用于操作系统内核开发、驱动程序编写、高性能计算等对硬件资源进行直接控制和优化的场景。

3. 高级语言

为了解决计算机硬件高速度和程序编制低效率之间的矛盾，20 世纪 50 年代起，多种"程序设计语言"(也称高级语言)相继出现。高级语言是一种更接近人类自然语言和数学表达式的编程语言，具有较高的抽象层次和可读性，如 Python、Java、C++等。高级语言有诸多特点：接近自然语言和数学表达式，可读性强；具有良好的可移植性，同一高级语言程序可以在不同的计算机平台上运行，只需安装相应的编译器或解释器即可；通常需要经过编译或解释才能被计算机执行，执行效率相对较低。不过，随着编译技术的发展，部分高级语言的执行效率也在不断提高。另外，高级语言提供了丰富的数据类型和控制结构，编写程序相对轻松，开发效率高，广泛应用于 Web 开发、移动应用开发、数据分析、人工智能等各种应用程序开发领域。

1.2　算法及算法表现形式

算法是为解决特定问题而采取的方法和一系列有限步骤。著名的计算机科学家尼古拉斯·沃斯(Niklaus Wirth)提出如下公式：

程序 = 数据结构 + 算法

编写程序之前，首先要找到解决问题的方法，并将其转化为计算机能够理解和执行的步骤，即算法。算法设计是程序设计的重要环节。算法作为计算机科学的核心概念之一，在各个领域的应用中都发挥着关键作用，推动着信息技术的不断发展与进步。可以说，算法就像是为解决特定问题而精心设计的一套详细的行动步骤，通过有序执行这些步骤，能够得出预期的结果。算法广泛应用于计算机科学、数学、物理学等众多领域，是解决各种复杂问题的重要工具。

1.2.1　算法的定义及特性

算法是为解决某类特定问题而规定的一系列明确、有限的操作步骤所组成的操作序列。

一个算法必须具备以下五个重要特性：

(1) 有穷性。算法在执行有限数量的步骤后必须结束，且每一步骤都必须在有限的时间内完成。如对 1～100 求和，从读取数据、执行到输出求和结果，整个运算过程由一系列有限的操作步骤完成，且每一步都能在合理的时间内结束。

(2) 确定性。算法对各种情况下应执行的操作均作出明确且精准的规定，不存在任何歧义，这使得算法的执行者和阅读者都能清晰无误地理解其含义及执行方式。例如，在一个排序算法中，对于每一个元素的比较和交换操作都有明确的规则，不会因为执行者的不同理解而产生不同的执行路径。

(3) 可行性。算法包含的全部操作，均可通过已实现的基本操作运算，经过有限次执行得以完成。例如，在一个计算阶乘的算法中，虽然阶乘的计算过程较为复杂，但它可以通过多次乘法运算这一基本操作来实现。

(4) 输入。一个算法可以有零个或多个输入。

(5) 输出。一个算法至少包含一个输出，这些输出是算法对信息进行处理后产生的结果。没有输出的算法不具有任何实际意义。

1.2.2　算法的描述形式

描述具体算法的方法有多种，较为常用的有自然语言、传统流程图、N-S 图以及伪代码等。

1. 自然语言

使用中文或英文等语言描述算法是最为简单的算法描述方式。其最大的优势在于通俗易懂、易于掌握，一般人都能运用它对算法进行表述。借助日常生活中常用的语言，人们可以较为轻松地阐述算法的逻辑和步骤，方便理解和交流。

然而，该方法也存在一些不容忽视的缺点。其一，这种描述方式较为随意且繁琐。自然语言本身的灵活性，使得在描述算法时可能会出现表述不规范、结构松散的情况，导致描述内容冗长，难以快速准确地传达关键信息。其二，这种描述方式容易产生歧义。自然语言具有丰富的语义和多样的表达方式，同样的词汇或语句在不同的语境下可能会有不同的理解，这就使得在使用中文或英文描述算法时，很容易因为理解的差异而造成对算法逻辑的错误解读，进而影响算法的实现和应用。

2. 传统流程图

流程图(又称程序框图)是一种运用程序框、流程线以及文字说明来展示算法的图形工具。常言道，"一张图胜过千言万语"，流程图能够清晰且有效地呈现执行过程中的三种基本结构，即顺序结构、选择结构以及循环结构。在流程图中，一个或多个程序框的组合代表算法中的一个步骤；带有方向箭头的流程线将各个程序框连接起来，表示算法步骤的执行顺序。常用的流程图符号及功能如表 1.1 所示。

表 1.1   流程图常用图形符号及功能

流程图符号	名　称	功　能
	起止框	圆角矩形符号，表示算法的开始或结束
	输入/输出框	平行四边形符号，表示算法输入和输出的信息，可用在算法中任何需要输入、输出的位置
	处理框	矩形符号，用于赋值、计算，算法中处理数据需要的算式、公式等分别写在不同处理框内
	判断框	菱形符号，用于判断某一条件是否成立，成立时在出口处标明"是"或"Y"，不成立时标明"否"或"N"
	流程线	表示算法进行的前进方向以及先后顺序，连接程序框
	连接点	流程间断时用于连接程序框分离的两部分

1) 流程图绘制规则

绘制流程图需要遵循以下规则：

(1) 流程完整。流程图应具备明确的起始和结束标识。

(2) 符号规范。不同的程序框具有特定的含义，须严格按照标准规范使用。

(3) 流向清晰。流程线必须带有明确的方向箭头，以清晰地展示算法步骤的执行顺序。框图一般按从上到下、从左到右的方向绘制。

(4) 文字简洁。文字说明要简洁明了，准确概括程序框所代表的操作或条件。避免使用冗长、模糊的表述，确保阅读者能够快速理解流程的含义。

(5) 一致性原则。在同一个流程图中，相同类型的操作或条件，应使用相同的符号和文字表述，保持整个流程图的一致性和规范性。

(6) 模块化设计。如果算法较为复杂，可以考虑将其分解为多个模块，并为每个模块绘制单独的流程图，再通过主流程图将这些模块连接起来。这种模块化的设计不仅使流程图更加简洁，还有助于算法的维护和扩展。

2) 流程图的基本程序结构

流程图有三种基本程序结构。

(1) 顺序结构。

这是最简单最基础的结构类型。在顺序结构中，算法步骤按照从上到下的顺序依次执行，如同一条直线，没有分支和循环。例如，在计算一个简单的数学表达式时，先进行乘法运算，再进行加法运算，最后输出结果，这一系列操作就可以用顺序结构来表示。如图 1.1 所示，A 和 B 两个框是顺序执行的。

例 1-1 输入长方形的长和宽，计算其面积并输出，如图 1.2 所示。

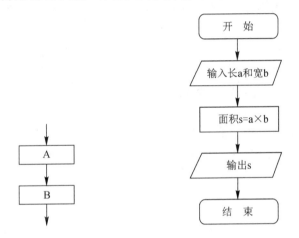

图 1.1 顺序结构流程图　　　图 1.2 长方形求面积流程图

(2) 选择结构。

选择结构也被称为分支结构，其核心特点是根据给定的条件进行判断，然后根据判断结果决定执行不同的分支流程。在选择结构中，通常会出现一个条件判断框(菱形框)，当条件成立时，执行一个分支的操作；当条件不成立时，执行另一个分支的操作。这种结构使得流程图能够根据不同的情况做出不同的反应，增强了算法的灵活性和适应性。

例如，在判断一个数是否大于零的程序中，如果该数大于零，则输出"正数"；如果该数小于或等于零，则输出"非正数"。这就是典型的选择结构应用场景。例如，根据给定的条件 P 是否成立来选择执行 A 或 B。注意，无论 P 条件是否成立，只能执行 A、B 其中之一，不可能既执行 A 又执行 B。无论走哪一条路径，在执行完 A 或 B 之后将脱离选择结构，如图 1.3(a)所示。A 或 B 两个框中可以有一个为空，即不执行任何操作，如图 1.3(b)所示。

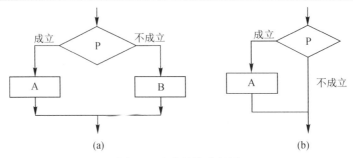

图 1.3　分支结构流程图

例 1-2　计算数学中的分段函数。

$$y = \begin{cases} x+1 & x>0 \\ x-100 & x=0 \\ x \times 20 & x<0 \end{cases}$$

算法描述如下：

步骤 1：输入 x 的值。

步骤 2：判断 x 是否大于 0，若大于 0，则会 $y = x + 1$，然后转至步骤 5；否则进入步骤 3。

步骤 3：判断 x 是否等于 0，若等于 0，则令 $y = x - 100$，然后转至步骤 5；否则进入步骤 4。

步骤 4：由于 x 小于 0(因为步骤 2、3 条件均不成立，所以此条件必然成立)，令 $y = x \times 20$。

步骤 5：输出 y 的值，算法结束。

对应绘制出该算法的流程图，如图 1.4 所示。

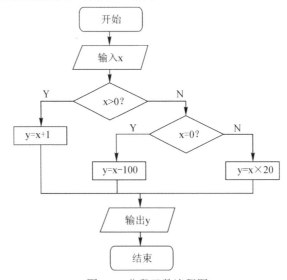

图 1.4　分段函数流程图

(3) 循环结构。

循环结构的主要特点是可以根据一定的条件重复执行特定的操作步骤，直到满足某个终止条件为止。循环结构包含一个循环体和一个循环条件，循环体是需要重复执行的操作步骤，循环条件则用于判断是否继续执行循环。

根据循环条件的判断时机不同，循环结构又可分为当型循环和直到型循环。

当型结构：当给定的 P 条件成立时，执行 A 框操作，然后判断 P 条件是否成立。如果 P 条件仍然成立，就再次执行 A 框操作，如此反复，直到 P 条件不成立为止，此时不执行 A 框操作，而是脱离循环结构，如图 1.5(a)所示。

直到型结构：先执行 A 框操作，然后判断给定的 P 条件是否成立。如果 P 条件成立，就再次执行 A 框操作，然后对 P 条件进行判断，如此反复，直到 P 条件不成立为止，此时脱离循环结构，如图 1.5(b)所示。

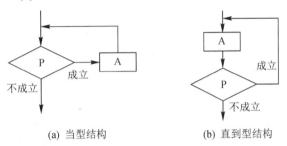

(a) 当型结构　　　　　　　　(b) 直到型结构

图 1.5　循环结构流程图

例 1-3　求 1～50 中能被 3 整除的数，并进行输出。

步骤 1：初始化变量 i，并赋值为 1，该变量用于遍历 1 到 50 的数。

步骤 2：进入循环，当 i 小于等于 50 时，执行以下操作：

a. 判断 i 是否能被 3 整除，即判断 i%3 == 0 是否成立(%是取余运算符，若 i 除以 3 的余数为 0，则 i 能被 3 整除)。

b. 如果 i 能被 3 整除，则输出 i 的值；如果 i 不能被 3 整除，则进入 c。

c. 将 i 的值增加 1，继续下一次循环。

步骤 3：当 i 大于 50 时，循环结束，算法执行完毕。

算法流程图如图 1.6 所示。

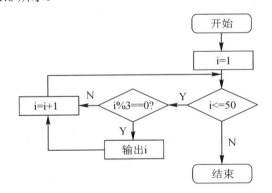

图 1.6　1～50 能被 3 整除流程图

3. N-S 图

N-S 图又称为盒图或 CHAPIN 图，是描述算法的常用方法之一。1973 年，美国学者 I.Nassi 和 B.Shneiderman 提出该方法，其主要特点是省去了流程图中的流程线，将全部算法置于一个矩形框内，使图形更紧凑。下面用 N-S 图对三种基本结构进行描述。

(1) 使用 N-S 图对顺序结构进行描述，如图 1.7 所示。

(2) 使用 N-S 图对选择结构进行描述。选择结构分为两种类型：一种是条件结构，即当条件 P 满足时，执行 A，否则执行 B，如图 1.8(a)所示；另一种是多分支选择结构，即根据条件 P 的不同值执行不同的语句。例如，P 等于 1 时执行 A1，P 等于 2 时执行 A2……如图 1.8(b)所示。

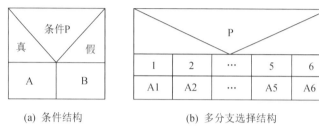

图 1.7 顺序结构 N-S 图   图 1.8 选择结构 N-S 图

(3) 使用 N-S 图对循环结构进行描述。循环结构同样包含两种类型：一是当型循环结构，即先判断条件 P，当条件满足时，反复执行 A，直至条件不再满足，如图 1.9(a)所示；另一种是直到型循环结构，即先执行 A，再判断条件 P，当条件满足时，反复执行 A，直至条件不满足，如图 1.9(b)所示。

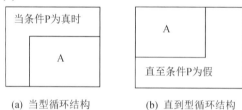

图 1.9 循环结构 N-S 图

N-S 图的优点是能直观地以图形表示算法，自然地摒弃了导致程序非结构化的流程线。不过，其缺点是修改不太方便。

对于例 1-2，用 N-S 图描述的结果如图 1.10 所示。

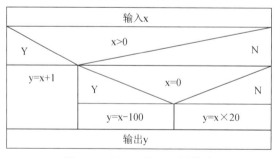

图 1.10 例 1-2 的 N-S 图描述

4. 伪代码

伪代码是一种用于描述算法逻辑和流程的非正式、简洁的表达形式。它采用类似编程语言的结构和语法，但并不遵循严格的编程语言规范，不依赖特定的编程语言环境，也无法直接在计算机上编译运行。

伪代码旨在以更简洁、直观的方式展现程序逻辑,助力开发者在编写实际代码前梳理思路、规划程序流程,不受具体语法细节的束缚。在设计复杂的软件程序或算法时,先编写伪代码能够快速搭建起整体框架,明确每个功能模块的大致实现方式,避免一开始就陷入具体编程语言的语法细节中。比如,对于例 1-3 "求 1~50 中能被 3 整除的数",可以用伪代码这样描述:

```
Begin 算法开始
初始化变量 i 为 1;
While(i<=50){
    If i 除以 3 的余数为 0, 即 i% 3 == 0;
        此时输出 i;
    i 自增 1;
}
End 算法结束
```

1.3 结构化程序设计

编写程序,得到运行结果只是学习程序设计的基本要求,要全面提高编程的质量和效率,就必须掌握正确的程序设计方法和技巧,培养良好的程序设计习惯,使程序具有良好的可读性、可修改性、可维护性。结构化程序设计方法是目前程序设计方法的主流之一。

1.3.1 结构化程序设计概述

结构化程序设计(Structured Programming,SP)方法由 E. Dijkstra 等人于 1972 年提出,它是一种基于模块,以及顺序、选择和循环三种基本控制结构来构建程序的方法。该方法强调将程序分解为较小的、功能明确的模块,每个模块都有清晰的输入、处理和输出,通过模块之间的协作来完成整个程序的功能。

采用结构化方法设计的程序仅包含三种基本结构,程序代码的空间顺序和程序执行的时间顺序基本一致,程序结构清晰。一个结构化程序应符合以下标准:

(1) 程序仅由顺序结构、分支结构和循环结构三种基本结构组成,这些基本结构可以嵌套。

(2) 每种基本结构都只有一个入口和一个出口。当这样的结构置于其他结构之间时,程序的执行顺序必然是从前一结构的出口到本结构的入口,经过本结构内部的操作后,到达本结构的唯一出口,体现出流水化特点。

(3) 程序中不出现死循环(即无法结束的循环)和死语句(程序中永远执行不到的语句)现象。

1.3.2 结构化程序设计原则

1. 自顶向下

从程序的总体目标和功能出发,将一个复杂的大问题分解为若干个相对简单、功能明确的子问题，然后继续对每个子问题进行分解，直到将问题细化成可以直接用基本程序结构和语句实现的小模块为止。这种从宏观到微观、从整体到局部的设计方式，有助于把握程序的整体结构和逻辑，让开发过程更有条理。

2. 逐步求精

在自顶向下分解问题的过程中，对每个子问题的设计和实现采用逐步细化、逐步完善的方法。开始阶段，只关注子问题的大致功能和框架，不涉及具体的细节和算法。随着设计的深入，逐步将每个子问题的功能细化为具体的操作步骤和算法，不断补充和完善程序的细节，直到最终能用编程语言准确实现为止。

3. 模块化

将程序划分为若干个功能相对独立、相互之间联系松散的模块。每个模块具有明确的功能和接口，只负责完成一项特定任务，模块内部的实现细节对其他模块是隐藏的。通过模块化设计，可以将一个大型复杂程序分解为多个易于管理和维护的小模块，不仅提高了程序的可理解性、可维护性和可扩展性，也便于团队成员分工协作。

4. 限制使用 goto 语句

goto 语句可以使程序的执行流程随意跳转，容易导致程序结构混乱，降低可读性和可维护性。在结构化程序设计中，应尽量避免使用 goto 语句，采用顺序、选择、循环等基本控制结构来实现程序的逻辑流程，使程序的执行顺序更加清晰和可预测。只有在极少数使用 goto 语句能够显著提高程序效率或使程序逻辑更加清晰的情况下，才可谨慎使用。

1.3.3 结构化程序设计过程

结构化程序设计一般按照以下这 6 个步骤完成，在编程解决具体问题时通常也遵循这些步骤。

1. 分析和定义实际问题

对要求解的问题进行定义与分析：
(1) 确定要产生的数据(即输出)，并定义表示输出数据的变量；
(2) 确定要输入的数据(即输入)，并定义表示输入数据的变量；
(3) 研究设计一种算法，能在有限的输入计算次数内获取输出结果。这种算法定义了结构化程序的顺序操作，以便在有限步骤内解决问题。对于数学问题，算法包括获取输出的计算；对于非数学问题，算法还包括许多文本和图像处理操作。

2. 建立处理模型

实际问题往往是具有一定规律的数学及物理过程，用特定方法描述问题的规律和其中的数值关系，是为确定计算机实际算法而做的理论准备。比如求解图形面积问题，可以归结为数值积分，积分公式就是为解决这类问题而建立的数学模型。

3. 设计算法

设计程序的总体轮廓(即结构)并画出程序的控制流程图：
(1) 对于简单程序，通过列出程序顺序执行的动作，可直接画出程序的流程；
(2) 对于复杂程序，采用自上而下的设计方法，将程序划分为一系列的模块，形成描述控制结构的模块图。每个模块完成一项任务，再对每一项任务逐步求精，梳理实现任务的全部细节，最终将控制结构图转变为程序流程图。

4. 绘制流程图

在编写程序前绘制处理步骤的流程图，能直观地反映出所处理问题中较复杂的关系，使编程思路清晰，避免出错。流程图是程序设计的有效辅助工具，也是程序设计的资料，便于程序员之间的交流。

5. 编写程序

采用一种计算机语言(如 C 语言)实现算法编程：

(1) 编写程序：将前面步骤中描述性的语言转换成 C 语句；

(2) 编辑程序：上机测试和调试程序；

(3) 获取结果：上机运行获取程序执行的结果。

6. 调试和运行程序

调试和运行程序就是将编写好的程序上机检查、编译、调试和运行，并纠正程序中的错误。

▶ 1.4　初识 C 语言

C 语言是一门面向过程的计算机编程语言，与 C++、Java 等面向对象编程语言有所不同。C 语言的设计目标是提供一种能以简易方式编译、处理低级存储器、仅产生少量的机器码且不需要任何运行环境支持便能运行的编程语言。C 语言描述问题比汇编语言迅速，工作量小，可读性好，易于调试、修改和移植，而代码质量与汇编语言相当。C 语言生成的目标程序的效率仅比汇编语言代码低 10%～20%。

1.4.1　C 语言的发展史

C 语言作为一种程序设计语言，巧妙融合了汇编语言和高级语言的优势，既能用于开发系统软件，也适用于开发应用软件。

C 语言的起源可追溯到 ALGOL 60 语言。1963 年，剑桥大学在 ALGOL 60 语言的基础上，发展出了 CPL(Combined Programming Language)。1967 年，剑桥大学的 Martin Richards 对 CPL 进行简化，创造了 BCPL。1970 年，美国贝尔实验室的 Ken Thompson 对 BCPL 加以修改，提取其核心部分设计出了 B 语言，并且使用 B 语言编写了首个 UNIX 操作系统。1973 年，美国贝尔实验室的 D.M. Ritchie 以 B 语言为基础，设计出一种新的语言。他选取了 BCPL 的第二个字母为该语言命名，C 语言便由此诞生。

为推动 UNIX 操作系统的广泛应用，1977 年 D.M. Ritchie 发表了《可移植的 C 语言编译程序》，该译文本不依赖于特定的机器系统。1978 年，B.W. Kernighan 和 D.M. Ritchie 合作出版了经典著作《C 程序设计语言》(*The C Programming Language*)，这使得 C 语言迅速成为全球范围内应用最广泛的高级程序设计语言之一。此后，C 语言不断发展，逐渐演化出了 C++、VC++ 以及 C# 等。

随着微型计算机的普及，市面上出现了众多 C 语言版本。由于缺乏统一的标准，这些不同版本的 C 语言之间存在一些差异。为解决这一问题，美国国家标准化协会(ANSI)着手对 C 语言进行标准化工作。1983 年，该协会颁布了第一个 C 语言标准草案(83 ANSI C)，1987 年又颁布了另一个 C 语言标准草案(87 ANSI C)。最新的 C 语言标准是 1999 年颁布的 C99，并于 2000 年 3 月被 ANSI 采纳。然而，由于主流编译器厂商对其支持不足，直至 2004 年，C99 仍未得到广泛应用。

1.4.2　C 语言的特点

C 语言作为当前在全球范围内应用最为广泛的程序设计语言之一，被众多程序员用于各类程序的设计。C 语言具备高度的灵活性与强大的生命力，已广泛应用于科学计算、工程控制、网络通信、图像处理等诸多领域。C 语言是一种结构化的程序设计语言，具有以下诸多显著特点。

1. 语言结构化

C 语言是结构化的程序设计语言，以函数作为主要结构，可通过函数实现不同程序的共享，便于程序模块化。此外，C 语言拥有 if-else 语句、for 循环、while 循环、do-while 循环等结构化控制语句，支持多种循环结构，复合语句也支持程序的结构化。这些特性使得使用 C 语言编写的程序结构清晰，具备良好的可读性与可维护性。

2. 语言简洁

C 语言的语言简洁、紧凑，在语言的表达方式上尽可能简单。在 C 语言中使用一个运算符就能够完成在其他语言中通常要用多个语句才能完成的操作，如条件运算符"?:"就是在一个表达式中完成了分支结构。简洁的表达方式不仅使程序的编写更加精练，而且减少了程序员的书写量，极大地提高了编程效率。

3. 功能强大

C 语言具有高级语言的通用性，能完成数值计算、字符处理、数据处理等操作。同时 C 语言具有低级语言的特点，能对物理地址进行访问，对数据的位进行处理和运算。C 语言这种兼具高级语言和低级语言功能的特点，使其能够代替低级语言开发系统软件和应用软件，著名的 UNIX 操作系统 90%以上的代码就是用 C 语言实现的。

4. 数据结构丰富

C 语言具有现代语言的各种数据结构，而且 C 语言又赋予了这些数据结构更加丰富的特性，用户借助这些数据结构能够构造所需的数据类型，实现各种复杂的数据结构的运算，完成各种问题的数据描述。

5. 运算符丰富

C 语言除具有其他高级程序设计语言所具有的运算符外，还具有 C 语言特有的运算符，比如增量运算符、赋值运算符、逗号运算符、条件运算符、移位运算符和强制类型转换运算符等。大量的运算符使得 C 语言的绝大多数处理和运算都可以用运算符来表达，提高了 C 语言的表达能力。

6. 生成目标代码质量高

实验表明，用 C 语言开发的程序生成的目标代码的效率只比用汇编语言开发同样程序生成的目标代码的效率低 10%～20%。由于用高级语言开发程序描述算法比用汇编语言描述算法要简单、快捷，编写的程序可读性好，修改、调试容易，所以 C 语言成为人们用来开发系统软件和应用软件的一个比较理想的工具。

7. 指针操作灵活

指针是 C 语言的重要特色，通过指针可以直接访问内存地址，实现对内存的灵活操作，提高程序的执行效率和灵活性，但使用不当也容易引发内存错误。

8. 可移植性强

由于 C 语言程序本身不依赖于机器的硬件系统，因此用 C 语言编制的程序只需少量修改，甚至可以不用修改，就可以在其他硬件环境中运行。正因为 C 语言程序的可移植性好，UNIX 操作系统才得以迅速地在各种机型上实现和使用。

1.4.3　C 语言的应用领域

C 语言兼具高级语言与汇编语言的特性。这一独特优势使其既能充当系统设计语言编写系统应用程序，又能作为应用程序设计语言，开发出不依赖计算机硬件的应用程序。正因如此，C 语言的应用范畴极为广泛，不仅在常见的软件开发领域占据重要地位，在各类科研项目中同样发挥着关键作用。C 语言常见的应用领域涵盖如下方面：

(1) 操作系统。许多操作系统，如 UNIX、Linux 等，都是用 C 语言编写的。C 语言具有高效、灵活的特点，能够直接访问硬件资源，对内存进行精细管理，满足操作系统对性能和稳定性的严格要求。

(2) 嵌入式系统。在嵌入式设备中，如在智能家居、汽车电子、工业控制、医疗设备等领域的电子设备中，C 语言被广泛用于开发底层驱动程序和实时控制系统。它可以针对特定的硬件平台进行优化，实现对硬件的精确控制，同时保证系统的实时响应性。

(3) 游戏开发。C 语言在游戏开发中也有重要地位。它可以用于开发游戏引擎的底层架构，实现图形渲染、物理模拟、音频处理等核心功能。许多著名的游戏引擎，如 Unreal Engine 等，都使用了 C 语言或 C++(C 语言的扩展)进行开发。

(4) 数据库管理系统。像 MySQL、PostgreSQL 等数据库管理系统，其底层的存储引擎、查询优化器等关键模块都是用 C 语言实现的。C 语言的高效性和对底层资源的控制能力，使得数据库系统能够处理大量的数据，并提供高效的查询和事务处理能力。

(5) 网络编程。在网络应用开发中，C 语言常用于编写网络服务器、客户端程序以及网络协议栈等。它可以通过套接字(Socket)编程实现网络通信，对网络数据包进行处理和解析，开发出高效、稳定的网络应用程序。

(6) 科学计算。在科学研究和工程计算领域，C 语言被广泛用于数值计算、数据分析、算法模拟等方面。它可以与各种数学库和科学计算库结合使用，如 BLAS、LAPACK 等，实现复杂的科学计算任务。

(7) 编译器开发。编译器是将高级编程语言转换为机器语言的工具，C 语言常被用于开发编译器的前端和后端。通过使用 C 语言，可以实现对源程序的词法分析、语法分析、语义分析以及代码生成等功能，将各种编程语言编译成可在不同平台上运行的机器码。

1.5 C 语言开发环境的搭建与调试

用 C 语言编写的源程序无法直接被计算机运行，在运行之前，需要经过特定的编译步骤将其转换为可执行代码。开发一个 C 语言程序通常包含编辑源程序、编译目标程序、连接可执行程序以及运行程序这几个关键步骤。就像建造一座房子：编辑源程序就像是在绘制房屋设计图，精心规划每一个细节；编译目标程序则如同按照设计图，一砖一瓦地搭建房屋框架；连接可执行程序相当于给房子安装水电、门窗等各种内部设施，让房子具备完整的功能；最后运行程序，就相当于这座房子正式竣工，可以投入使用啦！

集成开发环境作为一种专门服务于应用程序开发的软件系统，将程序编辑器、编译器、调试工具及其他相关功能整合为一体。借助该系统，程序员能够在同一集成环境内完成从源程序的输入编辑到最终运行的全流程操作。Dev C++ 和 Visual C++ 是两款应用广泛的可视化应用程序开发工具。本节将分别对 Dev C++ 和 Visual C++ 6.0(后续简称 VC6.0)的安装与启动、集成开发环境进行详细阐述，并结合实例，介绍在这两款工具中编写和调试 C 语言程序的具体方法。

1.5.1 Dev C++ 的搭建与调试

Dev C++ 是 Windows 环境下一款适合初学者使用的轻量级 C/C++ 集成开发环境(IDE)，也是非常实用的编程工具。其开发环境包含多页面窗口、工程编辑器以及调试器等，其完善的调试功能非常适合编程初学者使用。

1. Dev C++ 的安装与启动

下载 Dev C++ 安装程序"Dev-Cpp_5.11_TDM-GCC_4.9.2_Setup.exe"(其他版本也可以)，安装过程如下。

(1) 双击安装程序开始安装，加载安装组件后，会弹出如图 1.11 所示的对话框，选择安装语言为"English"，单击"OK"按钮。

(2) 接受协议。在如图 1.12 所示的对话框中，单击"I Agree"按钮接受安装协议。

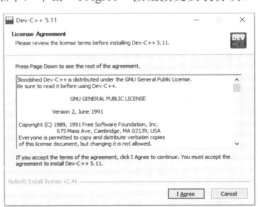

图 1.11　选择语言界面　　　　　　　　图 1.12　接受协议界面

(3) 选择安装组件。在图 1.13 所示的对话框中勾选需要安装的组件，这里保持默认设置即可。

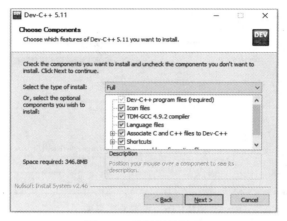

图 1.13 选择组件界面

(4) 设置安装的目标文件夹。在图 1.14 所示的对话框中设置安装的目标文件夹，一般不建议将软件放置在 C 盘，单击 "Install" 按钮继续。

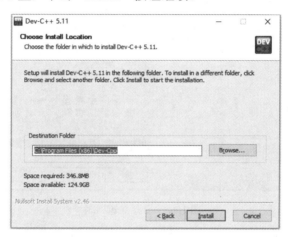

图 1.14 确定安装目录界面

(5) 单击 "Finish" 按钮，如图 1.15 所示，Dev C++ 安装结束。

图 1.15 安装结束界面

(6) 第一次运行 Dev C++ 时，需要设置软件界面。如图 1.16 所示，选择所使用的界面语言为"简体中文"，单击"Next"按钮。

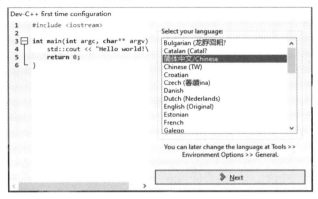

图 1.16　设置语言界面

(7) 选择主题界面。如图 1.17 所示，设置字体、背景色等，单击"Next"按钮，完成设置过程。

图 1.17　设置主题界面

(8) 在图 1.18 所示的界面中单击"OK"按钮，打开 Dev C++，此时便可以新建文件，开始编程。Dev C++ 界面如图 1.19 所示。

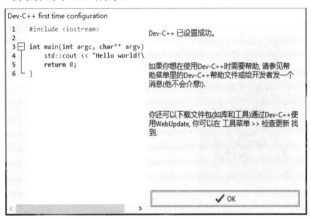

图 1.18　设置成功界面

图 1.19　Dev C++ 界面

2. Dev C++ 的开发环境与编程调试

Dev C++ 为开发者提供了简洁的设计界面。其开发环境是标准的 Windows 界面，包括标题栏、菜单栏、工具栏等区域，如图 1.20 所示。其中，工具栏包含编译、运行、调试工具按钮，如图 1.21 所示。

图 1.20　工具栏

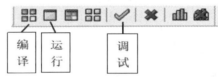

图 1.21　"编译、运行、调试"工具按钮

在 Dev C++ 中编写一个 C 语言程序，步骤如下：

(1) 打开 Dev C++，选择"文件→新建→源代码"命令，在弹出的文件编辑区内输入代码，如图 1.22 所示。

图 1.22　创建及编写程序

(2) 单击"保存"按钮，如图 1.23 所示。在弹出的对话框中选择文件的保存位置，并输入文件名，如"1.c"。

图 1.23   保存程序文件

(3) 点击"编译"命令对程序进行编译，如图 1.24 所示。若编译成功，则输出可执行文件。

图 1.24   编译程序

(4) 选择"运行"命令，运行程序，运行结果如图 1.25 所示。

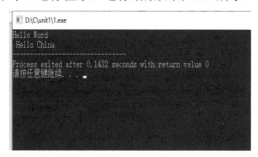

图 1.25   运行结果

在 Dev C++ 中可以设置断点，对 C 程序进行调试，步骤如下：

(1) 查看所使用的 Dev C++ 软件版本是否设置为支持调试信息，如图 1.26 所示。

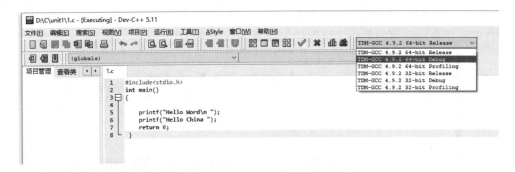

图 1.26　设置调试版本

(2) 选择"工具→编译选项"命令,在图 1.27 所示的对话框中,将"代码生成/优化→连接器"选项卡中的"产生调试信息"项目设置为"Yes",单击"确定"按钮。

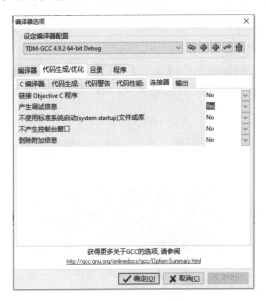

图 1.27　设定编译器配置

(3) 在代码行左侧的行号上单击鼠标,设置断点。此时断点行左侧会出现一个红色圆点,且整条语句行会以红底白字高亮显示,如图 1.28 所示。

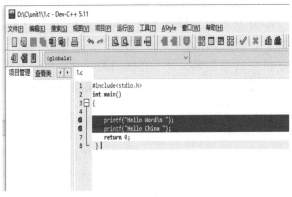

图 1.28　设置断点

(4) 单击"调试"按钮,打开调试面板,如图 1.29 所示。在程序代码中,当前需要执行的行的左侧会出现蓝色箭头,该行语句会变为蓝底白字。

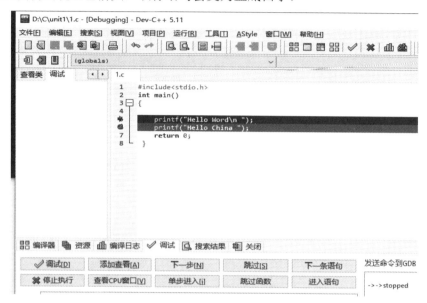

图 1.29   程序调试

(5) 单击"下一步"按钮,观察程序的运行情况,如图 1.30 所示。

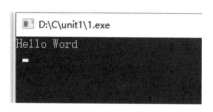

图 1.30   程序调试结果

(6) 单击"停止执行"按钮,结束调试。

1.5.2   Visual C++ 6.0 集成开发环境的搭建与调试

Microsoft Visual C++ 6.0(简称 VC++ 6.0)是微软于 1998 年推出的一款 C++ 编译器,也是基于 Windows 操作系统的可视化集成开发环境(IDE)。VC++ 6.0 提供了完整的开发环境,集成了代码编辑、编译、连接和调试等功能。它支持传统的软件开发方法和面向对象的开发风格,不仅具备程序框架自动生成、灵活方便的类管理、可开发多种程序等优点,而且用户通过简单设置,就能使 VC++ 6.0 生成的程序框架支持数据库接口、OLE2、WinSock 网络和 3D 控制界面。

1. VC++ 6.0 的安装与启动

安装 Visual C++ 6.0 完整绿色版,要求 Windows 8 以上操作系统。下面介绍其安装过程。

(1) 双击"Visual C++ 6.0 完整绿色版 .EXE"安装程序,会弹出 Visual C++ 6.0 完整绿色版安装向导界面,如图 1.31 所示。单击"下一步"按钮继续安装。

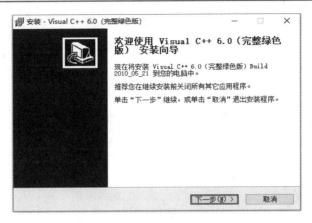

图 1.31 安装向导界面

(2) 弹出"安装说明"界面，如图 1.32 所示，单击"下一步"按钮继续安装。

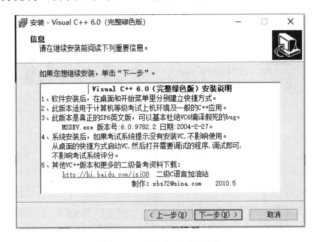

图 1.32 安装说明界面

(3) 选择安装位置，如图 1.33 所示。根据需要可以选择安装文件夹，一般不建议将软件放置在 C 盘，也可以使用默认文件夹直接安装。选择好后，单击"下一步"按钮继续安装。

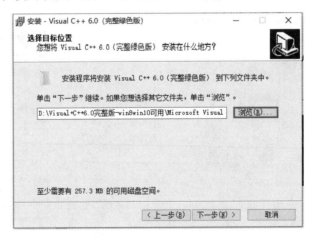

图 1.33 选择目标位置界面

(4) 弹出选择附加任务界面，如图 1.34 所示，点击"下一步"按钮继续安装。

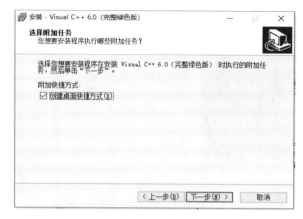

图 1.34　附加任务界面

(5) 出现"准备安装"界面，点击"安装"按钮，如图 1.35 所示。

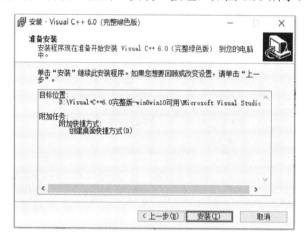

图 1.35　准备安装

(6) 出现"正在安装"界面，如图 1.36 所示，该过程可能持续几分钟。

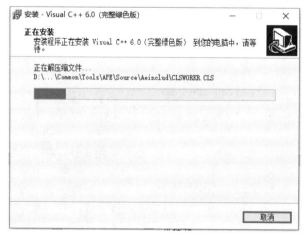

图 1.36　正在安装

(7) 安装完成后，系统会弹出"安装导向完成"界面，如图 1.37 所示，点击"完成"按钮。打开 Visual C++ 6.0，即可新建项目和文件，开启编程工作，其用户界面如图 1.38 所示。

图 1.37　安装导向完成

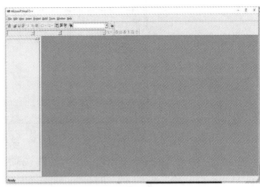

图 1.38　用户界面

2. VC++ 6.0 的开发环境与编程调试

VC++ 6.0 为开发者提供了灵活的集成编程界面，界面中主要包括标题栏、菜单栏、快捷方式栏等区域，如图 1.39 所示。其中，工具栏包含用于编译、链接、运行等操作的工具按钮，如图 1.40 所示。

图 1.39　菜单栏

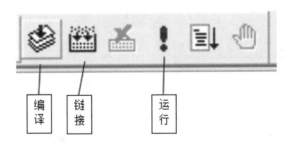

图 1.40　"编译、链接、运行"工具按钮

在 VC++ 6.0 编写一个 C 语言程序，步骤如下：

(1) 打开 VC++ 6.0，创建新工程。选择"File→New"命令，保持当前选中的"Projects"选项卡，然后单击"Win32 Console Application"选项，在"Project name"(项目名称)中输出项目名，如"test"，并选择项目保存位置"Location"，如图 1.41 所示，点击"OK"按钮。

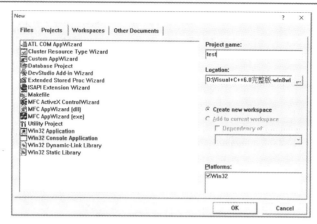

图 1.41   "Projects"对话框

(2) 保持"An empty project."默认选项，点击"Finish"按钮，如图 1.42 所示。

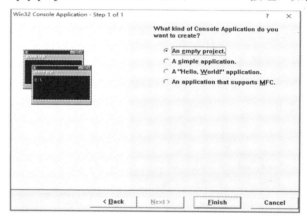

图 1.42   "An empty project"对话框

(3) 弹出"New Project Information"界面，单击"OK"按钮，如图 1.43 所示。至此项目创建成功，工程空间中会出现新创建的名为"test"的工程包，用户界面如图 1.44 所示。

图 1.43   "New Project Information"界面   图 1.44   用户界面

(4) 选择"File→New"命令，确保当前选中的是"Files"选项卡，然后单击"C++ Source File"选项，在"File"(文件)处输入文件名，如"1.c"，接着点击"OK"按钮，如图 1.45 所示。

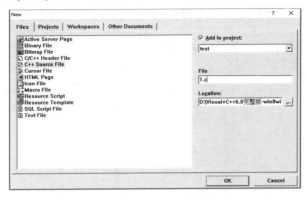

图 1.45　"Files"界面

(5) 在新建的文件编译区内输入代码，如图 1.46 所示。

图 1.46　编译界面

(6) 选择菜单栏"Build"，在下拉菜单中选择"Compile 1.c"或者单击工具栏中的编译按钮。这时系统会对源程序进行编译，相关信息将反馈到屏幕下方的编译信息输出区"Build"窗口中，界面如图 1.47 所示。

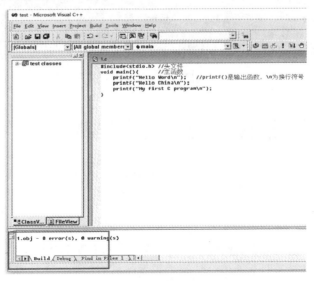

图 1.47　编译输出界面

(7) 源程序编译无错误后，可进行链接以生成可执行文件"text.exe"，也可单击工具栏中的链接按钮。这时选择"Build"下拉菜单中的"build test.exe"选项。当"Build"窗口出现如图 1.48 所示的信息时，说明编译链接成功，并生成了以源文件名命名的可执行文件。

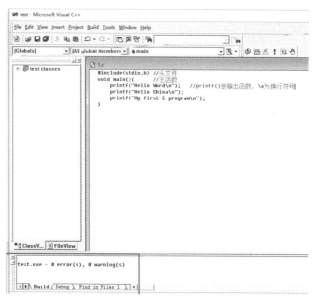

图 1.48　编译链接成功界面

(8) 执行可执行文件时，可选择"Build"下拉菜单中的"exec test.exe"(执行 test.exe)选项或者直接点击工具栏中的运行按钮。这时，可执行文件开始运行，运行结果将显示在另一个用于显示执行文件输出结果的窗口中，如图 1.49 所示。

图 1.49　运行结果图

1.6　设计简单的 C 语言程序

任务 1-1　输出中国的四大发明

任务要求

造纸术、指南针、火药和印刷术，作为中国古代科技创新的智慧结晶与重要科学技术成果，合称为四大发明。这四大发明在中国古代的发展进程中发挥了举足轻重的推动作用，并传播至西方，对世界文明发展历程产生了极为深远的影响。本任务要求输出中国的四大发明。

任务分析

(1) 掌握 DEV C++ 安装配置方法，了解 IDE 基本功能及项目创建流程。

(2) 运用 printf 函数实现中文输入，熟悉 C 语言程序基本框架。

源程序

```
#include<stdio.h>                   //头文件
int main()
{
    printf("中国四大发明有：  "); //输出函数
    printf("造纸术，指南针，火药，印刷术\n");
    return 0;
}
```

程序运行结果如图 1.50 所示。

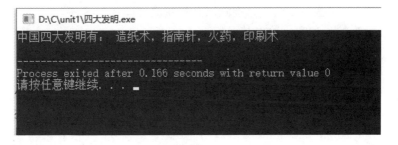

图 1.50　运行结果图

任务总结

(1) 完成 DEV C++ 的成功搭建，确保软件正常启动且无运行环境冲突。

(2) 掌握最基础的 C 语言语法知识，包括 #include<stdio.h>头文件的作用、main 函数的必要性、printf 函数的基本用法，以及语句末尾分号的语法要求。

习　　题

一、选择题

1. 为解决特定问题而采取的方法和一系列有限步骤叫作(　　)。

A. 程序　　　　　　B. 算法　　　　　　C. 语言　　　　　　D. 文件

2. 采用助记符代替机器语言的指令码的语言是(　　)。

A. 机器语言　　　B. 高级语言　　　C. C 语言　　　　D. 汇编语言

3. 以下说法中，(　　)不是结构化的程序设计的结构。

A. 顺序结构　　　B. 选择结构　　　C. 循环结构　　　　D. 递归结构

4. 关于算法的输入/输出，以下说法错误的是(　　)。

A. 可以没有输入　　　　　　　　B. 可以没有输出

C. 可以有多个输出　　　　　　　D. 可以从文件输入

5. 在 Dev C++ 中，调试程序前要先设置软件，选择"工具→编译选项"命令，将"代码生成→优化→连接器"选项卡中的(   )。

A. "产生调试信息"选项设置为 Yes

B. "产生调试信息"选项设置为 No

C. "不产生调试信息"选项设置为 Yes

D. "不产生调试信息"选项设置为 No

6. 在 Dev C++ 中调试程序时，需要在程序中某语句行设置(   )。

A. 观察点   B. 变量   C. 断点   D. 版本

二、简答题

1. 程序设计语言分为几类？各具有哪些特点？

2. 简述算法的概念和算法的特性。

3. 基本的计算机程序结构有几种？它们各自的特点是什么？

4. 简述 C 语言的特点。

5. 写出求解以下问题的算法，分别画出其传统流程图和 N-S 图。

(1) 输入长方形的长和宽，输出其面积。

(2) 计算 $S = \dfrac{1}{1} + \dfrac{1}{2} + \dfrac{1}{3} + \cdots + \dfrac{1}{50}$。

6. 编写一个 C 语言程序，输出学生的姓名、学号、年龄等信息，并上机编辑运行。

<CODE> 第 2 章　C 语言编程基础

学习目标

1. 知识目标

(1) 理解进制和进制转换。

(2) 掌握常量与变量的定义。

(3) 掌握不同数据类型的转换。

(4) 掌握各种运算符的使用规则。

(5) 了解运算符优先级。

2. 能力目标

(1) 理解和掌握基础类型定义。

(2) 具备运用相关知识解决实际问题的能力。

(3) 提升编程技能和编程思维能力。

3. 素质目标

(1) 培养学生通过合理选择数据类型分析和解决实际问题的计算思维能力。

(2) 通过 C 语言数据类型的学习,激发自主学习后续进阶数据类型(如结构体、指针)的兴趣,培养终身学习意识。

(3) 培养学生尝试在不同的数据类型组合和应用的场景下,探索创新的数据处理方式。

数据类型在 C 语言中扮演着至关重要的角色,它不仅决定了变量在内存中的存储方式,还直接影响程序的执行方式和性能。本章以任务驱动的教学形式针对 C 语言开发中必须要掌握的进制、常量、变量、运算符等基础知识进行详细讲解,带领读者进入真正的 C 语言世界。

2.1　认识数据类型

在程序中,每个数据都属于一个确定的、具体的数据类型。对数据进行分类的目的是便于对它们按不同方式和要求进行处理。程序中涉及的各种数据(常量、变量)都必须存储在内存中。

C 语言提供了丰富的数据类型(data type)，利用这些数据类型可以构造出不同的数据结构，其数据类型分类如图 2.1 所示。

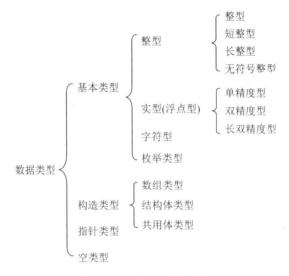

图 2.1　C 语言的数据类型

所谓一个数据的"数据类型"，是指该数据自身的一种属性，它会告诉编译器这个数据要在内存中占用多少个字节。因此在程序中，对用到的所有数据都必须指定其数据类型。数据分为常量与变量，它们分别属于以下类型。

1. 整型

整型就是通常使用的整数，分为带符号整数和无符号整数两大类。

1) 基本类型定义

类型说明符：int。

例如：

　　int a,b,c;

说明变量 a、b、c 被同时定义为基本整型数据类型。

定义整型变量常用的类型修饰符有 int(普通整型)、short(短整型)、long(长整型)、unsigned(无符号整型)，这些修饰符可扩展整数的取值范围。不同类型的整型数据如表 2.1 所示。

表 2.1　不同类型的整型数据

整型类型	存储字节	二进制位长度	取值范围
有符号整型	4	int	−2 147 483 648～2 147 483 647
有符号短整型	2	short [int]	−32 768～32 767
有符号长整型	4	long [int]	−2 147 483 648～2 147 483 647
无符号整型	4	unsigned [int]	0～4 294 967 295
无符号短整型	2	unsigned short [int]	0～65 535
无符号长整型	4	unsigned long [int]	0～4 294 967 295

方括号内的部分是可以省略的。注意在不同的编译系统中，整型数据所占字节数有所不同。其中有符号整型的存储字节数与取值范围和字长有关，本书统一以 64 位字长为例。

2) 整型数据的存储与取值范围

数据在内存中是以二进制形式存放的。最高位是数字 0，表示该数是正数；最高位为 1，表示该数是负数。一个十进制整数在内存中以二进制补码的形式存放。

例如：求 −15 的补码。

15 的原码：

0	0	0	0	0	0	0	0	0	0	0	0	1	1	1	1

取反：

1	1	1	1	1	1	1	1	1	1	1	1	0	0	0	0

再加 1，得 −15 的补码：

1	1	1	1	1	1	1	1	1	1	1	1	0	0	0	1

由于无符号数是相对于有符号数，将最高位不作符号处理，所以表示的数的绝对值是对应有符号数的 2 倍。在 Turbo C 环境下，无符号基本整型存储占 2 个字节，取值范围为 0～65 535，即 $0 \sim 2^{16}-1$；无符号长整型存储占 4 个字节，取值范围为 0～4 294 967 295，即 $0 \sim 2^{32}-1$。无符号数常用来处理超大整数和地址数据。

2. 实型

实型也称为浮点型，即小数点位置可以浮动，如 3.141 59、−42.8 等。

1) 基本类型定义

类型说明符：float(单精度型)、double(双精度型)、long double(长双精度型)。

2) 实型数据的存储与取值范围

在计算机中，实数是以浮点数形式存储的，所以通常将单精度实数称为浮点数。根据计算机基础知识，浮点数在计算机中按指数形式存储，即将一个实型数据分成小数和指数两部分。单精度实型数据在计算机中的存放形式如表 2.2 所示。其中，小数部分一般采用规格化的数据形式。

表 2.2　单精度实型数据在计算机中的存放形式

位　数	描　　述
1 位	数符(表示正数或复数)
8 位	指数(以补码形式存放)
2 位	小数部分(二进制纯小数)

C 语言提供了 3 种用于表示实数的实型类型：单精度(float)、双精度(double)和长双精度型(long double)，其中有效位是指数据在计算机存储和输出时能够精确表示的数字位数，如表 2.3 所示。

表 2.3　不同类型的实型数据

类型名	存储字节数	有效数字	数的范围
float	4 字节	6~7	−3.4E − 38~3.4E + 38
double	8 字节	15~16	−1.7E − 308~1.7E + 308
long double	8 字节	18~19	−1.7E − 308~1.7E + 308

3. 字符型

C 语言中的字符数据分为字符和字符串数据两类。字符数据是指由单引号括起来的单个字符，如 'a'、'2'、'#' 等；字符串数据是指由双引号括起来的一串字符序列，如 "good"、"0132"、"w1"、"a" 等。

1) 基本类型定义

类型说明符：char。

2) 字符型数据的存储与取值范围

字符型数据在计算机中存储的是字符的 ASCII 码值的二进制形式。

例如：英文字母 A~F 的 ASCII 编码如表 2.4 所示。

表 2.4　英文字母 A~F 的 ASCII 编码

二 进 制	十 进 制	字 符
0100 0001	65	A
0100 0010	66	B
0100 0011	67	C
0100 0100	68	D
0100 0101	69	E
0100 0110	70	F

字符型数据在内存中只占一个字节，如表 2.5 所示。

表 2.5　字 符 型 数 据

类 型 名	存储字节数	取值范围
char	1 个字节	0~255

4. 指针类型

1) 指针的含义

在程序中定义了一个变量，该变量在内存中就要占一定的存储单元，这个空间的大小由变量的类型决定。假设定义了 3 个不同类型的变量：

```
short int i = 10;
char ch = 'A';
float fl = 3.14;
```

其中 short int 占 2 个字节，char 类型占 1 个字节，float 类型占 4 个字节，这 3 个变量在内存中的存储结构如图 2.2 所示。

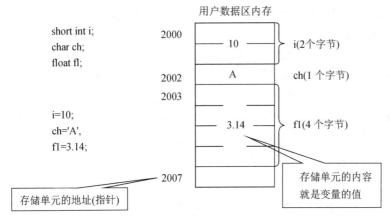

图 2.2　不同类型变量内存存储结构

指针就是变量的内存地址，是一个常量。如地址 2000 是变量 i 的指针。

指针变量就是存放另一变量内存地址(指针)的变量。

假设

　　int i=10, *p; p=&i;

当把变量 i 的地址存入指针变量 p 后，我们就说这个指针变量 p 指向变量 i，如图 2.3 所示。

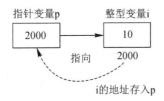

图 2.3　指针变量 p 指向变量

指针变量的值是某个变量的内存地址，如图 2.4 所示。

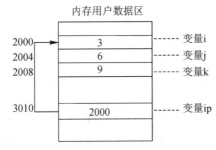

图 2.4　指针变量 ip 的值为变量 i 的内存地址

例如：

　　int i=3, j=6, k=9, *ip;

　　ip=&i;

对内存单元的访问方式有两种：直接寻址方式和间接寻址方式。

(1) 直接访问：直接通过变量名存取变量的值。例如：

　　int i=3;

将 3 送到变量 i 所标志的单元中，如图 2.5(a)所示。

(2) 间接访问：通过指向某变量的指针变量访问。例如：

```
int i=10, x, *p;
p=&i;              //指针变量指向变量 i 的地址
x=*p;              //*p 为指针变量 p 所指向的地址对应的变量值
```

将指针变量 p 存储在内存地址为 1020 的位置,它所存储的值是变量 i 的内存地址 1000,即指针变量 p 指向了变量 i。当程序通过指针变量 p 来访问它所指向的变量时,首先从指针变量 p 中获取所指向的地址 1000,然后根据这个地址找到变量 i 的值 10,这就是所谓的"间接访问",如图 2.5(b)所示。

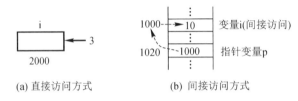

(a) 直接访问方式   (b) 间接访问方式

图 2.5   内存单元访问方式

2) 指针变量

指针变量的类型由该指针变量指向的对象类型决定,定义时需要在指针变量名字前加*。

格式：

```
类型说明符   *指针变量名;
```

例如：

```
int   *p1;            //定义 p1 为指向整型变量的指针变量
char  *p2;            //定义 p2 为指向字符变量的指针变量
```

注意：

(1) 在指针定义中,一个*号只表示定义一个指针,如：

```
int   *p1, p2 ;
```

定义多个指针变量时,每个变量前都必须有*,如：

```
int   *p1, *p2 ;
```

(2) 指针变量中只能存放地址(指针),不能和整型变量混淆。例如：

```
int   *ip;            //正确
ip = 1000;            //错误
```

指针变量可取值为 0(NULL),表示该指针变量不指向任何变量。

(3) 指针变量的类型与它所指向变量的类型必须一致。例如：

```
int *p1;              //定义 p1 应指向一个整型变量
float x=3.33333 ;
p1=&x;                //错误! 将一个实型变量的地址赋给 p1
```

在 C 语言中,指针变量可以通过一对互逆的运算符进行引用：取地址运算符"&"和引用运算符"*"。

• 取地址运算符&：用于获取变量或数组元素的地址。例如：

```
int   i, *p1, *p2, a[5];
p1=&i ; p2=&a[4];
```

注意：不能对常量、表达式进行"&"运算。如：p1 = &68; p1 = &(i + 1)；是错误的引用方式。

- 指针运算符(间接访问运算符)*：用于获得该指针所指向变量的值。例如：

  int　i=100, *pi;

  pi=&i;

  printf("%d\n", *pi);　　　//间接访问 pi 指向的内存单元，输出变量 i 的值 100

注意：非指针变量不能使用指针运算符，* 只能作用于地址。如：printf("%d", *i); 是非法的。

可以看出，指针变量在引用时 printf("%d\n", *pi); 等同于 printf("%d\n", i);，其中*pi 等价于 i, pi 等价于&i。因此，可以通过 pi 来改变 i 的原始值。如：*pi = 150; 等同于 i = 150;。

例 2-1　指针变量&和*运算符的使用。

程序分析：定义整型变量 a 和整型指针变量 p 来进行&和 * 运算符的引用。假设 a 初始化为 20，将 p 指向变量 a，通过指针 p 来间接访问和操作变量 a。&a 表示变量 a 的内存地址，&p 表示指针变量 p 自身的内存地址，*p 表示访问指针 p 所指向的变量的值，由于 p 指向 a，所以 *p 的值就是 a 的值，同样为 20。*&a 表示对变量 a 的地址进行解引用操作，也就是访问变量 a 本身，所以*&a 的值就是变量 a 的值 20。

```c
#include <stdio.h>
int main()
{   int a=20,*p=&a;                     //将指针变量 p 初始化为&a
    printf("&a=%p,&a=%p,&p=%p\n", &a, p, &p);
    printf("a=%d, *p=%d\n",a,*p);
    *p=*p+10;                           //等价于 a=a+10;
    printf("a=%d, *p=%d\n", a, *p);
    printf("*&a=%d\n", *&a);
    system("pause");
    return 0;
}
```

程序运行结果如图 2.6 所示。

图 2.6　例 2-1 运行结果

2.2　常量与变量

C 语言处理的数据包括常量和变量两类。对于常量来说，它的属性由其取值形式表明，而变量的属性则必须在使用前明确加以说明。数据的属性可以通过它们的数据类型和存储类型来描述。

2.2.1　常量

常量又称为常数，是指在程序运行中保持固定类型和固定数值的数据形式，如 111、-82 等。

C 语言中的常量可分为整型常量、实型常量、字符常量、字符串常量以及符号常量。

1. 整型常量

整型常量就是整数，在 C 语言中又被称为整型常数。例如：66、97、-789 都是整型常量，而 3.14、10.2 则不是整型常量。根据不同的数制，整型常量可分为二进制整数、八进制整数、十进制整数和十六进制整数，具体如下：

(1) 二进制整数：以 0b 或 0B 开头，如 0b100、0B101011。

(2) 八进制整数：以 0 开头，后面跟 0~7 的数字序列，如 0112、056。

(3) 十进制整数：与数学中的书写方式相同，如 254、-158、0。

(4) 十六进制整数：以 0x 或 0X 开头，后面跟 0~9，A~F(大小写均可)，如 0x102、-0X29F。具体的数制转换如表 2.6 所示。

表 2.6　数 制 转 换 表

二进制(Binary)	十进制(Decimal)	十六进制(Hexadecimal)
0000	0	0
0001	1	1
0010	2	2
0011	3	3
0100	4	4
0101	5	5
0110	6	6
0111	7	7
1000	8	8
1001	9	9
1010	10	A
1011	11	B
1100	12	C
1101	13	D
1110	14	E
1111	15	F

2. 实型常量

实型常量也可被称为实数或浮点数，即数学中的小数。在 C 语言中，实型常量采用十进制表示，它有十进制小数形式和十进制指数形式两种，具体如下：

(1) 十进制小数形式：由正号、负号、阿拉伯数字和小数点组成(必须有小数点，且小数点前后至少一边有数字)，如 .37、-3.14、3.0 等。

(2) 十进制指数形式：又称科学记数法，用于计算机在输入、输出数据时无法表示上标，规定以字母 e 或 E 表示以 10 为底的指数，例如 12.34c3(代表 12.34×10^3)、-34.87e-2(代表 -34.87×10^{-2})、0.14E4(代表 0.14×10^4)等。需要注意的是：e 或 E 之前必须有数字，且 e 或 E 后面必须为整数，如 2.6E-3、65e3 等。

3. 字符常量

字符常量有以下两种形式：

(1) 普通字符：用单引号引起来的单个字符，如 'b'、'8'、'!'、'#'。

(2) 转义字符：用单引号引起来的包含反斜杠的一串字符，如 '\n'、'\t'、'\0' 等。转义字符将反斜杠后的字符转换成另外的意义，通常用来表示不能正常显示的字符。常见的转义字符如表 2.7 所示。

表 2.7　常用转义字符表

名　称	符　号	名　称	符　号
空字符(null)	\0	换行(newline)	\n
换页(formfeed)	\f	回车(carriage return)	\r
退格(backspace)	\b	响铃(bell)	\a
水平制表(horizontal tab)	\t	垂直制表(vertical tab)	\v
反斜线(backslash)	\\	问号(question mark)	\?
单引号(single quotation mark)	\'	双引号(double quotation mark)	\"
1 到 3 位八进制数所代表的字符	\ddd	1 到 2 位十六进制数所代表的字符	\xhh

4. 字符串常量

字符串常量是用一对双引号括起来的字符序列。如 "hello"、"123"、"a"、"CHINA" 等。注意："a" 是字符串数据而不是字符数据。

为了便于 C 程序判断字符串是否结束，系统对每个字符串数据存储时都在末尾添加一个结束标志，即 ASCII 码值为 0 的空操作符 '\0'，它既不会触发任何操作，也不会显示输出。因此存储一个字符串所需的字节数是字符串的长度加 1。

例如："zhang" 在计算机中表示形式如图 2.7 所示。

'z'	'h'	'a'	'n'	'g'	'\0'
122	104	97	110	103	0

图 2.7　"zhang" 在计算机中的存储示意图

字符串常量与字符常量是不同的，它们之间的主要区别有以下几点：

(1) 字符常量使用单引号，字符串常量使用双引号。

(2) 字符常量只能是单个字符，字符串常量可以包含 0 个或多个字符。

5. 符号常量

符号常量是用指定的标识符代替一个常量。符号常量在使用前必须先定义，其语法格式如下：

    #define 标识符　　常量

上述语法中："define" 是关键字，前面加符号 "#"，表示这是一条预处理指令。该指令称为宏定义。

例如，在进行圆的相关计算时，常用到圆周率。为简化书写并明确含义，我们可以定义一个标识符 PI 来代替圆周率：

    #define PI 3.14

上述语句的功能是把标识符定义为常量 3.14，定义后，程序中所有出现标识符 PI 的地方均用 3.14 替换。

在定义符号常量时，需要注意以下几点：

(1) 符号常量的标识符一般使用大写字母。

(2) 符号常量在使用中其值不能改变，也不能被赋值。

使用符号常量的好处是含义清楚，且能实现 "一改全改" 的效果。

2.2.2 标识符

1. 关键字

关键字也称为保留字，是 C 语言中预先规定的具有固定含义的单词，在 C 语言编译系统中有专门的含义，用户只能按原样使用关键字，不能擅自改变其含义。C 语言中常用的关键字如下：

char，int，float，double，void，struct，union，enum，long，short，signed，unsigned，if，else，switch，case，default，break，do，for，while，continue，return，auto，extern，register，static，const，sizeof，typedef

2. 标识符

在编写代码的过程中，经常需要定义一些符号来标记数据，例如变量名、方法名、参数名、数组名等，这些统称为 "标识符"。在 C 语言中，标识符的命名规则需要遵循以下规范：

(1) 标识符只能由字母、数字和下画线组成，且首字符不能是数字。

(2) 标识符不能使用关键字。

(3) 标识符区分大小写，A1 和 a1 是不同的标识符。

(4) 标识符命名应尽量有相应的意义，最好能 "见名知义"。

目前，C 语言中比较常用的标识符命名方式有两种：驼峰命名法和下划线命名法，下面分别介绍这两种方法。

(1) 驼峰命名法是指使用多个英文单词组成标识符时，混合使用大小写字母区分各个英文单词。驼峰命名法又分为小驼峰命名法和大驼峰命名法，小驼峰命名法的第一个单词首字母小写，其余单词首字母大写，如 setCount、getNum。大驼峰命名法的每个单词首字母都是大写，如 CamelCase，LastName。

(2) 下划线命名法是指使用下划线连接标识符的各组成部分，如 my_name、get_year。

3. 注释符

C 语言的注释符以"/*"开头，并以"*/"结尾，其间的内容为注释。注释一般出现在程序语句行之后，用于辅助阅读程序。

注释对程序的执行没有任何影响，因为程序编译时，不会对注释作任何处理。注释也可以出现在程序的任何位置，能向用户说明或解释程序的意义，提升程序的可读性。

2.2.3　变量

除了常量，在程序运行过程中会使用一些数值可以变化的量。例如，用标识符 T 记录一天中的不同时刻，与常量不同，T 的值在不断改变，因此 T 被称为变量。

在程序运行期间，为了访问、修改以及使用内存中的数据，会用标识符来标识存储数据的内存单元，这些标识符就是变量。定义的标识符即变量名，内存单元中存储的数据就是变量的值。系统会根据每个变量的数据类型为其分配相应大小的内存空间。所有变量都必须先声明后使用，定义变量时需要确定变量名和数据类型。具体的存储关系如图 2.8 所示。

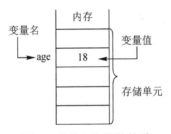

图 2.8 变量与存储的关系

1. 变量的定义

格式：

    <数据类型名>　<变量名>;

例如：

```
int a,b,c;
float x,y;
char c;
```

注意：数据类型的选择应根据变量的含义及其值的大小范围来确定。

2. 变量的使用

定义变量后，我们就可以使用它了。在程序中使用变量，本质上就是使用该变量所代表的存储单元。

例如：

```
int x, y, add;              /*定义整型变量 x，y，add*/
```

```
scanf("%d%d", &x, &y);        /*通过输入函数给 x 和 y 动态赋值*/
add = x + y;                  /*引用 x，y 的值进行加法运算，并赋值给 add*/
```

3. 变量的初始化

格式：

> <数据类型名>　<变量名> [= 常量];

例如：

```
int year = 2024;        /*定义整型变量 year，并初始化为 2024*/
float f2 = 112.3f;      /*为一个 float 类型变量赋值，后面可以加上字母 f*，也可以省略 f*/
double d3 = 146.5;      /*为一个 double 类型变量赋值，后面可以加上字母，也可以省略*/
char c1 = 'a';          /*定义字符型变量 c1，并初始化为 a*/
```

任务 2-1　计算圆的面积和周长

任务要求

圆的面积和周长的计算公式如下：

圆的面积公式：$S = \pi r^2$。

圆的周长公式：$L = 2\pi r$。

公式中的 r 表示圆的半径，圆周率 π 的计算是我国古代数学家祖冲之的杰出成就之一。魏晋时期，刘徽提出了计算圆周率的科学方法"割圆术"，计算出的值近似于 3.1416。祖冲之在前人成就的基础上，经过长期的刻苦钻研，反复验算，最终计算出 π 在 3.141 592 6～3.141 592 7 之间，并给出了 π 的分数形式，这是当时全世界最精确的圆周率。

本任务要求编写程序计算圆的面积和周长。

任务分析

(1) 从键盘输入圆的半径。

(2) 计算圆的面积和周长并将结果输出到控制台。

源程序

```c
#include <stdio.h>
#define PI 3.14159
int main()
{
    float r, area, l;
    //提示用户输入圆的半径
    printf("请输入圆的半径: ");
    scanf("%f", &r);
    //计算圆的面积
    area = PI * r * r;
    //计算圆的周长
    l = 2 * PI * r;
    //输出结果
    printf("圆的面积: %.2f\n", area);
```

```
        printf("圆的周长: %.2f\n", l);
        return 0;
    }
```

程序运行结果如图 2.9 所示。

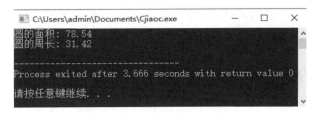

图 2.9　任务 2-1 运行结果

任务总结

(1) 包含头文件：#include <stdio.h>是标准输入输出库，用于输入输出操作。

(2) 定义圆周率常量：#define PI 3.14159 定义了一个常量 PI，用于表示圆周率。

(3) 变量声明：声明了三个 float 类型的变量 r、area 和 l，分别用于存储半径、面积和周长。

(4) 用户输入：使用 printf 提示用户输入半径，并使用 scanf 读取用户输入的半径值。

(5) 计算面积和周长：根据公式计算圆的面积和周长。

(6) 输出结果：使用 printf 输出计算结果，保留两位小数。

2.3　运算符和表达式

运算符是告诉编译器执行特定算术或逻辑操作的符号，它针对一个或多个操作数进行运算。运算符按所完成的运算操作性质可以分为算术运算符、关系运算符、逻辑运算符、赋值运算符和其他运算符等；按参与运算的操作数又可以分为单目运算符、双目运算符与三目运算符。C 语言编译器通过识别这些运算符，完成各种算术运算、逻辑运算、位运算等操作，具体如表 2.8 所示。

表 2.8　常见运算符类型及其作用

运算符类型	作　　　用
算术运算符	用于四则运算
关系运算符	用于比较表达式，并返回一个真值或假值
逻辑运算符	用于根据表达式的值返回真值或假值
条件运算符	用于条件判断
赋值运算符	用于将等号右边操作数的值赋给左边操作数
sizeof 运算符	用于获取数据、数据类型所占的内存大小
位运算符	用于数据的位运算

运算符是用来操作数据的，因此，参与运算的数据被称为操作数，使用运算符将操作

数连起来的式子称为表达式。表达式使用说明如下:

(1) 表达式主要由运算符和操作数构成,不同运算符构成的表达式作用不同。

(2) 任何一个表达式都是一个值。

C 语言表达式的种类很多,有多种分类方法。一般根据运算的特征将表达式分为:算术表达式、关系表达式、逻辑表达式、赋值表达式、条件表达式、逗号表达式等。下面就来详细讨论各种类型的运算符及表达式。

2.3.1　算术运算符和算术表达式

1. 算术运算符

C 语言中的算术运算符包括基本算术运算符和自增自减运算符。

1) 基本算术运算符

基本算术运算符包括双目的四则运算符(+、-、*、/)和求余运算符(%),以及单目的"-"(负号)运算符。其优先级及结合性见表 2.9。

表 2.9　基本算术运算符及其含义与用法

运　算　符	运　　算	范　　例	结　　果
+	加	2 + 3	5
-	减	6 - 5	1
*	乘	6*3	18
/	除	6/2	3
%	求余(求模)	5%2	1

注意:

(1) 在除法运算中,如果两个操作数均为整型,则进行整除运算,计算结果为整型;如果两个操作数中有一个是实型,则运算结果为 double 型。例如:4/3 的结果值为整数 1;5.0/2 的结果值为实型 2.5。

(2) C 语言规定,求余运算也称求模运算(%),即求两个数相除之后的余数。求模运算要求两个操作数必须都为整型,结果类型也为整型,其符号与左侧操作数保持一致。例如:
$$12\%7 = 5, \quad 12\%(-7) = 5, \quad (-12)\%7 = -5$$

(3) 求模运算符在程序设计中有着广泛的应用。例如判断奇偶数,方法是求一个数除以 2 的余数是 1 还是 0。

2) 自增、自减运算符

C 语言有两个自增和自减运算符,分别是"++"和"--"。

(1) 自增运算符是单目运算符,操作数只能是整型变量,有前置、后置两种方式:

++i:在使用 i 之前,先使 i 的值增加 1,又称先增后用。

i++:先使用 i 的值,然后使 i 的值增加 1,又称先用后增。

(2) 自减运算符同样是单目运算符,操作数只能是整型变量,也有前置、后置两种方式:

--i:在使用 i 之前,先使 i 的值减 1,又称先减后用。

i--：先使用 i 的值，然后使 i 的值减 1，又称先用后减。

说明：

(1) 自增、自减运算符只能用于整型变量，不能用于常量或表达式。

(2) 自增、自减运算比等价的赋值语句生成的目标代码更高效。

(3) 该运算常用于循环语句中，使循环控制变量自动加、减 1，或用于指针变量，使指针向下递增或向上递减一个地址。

(4)　C 语言的表达式中"++"和"--"运算符，如果使用不当，就容易导致错误。

例如：表达式"i+++++j"在编译时是通不过的，应该写成：

   (i++) + (++j)

又如，设 i = 3，则表达式"k = (i++) + (i++) + (i++)"的值是多少呢？

在 DevC++ 环境中，把 3 作为表达式中所有 i 的值，3 个 i 相加得到 k = 9，然后 i 自加三次，i = 6。

例 2-2　自增自减运算的应用。

```c
#include"stdio.h"
int    main()
{
    int i = 5;
    printf ("%d\n",++i);
    printf ("%d\n",i);
    printf ("%d\n",i++);
    printf ("%d\n",i);
    printf ("%d\n",--i);
    printf ("%d\n",i);
    printf ("%d\n",i--);
    printf ("%d\n",i);
    return 0;
}
```

运行结果：

   6
   6
   6
   7
   6
   6
   6
   5

2. 算术表达式

算术表达式由算术运算符和操作数组成，类似于数学中的计算公式。算术表达式可以出现在任何能出现值的地方，如 a + 2*b − 5，18/3*(2.5 + 8) − 'a' 等。算术表达式的原理类似于数学表达式，此处不再赘述。

2.3.2　关系运算符和关系表达式

关系运算符用于比较各值之间的大小关系。通过对两个值进行比较，运算结果表明它们之间的关系是否成立。在 C 语言中，非 0 表示真(成立)，0 表示假(不成立)。

1. 关系运算符

C 语言提供了 6 种关系运算符(<、<=、>、>=、==、!=)，其优先级及结合性见表 2.10。

表 2.10　关系运算符及其含义作用

运　算　符	运　算	范　例	结　果
==	等于	3==2	0(假)
!=	不等于	3!=2	1(真)
>	大于	3>2	1(真)
<	小于	3<2	0(假)
>=	大于等于	3>=2	1(真)
<=	小于等于	3<=2	0(假)

2. 关系表达式

用关系运算符将两个表达式(可以是算术表达式、关系表达式、逻辑表达式、赋值表达式或字符表达式等)连接起来的式子，称为关系表达式。关系表达式是逻辑表达式的一种特殊情况，由关系运算符和操作数组成，通过关系运算完成两个操作数的比较。

例如：a/21 + 3>b，(a = 3)>(b = 5)，'a' < 'b'，(a>b)<(b<c)等都是关系表达式。

关系表达式的结果只能有真(true)和假(false)两种可能。在 C 语言中，true 表示不为 0 的任何值，代表逻辑值为"真"；false 用"0"表示，代表逻辑值为"假"。

例如：若 a = 3，b = 2，c = 1，则

- a>b：表达式的值为 1，即逻辑值为"真"。
- (a>b) == c：表达式的值为 1，即逻辑值为"真"。
- b + c<a：表达式的值为 0，即逻辑值为"假"。
- d = a>b：表达式的值为 1，即逻辑值为"真"。
- f = a>b>c ：表达式的值为 0，即逻辑值为"假"。

注意：

(1) 关系运算符的结果非 0 即 1，其值可作为算术值处理。例如：

　　int x;

　　x = 100;

　　printf("%d", x>10);　　/*这个程序输出为 1*/

(2) 注意与数学公式的区别。例如：int a = 8，b = 5，c = 2；数学上 a>b>c 成立，但 C 语言中表达式 a>b>c 不成立，其结果为"0"，而不是"1"。要写成 a>b&&b>c，结果才是"1"。

(3) 在使用关系运算符时，不能将关系运算符"=="误写成赋值运算符"="。

2.3.3　逻辑运算符和逻辑表达式

逻辑运算实际上也是比较运算，用于比较两个操作数的逻辑值，根据两个逻辑值的运算得出一个逻辑值(即真假值)。

1. 逻辑运算符

C 语言提供了 3 种逻辑运算符：&&、||、!，其含义见表 2.11。

表 2.11　逻辑运算符及其含义

运算符	运算	范例	结　　果
与	&&	a&&b	如果 a 和 b 都为真，则结果为真，否则都为假
或	||	a||b	如果 a 和 b 都为假，则结果为假，否则都为真
非	!	!a	如果 a 为假，则!a 为真；如果 a 为真，则!a 为假

2. 逻辑表达式

用逻辑运算符连接表达式构成的式子是逻辑表达式。逻辑表达式由逻辑运算符和关系表达式或逻辑量组成，用于程序设计中的条件描述。

例如，!a，a + 3 && b，x || y，(i>3)&&(j = 4)等都是逻辑表达。逻辑表达式的结果只有真(true)和假(false)两种可能。

逻辑运算真值表可参看表 2.12。

表 2.12　逻辑运算真值表

a	b	a&&b	a||b	!a	!b
0	0	0	0	1	1
0	非 0	0	1	1	0
非 0	0	0	1	0	1
非 0	非 0	1	1	0	0

注意：

(1) 对于"&&"运算符，只要其左边的运算符对象为假，那么整个表达式取值为"假"(数值为 0)，编译程序不会再对右边的运算对象进行求值，这种表达式称为短路表达式。

例如：e1&&e2，若 e1 为 0，可确定表达式的值为逻辑 0，便不再计算 e2。

(2) 对于"||"运算符，只要其左边的运算对象为真，那么整个表达式必定取值为"真"(数值为 1)，编译程序不会再对右边的运算对象求值。

例如：e1||e2，若 e1 为真，则可确定表达式的值为真，不再计算 e2。

(3) 注意与数学式子的区别。例如：当 a = 8，b = 5，c = 2 时，数学写法 a > b > c 成立，但 C 语言的逻辑表达式必须写成 a>b&&b>c。

2.3.4　赋值运算符和赋值表达式

赋值运算是程序设计中频繁使用的操作，通过赋值运算可以访问存储单元内容，为变量赋初始值、完成表达式计算等。

1. 赋值运算符

赋值运算符由 1 个简单赋值运算符(=)和 5 个算术复合赋值运算符(+=、-=、*=、/=、%=)组成，其说明见表 2.13。

表 2.13　赋值运算符及其说明

运 算 符	运 算	范 例	结 果
=	赋值	a = 4;b = 3;	A = 4;b = 3;
+ =	加等于	a = 4;b = 3;a += b	a = 7 ;b = 3;
-=	减等于	a = 4;b = 3;a -= b	a = 1 ;b = 3;
*=	乘等于	a = 4;b = 3;a* = b	a = 12 ;b = 3;
/=	除等于	a = 4;b = 3;a/ = b	a = 1 ;b = 3;
%=	模等于	a = 4;b = 3;a% = b	a = 1;b = 3;

2. 赋值表达式

赋值表达式由赋值运算符和操作数组成，一般格式如下：

　　<变量名><赋值运算符><表达式>

赋值表达式的功能是将右侧表达式的值赋给左侧变量，即用右侧表达式的值改写左侧变量的内存值，然后将该变量的内存值作为整个赋值表达式的最终值。

复合赋值运算符由一个二元运算符和基本赋值运算符组合而成，兼具两个运算符的功能。

例 2-3　赋值运算应用实例。

```
#include "stdio.h"
void main()
{
    long id;
    int age;
    float englishScore, mathScore,score;
    id=10002;
    age=19;
    englishScore=90.5;
    mathScore=88.5;
    printf ("id=%ld, age=%d\n", id, age);
    score=englishScore+mathScore;
    printf ("englishScore=%4.2f,mathScore=%4.2f\n", englishScore, mathScore);
    printf ("total=%4.2f,n",score);
    score/=2;
    printf ("avg=%4.2f,n",score);
}
```

运行结果：

id=10002, age=19

englishScore=90.50, mathScore=88.50

total=179.00

avg=89.50

2.3.5　位运算符

程序运行时，所有数在计算机内存中都是以二进制的形式存储的，位运算就是直接对整数在内存中的二进制位进行操作。

位运算仅应用于整型或字符型数据，即将整型数据看成固定的二进制序列，然后对这些二进制序列进行按位运算。

位运算符包括 4 种位逻辑运算符(&、|、^、～)和 2 种位移位运算符(<<、>>)，其说明见表 2.14。

表 2.14　位运算符及其说明

运　算　符	运　　算	范　　例	结　　果
&	与	0&0	0
			0&1	0
			1&1	1
			1&0	0
|	或	0|0	0
			0|1	1
			1|1	1
			1|0	1
～	取反	～0	1
			～1	0
^	异或	0 ^ 0	0
			0 ^ 1	1
			1 ^ 1	0
			1 ^ 0	1
<<	左移	00001111<<2	00111100
			10010011<<2	01001100
>>	右移	00001111>>2	00000011
			01100010>>2	00011000

1. 位逻辑运算

(1) 按位取反运算(～)。

按位取反运算用来对一个二进制数按位求反，即"1"变为"0"，"0"变为"1"。

～ 运算常用于生成一些特殊的数。例如，高 4 位全"1"低 4 位全"0"的数 0xf0，按位取反后变为 0x0f。

～ 运算还常用于加密子程序。例如，对文件加密时，一种简单的方法就是对每个字节按位取反。

初始字节内容	00000101
一次取反后	11111010
二次取反后	00000101

在上述操作中，连续两次求反后恢复了原始初值。因此，第一次求反可用于加密，第二次求反可用于解密。

(2) 按位与运算(&)。

按位与运算的规则是：当两个操作数的对应位都是 1 时，该位的运算结果为"1"，否则为"0"。

按位与运算的主要用途是清零、指定取操作数的某些位或保留操作数的某些位。例如：

a&0 运算后，将使数 a 清 0。

a&0xF0 运算后，保留数 a 的高 4 位为原值，使低 4 位清 0。

a&0x0F 运算后，保留数 a 的低 4 位为原值，使高 4 位清 0。

(3) 按位或运算(│)。

按位或运算的规则是：当两个操作数的对应位都是 0 时，该位的运算结果为"0"，否则为"1"。利用或运算的功能可以将操作数的部分位或所有位置为 1。例如：

a|0x0F 运算后，使操作数 a 的低 4 位全置 1，其余位保留原值。

a|0xFF 运算后，使操作数 a 的每一位全置 1。

(4) 按位异或运算(^)。

按位异或运算的规则是：当两个操作数的对应位相同时，该位的运算结果为"0"，否则为"1"。利用 ^ 运算的功能可以将数的特定位翻转，保留原值，不用中间变量就可以交换两个变量的值。例如：

a ^ 0x0F 运算后，将操作数 a 的低 4 位翻转，高 4 位不变。

a ^ 0x00 运算后，将保留操作数 a 的原值。

a = a ^ b; b = b ^ a; a = a ^ b; 运算后，不用中间变量交换 a、b 的值，就可以实现操作数 a 和 b 的交换。当 a = 3，b = 4 时，要求将 a 和 b 的内容交换。

2. 移位运算

(1) 向左移位运算(<<)。

左移位运算的左操作数是要进行移位的整数，右操作数是要移的位数。

左移位运算的规则是：将左操作数的高位左移后溢出并舍弃，空出的右边低位补 0。

左移 1 位相当于该数乘以 2，左移 2 位相当于该数乘以 4(2^2)。使用左移位运算可以实现快速乘 2 运算。

(2) 向右移位运算(>>)。

右移位运算的左操作数是要进行移位的整数，右操作数是要移的位数。

右移位运算规则是：低位右移后被舍弃，空出的左边高位，对无符号数补入 0；对带符号数，正数时空出的左边高位补入 0，负数时空出的左边高位补入其符号位的值(算术右移)。右移 1 位相当于该数除以 2，右移 2 位相当于该数除以 $4(2^2)$。使用右移位运算可以实现快速除 2 运算。

例 2-4　取一个正整数 a(用二进制数表示)从右端开始的 4～7 位(最低位从 0 开始)。

```
#include "stdio.h"
void main()
{
    unsigned int a,b,c,d;
    scanf("%o",&a);              /*八进制形式输入*/
    b=a>>4;                      /*a 右移四位*/
    c=~(~0<<4);                  /*得到一个 4 位全为 1、其余位为 0 的数*/
    d=b&c;                       /*取 b 的 0～3 位，即得到 a 的 4～7 位*/
    printf("a=%o, a(4~7)=%o",a,d);
}
```

输入数据：

123

运行结果：

a=123，a(4～7)=5

2.3.6　其他运算符

条件运算实际上也是比较运算，这种运算将两个以上的操作数运算后的逻辑值进行比较，根据其结果的逻辑值(也是真假值)进行判断并决定执行的顺序。

1. 条件运算符

(1) 条件运算符用在条件表达式中，能用来代替某些 if-else 形式的语句功能。在 C 语言中，它是一个功能强大、使用灵活的运算符。

(2) 条件运算符由 "?" 和 ":" 联合组成。一般格式如下：

表达式 1?表达式 2:表达式 3

条件运算符的含义是：表达式 1 必须为逻辑表达式，如果表达式 1 的值为真(非 0)，则计算表达式 2 的值，并将它作为整个表达式的值；如果表达式 1 的值为假(0)，则计算表达式 3 的值，并把它作为整个表达式的值。即如果表达式 1 为真，则条件表达式取表达式 2 的值，否则取表达式 3 的值。

例如：

max=(a>b)?a:b;

如果 a>b 成立，max 就取 a 的值，否则取 b 的值。

说明：

(1) 条件运算符 "?" 和 ":" 是一对运算符，不能分开单独使用。

(2) 条件运算符可以进行嵌套，其结合方向为自右向左。

例如：

a>b?a:c>d?c:d

等价于

a>b?a:(c>d?c:d)

如果 a = 1，b = 2，c = 3，d = 4，则条件表达式的值为 4。

(3) 表达式 1、2、3 可以是任意类型(字符型、整型、实型)的表达式。

例 2-5　条件表达式的应用——判断成绩是否及格。

```c
#include "stdio.h"
void main()
{
    int score;
    scanf("%d", &score);
    score>=60?printf("%s","Pass"):printf("%s","Not Pass");
}
```

2. 逗号运算符

逗号运算提供了一个顺序求值运算形式，相当于某操作数的一个接力运算。

逗号运算符又称为顺序求值运算符，逗号运算符只能用于逗号表达式中。一般格式如下：

表达式 1，表达式 2，表达式 3，…，表达式 n

计算时顺序求表达式 1、表达式 2，直至表达式 n 的值，但整个表达式的值由表达式 n 的值决定。例如整个表达式 "x = a = 3，6*x，6*a，a + x" 的值为 6。

说明：

(1) 圆括号在逗号表达式中的应用。例如，下面两个表达式是不相同的：

x=(a=3，6*3)

x=a=3，6*3

前一个是赋值表达式，将逗号表达式的值赋给变量 x，x 的值等于 18；下面一个是逗号表达式，它包含一个赋值表达式和一个算术表达式，x 的值是 3，整个表达式的值是 18。

(2) 逗号表达式可以嵌套。例如："(a = 3*5，a*4)，a + 5" 整个表达式的值为 20。

(3) 求解逗号表达式时，要注意其他运算符的优先级。例如：

i = 3，i++，i++，i+5

先求解赋值表达式 "i = 3"（"="优于"，"），所以 i 的值为 3，然后 i 自增两次，i 的值变为 5；接下来求解 i + 5，得到表达式 "i + 5" 的值为 10。因此整个逗号表达式的值为 10。

3. 求长度运算符

sizeof 是一个判断数据类型或者表达式长度的运算符，其格式主要有以下两种：

- sizeof(数据类型名称)
- sizeof(变量名称)

例如：

```c
sizeof(int);        //获取 int 数据类型所占内存的字节数
int a = 10;         //定义 int 类型变量
sizeof(a);          //获取变量 a 所占内存的字节数
```

使用 sizeof 运算符可以很方便地获取数据或数据类型在内存中所占的字节数。

2.3.7　运算符优先级与结合性

在 C 语言中，各种运算符都有优先级，如果一个表达式中有多个运算符，则表达式会按照运算符的优先级依次进行运算，优先执行优先级高的运算，再执行优先级低的运算。如果表达式中出现了多个相同优先级的运算，运算顺序就要看运算符的结合性。表 2.15 按运算的优先级(从高到低)列出了 C 语言所有的操作符。

表 2.15　运算符优先级和结合性

优先级	运算符	名　　称	操作数个数	结合规则
1	( ) [ ] -> .	圆括号运算符 数组下标运算符 指向结构指针成员运算符 取结构成员运算符		从左至右
2	! ~ ++ -- − (类型) * & sizeof	逻辑非运算符 按位取反运算符 自增运算符 自减运算符 负号运算符 强制类型转换运算符 取地址的内容(指针运算) 取地址运算符 求字节数运算符	1 (单目运算符)	从右至左
3	* / %	乘法运算符 除法运算符 求余运算符	2 (双目运算符)	从左至右
4	+ −	加法运算符 减法运算符	2 (双目运算符)	从左至右
5	<< >>	左移运算符 右移运算符	2 (双目运算符)	从左至右
6	< <= > >=	小于运算符 小于等于运算符 大于运算符 大于等于运算符	2 (双目运算符)	从左至右
7	== !=	等于运算符 不等于运算符	2 (双目运算符)	从左至右
8	&	按位"与"运算符	2 (双目运算符)	从左至右

优先级	运算符	名　称	操作数个数	结合规则
9	^	按位"异或"运算符	2 (双目运算符)	从左至右
10	|	按位"或"运算符	2 (双目运算符)	从左至右
11	&&	逻辑与运算符	2 (双目运算符)	从左至右
12	||	逻辑或运算符	2 (双目运算符)	从左至右
13	?:	条件运算符	3 (三目运算符)	从右至左
14	=　+=　-= *=　/=　%= >>=　<<= &=　^ =|=	赋值运算符	2 (双目运算符)	从右至左
15	,	逗号运算符(顺序求值运算符)		从左至右

注意：

(1) 优先级数字越小，代表优先级越高。

(2) 编程时并不需要刻意记忆运算符的优先级。在编写代码时，尽量使用圆括号"()"来实现想要的运算顺序，以免出错。

(3) 运算符优先级口诀：( )→!→算术运算→关系运算→&&→||→赋值运算。

例如：若 c = 5，则 c>3&&8<4-!0。

上述表达式的值为 0，因为运算符"!"的优先级最高，所以先计算 4-!0。得到结果 3，再计算 c>3 和 8<3 的关系判断，最终得到的结果为 0。

任务 2-2　鱼和熊掌不可兼得

任务要求

"鱼，我所欲也；熊掌，亦我所欲也。二者不可得兼。"鱼和熊掌不可兼得通常用于比喻事情无法两全其美。在我们的一生当中，常常会遇到两难选择，大而言之，利与义想兼得，小而言之，纵与得想两全。当我们身处两难抉择时，要学会思考分析，摒弃眼前利益，立足于长远目标。在日常生活和学习中，会面临很多类似鱼与熊掌的选择问题。本任务要求编写一个程序，实现鱼与熊掌的选择，具体要求如下。

(1) 从键盘输入两个整数。

(2) 比较两个数的大小，如果第一个数较大，就在控制台输出"您选择了熊掌！"；否则，就在控制台输出"您选择了鱼！"。

任务分析

在程序中，定义两个变量 num1、num2，调用">"运算符比较 num1 和 num2 的大小。

如果比较结果为真，则输出"您选择了熊掌！"；如果比较结果为假，则输出"您选择了鱼！"。

源程序

```
#include <stdio.h>
int main ()
{
    int num1, num2;
    printf("请输入两个整数\n#\n 如果第 1 个数较大，表示选择熊掌\n 否则，表示选择鱼\n#\n");
    printf("请输入:");
    scanf("%d %d", &num1, &num2);
    num1 > num2 ? (printf("您选择了熊掌！\n")) : (printf("您选择了鱼！\n"));
    return 0;
}
```

程序运行结果如图 2.10 所示。

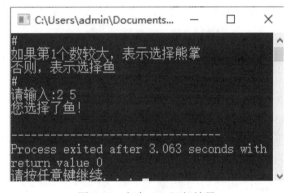

图 2.10　任务 2-2 运行结果

任务总结

(1) 包含头文件：#include <stdio.h>用于标准输入输出。

(2) 声明变量：int　num1，num2；用于存储用户的输入数据。

(3) 使用条件运算符：用于进行比较选择，并且输出。

(4) 返回 0：用于表示程序正常结束。

这个程序通过条件运算符简洁地实现了根据用户输入选择"鱼"或"熊掌"的功能，并展示了如何在 C 语言中使用条件运算符进行条件判断和值的选择。

▶2.4　数据类型的转换

在 C 语言程序中，为了解决数据类型不一致的问题，需要对数据的类型进行转换。例如，一个浮点数和一个整数相加，必须先将两个数转换成同类型。C 语言提供了自动类型转换、强制类型转换和赋值表达式中的类型转换三种情况。

1. 自动类型转换

这种转换是编译系统自动进行的。自动类型转换遵循以下规则：

(1) 若参与运算的类型不同，则先转换成同一类型，然后进行运算。

(2) 转换按数据长度增加的方向进行，以保证精度不降低。如 int 型和 long 型运算时，先把 int 型转换成 long 型后再进行运算。

(3) 所有的浮点运算都是以双精度型进行的，即使仅含 float 单精度型运算的表达式，也要先转换成 double 型，再作运算。

(4) char 型和 short 型参与运算时，必须先转换成 int 型。

总之，转换的顺序是由精度低的类型向精度高的类型转换，即转换次序。

数据类型自动转换规则如图 2.11 所示。

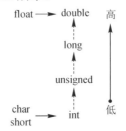

图 2.11　数据类型自动转换规则

例如：表达式 10 + 'a' + 1.5 − 8765.1234*'b'。在计算机执行的过程中从左向右扫描，运算次序如下：

(1) 进行 10 + 'a' 的运算，先将 'a' 转换成为整数 97，计算结果为 107。

(2) 将 107 转换成 double 型，再与 1.5 相加，结果是 double 型。

(3) 由于"*"比"−"优先，故先进行 8765.1234*'b' 的运算，运算时同样先将 'b' 转换成为整型，再转换为实型数后计算，但是计算结果是 double 型。

(4) 将两部分计算的结果相减，结果为 double 型。

2. 强制类型转换

通过使用强制类型转换，可以把表达式的值强迫转换为另一种特定的类型。其一般的格式如下：

　　　(类型)表达式

其中，类型是 C 语言中的基本数据类型。例如：(float)x/2，即强迫 x/2 的值为单精度型。

强制类型转换是单目运算符，它与其他单目运算符有相同的优先级。

注意：由于强制运算符的优先级比较高，所以被强制部分要用圆括号括起来。另外，被强制改变类型的变量仅在本次运算中有效，其原来的数据类型在内存中保持不变。

3. 赋值表达式中的类型转换

进行赋值运算时，如果赋值运算符两侧操作数的数据类型不同，会将右侧表达式的值转换为左侧变量的类型，再赋给左侧变量。

(1) 将实型数据(包括单、双精度)赋给整型变量时，舍弃实数的小数部分。如 i 为整型变量，执行"i = 5.55"的结果是使 i 的值为 5，在内存中以整数形式存储。

(2) 将整型(或字符型)表达式赋值给实型变量：数值不变，但以实数形式存储到变量中，在小数点后用 0 补足有效位。如将 35 赋给 float 型变量 f，即 f = 35，则先将 35 转换成 35.000000，再存储在 f 中。

(3) 将一个 double 型数据赋给 float 型变量时，截取其前面 7 位有效数字，存放到 float 型变量的存储单元(32 位)中。注意数值范围不能溢出。

例如：

> float f;
>
> double d=123.456789e100;
>
> f = d;

就会出现溢出的错误。

将一个 float 型数据赋给 double 型变量时，数值不变，有效位数扩展到 16 位，在内存中以 64 位存储。

(4) 字符型数据赋给整型变量时，由于字符只占 1 个字节，而整型变量为 2 个字节，因此将字符数据(8 位)放到整型变量低 8 位中。此时有两种情况：

① 如果所用系统将字符处理为无符号的量或对 unsigned char 型变量赋值，则将字符的 8 位放到整型变量低 8 位，高 8 位补 "0"。例如：将字符 '\366' 赋给 int 型变量 i，如图 2.12(a) 所示。

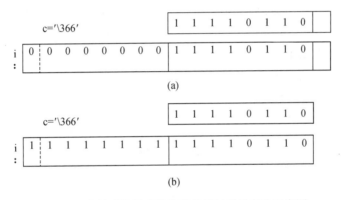

图 2.12   字符型数据赋给整型变量时变量变化示意图

② 如果所用系统将字符处理为带符号的(即 signed char)量且字符最高位为 "0"，则整型变量高 8 位补 "0"；若字符最高位为 1，则高 8 位全补 "1"，见图 2.12(b)。这称为 "符号扩展"，这样做的目的是使数值保持不变，如变量 c(字符 '\366')以整数形式输出为 -10，i 的值也是 -10。

(5) 将 int、short、long 型数据赋给 char 型变量时，只将其低 8 位原封不动地送到 char 型变量(即截断)。例如：

> int i=307;
>
> char c='a';
>
> c=i;

赋值情况见图 2.13。c 的值为 51，如果用 "%c" 输出 c，将得到字符 '3'(其 ASCII 码为 51)。

i=307	0 0 0 0 0 0 0 1	0 0 1 1 0 0 1 1
c=51		0 0 1 1 0 0 1 1

图 2.13   给 char 型变量赋值时变量变化示意图

以上的赋值规则看起来比较复杂，其实，不同类型的整型数据间的赋值规则归根到底就是：按存储单元中的存储形式直接传送。

例 2-6 赋值表达式中的类型转换。

```
void main()
{
    int i=43;
    float a=55.5,a1;
    double b=123456789.123456789;
    char c='B';
    printf("i=%d,a=%f,b=%f,c=%c\n", i, a, b, c);    /*输出 i, a, b, c 的初始值*/
    a1=i;               /* int 型变量 i 的值赋值给 float 型变量 a1*/
    i=a;                /*float 型变量 a 的值赋给 int 型变量 i，并舍去小数部分*/
    a=b;                /*double 型变量 b 的值赋值给 float 型变量 a，有精度损失*/
    c=i;                /*int 型变量 i 的值赋值给 char 变量 c，并截取 int 型低 8 位*/
    printf("i=%d, a=%f, a1=%f, c=%c\n", i, a, a1, c);    /*输出 i, a, a1, c 赋值以后的值*/
}
```

运行该程序的输出结果如下：

    i=43，a=55.500000，b=123456789.123457，c=B
    i=55，a=123456792.000000，a1=43.000000，c=7

习 题

一、选择题

1. 以下属于不合法的数据类型关键字的是(   )。

A. long   B. int   C. char   D. doubel

2. 以下不正确的 C 语言标识符是(   )。

A. AB2   B. x1_3   C. for   D. 2ab

3. 设 x 为 int 型变量，则执行以下语句后，x 的值为(   )。

    x=10;

    x+=x-=x-x;

A. 10   B. 20   C. 40   D. 30

4. 以下合法的赋值语句是(   )。

A. x = y = 100   B. d--;   C. x + y;   D. c = int(a + b);

5. 若已定义 x 和 y 为 double 型，则表达式 x = 1，y = x + 3/2 的值是(   )。

A. 1   B. 2   C. 2.0   D. 2.5

6. 在以下一组运算符中，优先级最高的运算符是(   )。

A. <=   B. =   C. %   D. &&

7. 下列能正确表示 A≥10 或 A≤0 的关系表达式是(   )。

A. A>=10 or A<=0　　　　　　　　　　B. A>=10 | A<=0

C. A>=10 || A<=0　　　　　　　　　　D. A>=10 && A<=0

8. 设 x，y，z，t 均为 int 型变量，则执行以下语句后，t 的值为(　　)。

```
x=y=z=1;
t=++x||++y&&++z;
```

A. 不定值　　　　　　B. 2　　　　　　　C. 1　　　　　　　D. 0

9. 设 a = 1，b = 2，c = 3，d = 4，则表达式 a<b?a:c<d?a:d 的结果为(　　)。

A. 4　　　　　　　　B. 3　　　　　　　C. 2　　　　　　　D. 1

10. 表达式：10 != 9 的值是(　　)。

A. true　　　　　　　B. 非零值　　　　　C. 0　　　　　　　D. 1

11. 假定 w、x、y、z、m 均为 int 型变量，执行如下程序段，则 m 的值是(　　)。

```
w=1; x=2; y=3; z=4;
m=(w<x)?w:x;
m=(m<y)?m:y;
m=(m<z)?m:z;
```

A. 4　　　　　　　　B. 3　　　　　　　C. 2　　　　　　　D. 1

12. 设 int b = 2;，表达式(b<<2)/(b>>1)的值是(　　)。

A. 0　　　　　　　　B. 2　　　　　　　C. 4　　　　　　　D. 8

13. 以下程序的输出结果是(　　)。

```
void main()
{
    int x=05；
    char z='a'；
    printf("%d\n",(x&1)&&(z<'z'));
}
```

A. 0　　　　　　　　B. 1　　　　　　　C. 2　　　　　　　D. 3

14. 语句 printf("a\bre\'hi\'y\\\bou\n"); 的输出结果是(　　)。

A. a\bre\'hi\'y\\\bou　B. a\bre\'hi\'y\bou　　C. re'hi'you　　D. abre'hi'y\bou

(说明：'\b'是退格符)

15. 以下程序的输出结果是(　　)。

```
void main()
{
    int a=5,b=4,c=6,d;
    printf("%d\n", d=a>b? a>c?a:c:b);
}
```

A. 5　　　　　　　　B. 4　　　　　　　C. 6　　　　　　　D. 不确定

16. 设有以下程序段：

```
int x=2002,y=2003;
printf("%d\n",(x,y));
```

则以下叙述正确的是(　　　)。

A. 输出语句格式说明符的个数少于输出项的个数，不能正确输出

B. 运行时产生错误信息

C. 输出值为2002

D. 输出值为2003

17. 有以下定义语句

```
double a,b; int w; long c;
```

若各变量已正确赋值，则下列选项中正确的表达式是(　　　)。

A. a + = a + b = b ++　　　　　　　　　B. w%((int)a + b)

C. (c + w)%(int)a　　　　　　　　　　　D. w = a&b

18. 若 x 和 y 代表整型数，以下表达式中不能正确表示数学关系|x-y|<10 的是(　　　)。

A. abs(x-y)<10　　　　　　　　　　　　B. x-y>-10&& x-y<10

C. !(x-y)<-10||!(y-x)>10　　　　　　　　D. (x-y)*(x-y)<100

二、填空题

1. 设有说明:

```
char w; int x; floar y; double z;
```

则表达式 w*x + z-y 值的数据类型为(　　　)。

2. 设有 int x = 11; 则表达式(x ++*1/3)的值为(　　　)。

3. 下列程序的输出结果是(　　　)。

```
void main()
{
    double d=3.2;
    int x,y;
    x=1.2;
    y=(x+3.8)/5.0;
    printf("%f \n", d*y);
}
```

4. 若 a = 10，b = 20，则表达式!a>b 的值为(　　　)。

5. 以下程序的输出结果是(　　　)。

```
void main()
{
    int a=5,b=5,c=3,d;
    d=(a>b>c);
    printf("%d\n",d);
}
```

6. 若有语句

```
int i=-19,j;
j=i%4;
printf("%d\n",j);
```

则输出结果是(　　)。

三、编程题

1. 大小写转换。从键盘输入一个大写英文字母，编程将其转换位小写英文字母后，将转换后的小写字母及其十进制的 ASCII 码值输出到屏幕上。

2. 数位拆分。从键盘任意输入一个 4 位的正整数 n(如 4321)，编程将其拆分为两个 2 位的正整数 a 和 b(如 43 和 21)，计算并输出拆分后的两个数 a 和 b 的加、减、乘、除和求余的结果。

3. 求半径 r 为 5 的球的表面积($4\pi r^2$)和体积$\left(\dfrac{3}{4}\pi r^3\right)$(使用符号常量定义 π)。

4. 计算三角形面积。从键盘任意输入三角形的三边长为 a、b、c，按照如下公式，编程计算并输出三角形的面积，要求结果保留两位小数。

$$s = \frac{1}{2}(a+b+c) \qquad \text{area} = \sqrt{s(s-a)(s-b)(s-c)}$$

<CODE> 第 3 章　C 语言控制结构

学习目标

1. 知识目标

(1) 掌握输入、输出函数的使用方法。

(2) 理解顺序结构的概念，即程序按照代码的书写顺序从上到下依次执行每条语句。

(3) 理解分支结构应用的场景，掌握 if 语句和 switch 语句的语法结构及使用方法，能够根据条件判断选择不同的执行路径。

(4) 理解循环结构应用的场景，熟悉 while 语句、do-while 语句和 for 语句的语法结构及使用方法，能够在满足特定条件的情况下重复执行一段代码。

(5) 学会将控制结构应用于实际问题的解决中，如使用循环结构处理批量数据、使用选择结构实现条件判断等。

2. 能力目标

(1) 能够独立编写包含顺序结构、选择结构和循环结构的 C 语言程序。

(2) 能够根据实际问题的需求，选择合适的控制结构来构建程序的逻辑流程。

(3) 能够通过优化控制结构的使用，提高程序的执行效率和可读性。

3. 素质目标

(1) 遵守编程规范，如变量命名规则、代码缩进、注释等，提高程序的可维护性，培养严谨的编程习惯。

(2) 在项目开发中，能够与团队成员有效沟通，协作完成任务，提升团队合作和沟通能力。

本章主要围绕结构化程序设计中的三种控制结构展开深入讲解，包括顺序结构、分支结构和循环结构。通过对这些控制结构的原理、功能及应用场景的剖析，让读者理解如何组织程序流程、实现算法逻辑，并掌握各种控制语句的结构和使用方法。同时，结合丰富且典型的具体实例，详细说明每种控制结构在 C 语言程序中的实现方式与实际运用技巧，助力读者灵活运用这些结构编写高质量程序。

▷3.1　顺序结构程序设计

　　顺序结构是程序设计中最基本的结构，它控制程序按照语句出现的先后顺序依次执行。通过此结构可以实现基本的数据输入和输出、数学运算、变量的赋值和初始化等操作。本节任务主要是了解 C 语句类型，掌握数据的输入输出操作及建立顺序结构程序设计思维。

3.1.1　C 语句概述

　　一个 C 语言程序可以由若干个源程序文件(分别进行编译的文件模块)组成，一个源文件可以由若干个函数、预处理命令以及全局变量声明部分组成。函数在 C 语言中是用来封装和实现特定功能的代码块，而这些功能最终需要通过执行函数体内的语句来完成。语句是 C 语言中的基本执行单位，用于完成特定的操作或计算。每个语句以分号";"结束。

　　根据 C 语句的基本功能和结构特点，可以将其分为以下五类。

1. 表达式语句

　　由一个表达式加上分号";"构成一个语句，最典型的是由赋值表达式加上分号";"构成一个赋值语句。其一般格式如下：

　　　　表达式;

例如：

a = 6 是赋值表达式，而 a = 6; 则是赋值语句。

i++ 是使 i 变量自增 1 表达式，而 i++; 则是自增 1 语句。

sum = 0，i = 1 是逗号表达式，而 sum=0，i = 1; 则是逗号语句，经常用来进行变量赋初值的操作。

2. 函数调用语句

　　函数调用语句由函数名、实际参数加上分号";"组成，其一般格式如下：

　　　　函数名(实际参数表);

例如：

printf()是输出函数，而执行 printf("I enjoy programming.");函数调用语句，就可以在屏幕上输出"I enjoy programming."。

　　由此可见，一个语句必须在最后加上分号，分号是语句中不可缺少的一部分，任何表达式都可以加上分号构成为一个语句，函数调用语句也属于表达式语句。

3. 控制语句

　　控制语句是用于控制程序的流程的语句，可以实现程序的各种结构方式。C 语言中有 9 种控制语句，主要分为以下 3 大类，其中控制语句的语法和具体应用会在后续的章节中继续讨论。

(1) 条件判断语句：if 语句、switch 语句。

(2) 循环执行语句：do-while 语句、while 语句、for 语句。

(3) 转向语句：break 语句、goto 语句、continue 语句、return 语句。

4．空语句

空语句是只有一个分号的语句，它不进行具体的数据操作，是一种概念的存在。它可以作为循环语句中的空循环体，或代替模块化程序设计中尚未实现的以及暂不加入的部分。下面是一个空语句：

```
;
```

5．复合语句

把多条语句用{ }括在一起组成一条语句称为复合语句。在程序中把复合语句会看成一条语句，而不是多条语句。例如，下面是一个复合语句：

```
{
    z=x*y;
    m=z/10;
    printf("%d \n",m);
}
```

复合语句可以有自己的数据说明部分，如：

```
main()
{
    int a,b;
    …
    {
        int c;
        c=a+b;
        …
    }
    …
}
```

复合语句内的各条语句都必须以分号“;”结尾，在括号“}”外不能加分号。

注意：C 语言允许一行写几个语句，也允许一个语句拆开写在几行上，书写格式无固定要求。

3.1.2　数据的输入与输出

数据的输入输出操作是一个程序中的基本任务之一，是用户与程序之间交互的主要手段。输入输出操作是以计算机主机为主体而言的，这里的“主机”指的是计算机的中央处理单元(CPU)及其直接相关的内存和控制系统。通过输入操作，程序可以通过外部输入设备(如键盘、扫描仪、磁盘等)获取用户提供的指令、数据或信息；输出操作是程序通过外部输出设备(如打印机、显示器、磁盘、文件等)向用户展示处理结果、提供反馈或存储数据。

也就是说，用户通过输入输出操作实现了与外部设备的有效通信和数据交换。

　　C 语言本身不提供输入输出语句，输入和输出操作都是由 C 标准库函数实现的。标准库函数是由 C 编译程序提供的，以编译后的目标代码形式存放在称为标准函数库的系统文件中。在 C 语言中，输入输出操作主要通过标准输入输出库函数来实现。C 语言库函数是由 C 标准库提供的一组预定义的函数，这些函数为程序员提供了各种常用的功能，如输入输出操作、字符串处理、数学计算、内存管理等。C 标准库函数通常定义在相应的头文件中，使用时需要包含这些头文件。输入输出函数定义在<stdio.h>头文件中。用户进行输入输出操作时需要在自己的程序中包含此头文件。形式如下：

　　　　#include <stdio.h>

或

　　　　#include "stdio.h"

　　本节仅介绍用于输入和输出的四个最基本的函数，分别是格式输出函数 printf、格式输入函数 scanf、字符输入函数 getchar、字符输出函数 putchar。

1. printf 函数

　　在前面的章节中已经多次用到 printf 函数，它的作用是按指定格式向显示器屏幕上输出任意类型的数据。

　　1) printf 函数的一般格式

　　格式 1：printf("需要输出的字符串");

　　格式 2：printf("格式控制字符串"，输出项表);

　　格式 1 的功能是将"需要输出的字符串"原样输出。例如：

　　　　printf("Hello, China! ")　　　　　//显示器屏幕上会显示"Hello, China!"。

　　格式 2 的功能是按"格式控制字符串"规定的格式，将"输出项表"中各输出项(常量、变量或表达式)的值输出到显示器屏幕上。例如：

　　　　sum=32;

　　　　printf("sum is %d\n",sum);　　　　　//显示器屏幕上会显示"sum is 32"

　　2) 普通字符的输出

　　采用格式 1 调用 printf 函数，可以使函数括号里的普通字符(即不包含%和\的字符)原样输出。这种调用形式经常作为输出提示文字信息的功能来使用。

　　例 3-1　用 printf 函数输出普通字符。

```
#include <stdio.h>
int main()
{
    printf("I enjoy writing programs. ");
    printf("******\n");
    printf("This is my first C language program.\n");
    return 0;
}
```

程序运行结果如图 3.1 所示。

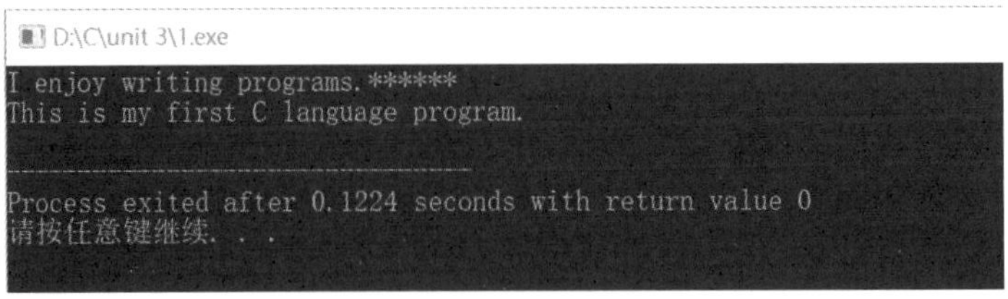

图 3.1　例 3-1 运行结果

程序分析：

本例中"I enjoy writing programs."是一个完全由普通字符组成的字符串，printf 函数会直接输出它。\n 是一个特殊的转义序列，用于在输出中插入一个换行符。printf("******\n"); 这行代码会输出字符串"******"，然后插入一个换行符，使得光标移动到下一行的开头。

转义符及其意义见表 3.1。

表 3.1　转义符及其意义

转义符	意　义
\n	插入一个换行符，将输出移动到下一行
\t	插入一个制表符(Tab)，将输出移动到下一个制表键位
\\	插入一个反斜杠字符
\"	插入一个双引号字符
\r	插入一个回车符(通常与\n 一起使用，以表示新的一行开始)

3) 格式控制字符

由"%"和用来控制对应表达式的输出格式字符组成格式控制字符串，如%d、%c、%f等。它的作用是将内存中需要输出的数据由二进制形式转换为指定的格式。例如以下程序段把 a 变量的值以整数的形式输出：

```
int a=36;
printf("%d",a);
```

输出的结果：

```
36
```

"输出项表"是需要输出的一些数据，可以是常量、变量或表达式。输出项表中的各输出项要用逗号隔开。

printf 函数的格式 2 还可以表示为

```
printf("格式控制字符串", 输出参数 1，输出参数 2，…，输出参数 n);
```

输出数据项的数目任意，但是格式说明的个数要与输出项的个数相同，使用的格式字符也要与它们一一对应且类型匹配。例如：

```
int a=6;
float b=5.0;
printf("a=%d, b=%f\n", a, b);
```

此语句中的"a = %d, b = %f\n"是格式控制字符串，"a, b"是输出项表。"%d"和"%f"是格式字符，格式字符 d 与输出项 a 对应，格式字符 f 与输出项 b 对应，"a = "和"b = "是普通字符，原样输出。输出过程是：在当前光标位置处先原样输出"a = "，然后以"%d"格式输出变量 a 的值，再在当前光标位置处先原样输出"，b = "，然后以"%f"格式输出变量 b 的值，最后输出转义字符"\n"，将光标移到下一行的开头处。上述语句输出结果如下：

　　　a = 6, b = 5.000000

(1) 格式字符。

每个格式都必须以"%"开头，并以一个格式字符作为结束，允许使用的格式字符及其说明如表 3.2 所示。

表 3.2　printf()使用的格式字符及其功能

格式字符	功　　能	实　　例	结　　果
d 或 i	输出带符号的十进制整数(正数不输出符号)	printf("a = %d",68);	a = 68
o	以八进制无符号形式输出整数(不带前导 0)	int a = -1; printf("%o",a);	177777
X 或 x	以十六进制无符号形式输出整数(不带前导 0x 或 0X)	int a = -1; printf("a = %x",x);	a = ffff
u	按无符号的十进制形式输出整数	int a = 32768; printf("%u",a);	32768
c	输出一个字符	char a = 'A'; printf("%c",a);	A
s	输出字符串中的字符，直到遇到'\0'，或者输出由精度指定的字符数	printf("%s","china");	china
f	以[-]mmm.dddddd 带小数点的形式输出单精度和双精度数，d 的个数由精度指定	float f = 123.456; printf("%f",f);	123.456001
E 或 e	以指数形式输出单精度和双精度数	printf("%e",123.456);	1.23456e + 02
G 或 g	由系统决定采用%f 格式还是采用%e 格式，以使输出宽度最小，且不输出无意义的零	F = 123,456;　printf("%g",f);	123.456□□□
%	输出一个字符%	printf("出勤率是 96%%");	出勤率是 96%

例如：

　　　char a='a';

　　　printf("%c,%d",a,a);

输出结果：

　　　a,97

(2) 类型修饰符。

类型修饰符可以与某些格式说明符组合使用，分为 h 和 l 两种，具体使用功能见表 3.3。

表 3.3　printf()使用的修饰符及其功能

类型修饰符	功　　能
h	在 d、o、x、u 前，指定输出为短整型(short)或无符号短整型(unsigned short)
l	在 d、o、x、u 前，指定输出为长整型(long int)或无符号长整型(unsigned long short)
	在 e、f、g 前，指定输出为双精度实型(double)

例如：

    x=32769;

    printf("x = %ld, x = %d", x, x);

输出结果：

    x = 32769, x = - 32767

输出结果中的第二部分是错误的，在进行了自动类型转换之后，数据溢出了；%ld 输出长整型数据，所以长整型数据一定要用%ld 的形式输出。

(3) 域宽和精度修饰符。

在 C 语言中，printf 函数的域宽和精度是用于控制输出格式的两个重要参数。域宽指定了输出数据在输出设备上所占的最小字符数。如果实际数据的字符数少于域宽，printf 函数会在数据的左侧(默认右对齐)或右侧(使用左对齐标志时)填充空格，以达到指定的域宽。精度用于指定浮点数的有效数字位数，或字符串的输出长度。域宽和精度修饰符的具体功能如表 3.4。

表 3.4　printf()使用的域宽和精度及其功能

域宽和精度修饰符	功　　能
m	输出数据域宽，当数据长度小于 m 时，补空格；否则按实际长度输出
n	对于整数，表示至少要输出精度指定的位数，当数据长度小于精度时，左边补 0；对于实数，指定小数点后的位数(四舍五入)；对于字符串，只输出字符串的前 n 个字符

说明：

① %md 使数据按照 m 指定的宽度进行输出，如果数据长度小于 m，输出数据时向右靠齐；如果实际宽度大于 m，则按照数据的实际宽度进行输出。如：

    x = 123; y = 123456;

    printf("x = %5d, y = %5d", x, y);

输出结果：

    x=□□123, y=123456

注意：由于格式字符的控制在输出时会出现空格，本章将用□表示一个空格，其他章节则省略。

② %m.nf 指定输出的数据共占 m 位，其中小数部分占 n 位，并且小数点也需占用 1 位。如果数据的实际宽度(包括小数点 1 位)小于 m，则数据输出时应向右靠齐，左端补空格；如果实际宽度大于 m，则按实际宽度输出数据。如：

    float f= 123.456;

    printf("%f, %9.2f, %.2f", f, f, f);

输出结果：

    123.456001, □□□123.46, 123.46

(4) 前缀修饰符。

前缀修饰符是格式说明符的一部分，用于进一步细化输出的格式。这些修饰符可以组合使用，以精确控制输出的格式，这些修饰符的功能见表 3.5。

表 3.5　printf()使用的前缀修饰符及其功能

修 饰 符	功　　能
-	输出数据在域内左对齐(缺省右对齐)
+	输出有符号正数时，在其前面显示正号(+)
#	对于无符号数，在八进制和十六进制的数据前显示前导 0、0x 或 0X；对于实数，必须输出小数点

说明：

① %-md 与%md 基本相同，按照 m 指定的宽度输出数据，如果数据的位数小于 m，则输出的数据向左靠齐，右端补空格。如：

　　x = 1234;

　　printf("x = % - 6d, y = %6d", x, x);

输出结果：

　　x = 1234□□, y =□□1234

② %#x 表示在输出的十六制前显示前导 0x。如：

　　int a = 123;

　　printf("%#x", a);

输出结果：

　　0x7b

例 3-2　用 printf 函数输出整数。

```c
#include "stdio.h"
int main()
{
    int a=2025,b=2026;
    printf("a=%d",a);
    printf("b=%d\n",b);
    printf("a=%d\t",a);
    printf("b=%d\n",b);
    printf("a=%d,b=%d\n",a,b);
    printf("a=%3d\n",a);
    printf("a=%6d\n",a);
    printf("a=%6db=%6d\n",a,b);
    printf("a=%-6db=%-6d\n",a,b);
    printf("sum=%d",a+b);
    return 0;
}
```

程序运行结果如图 3.2 所示。

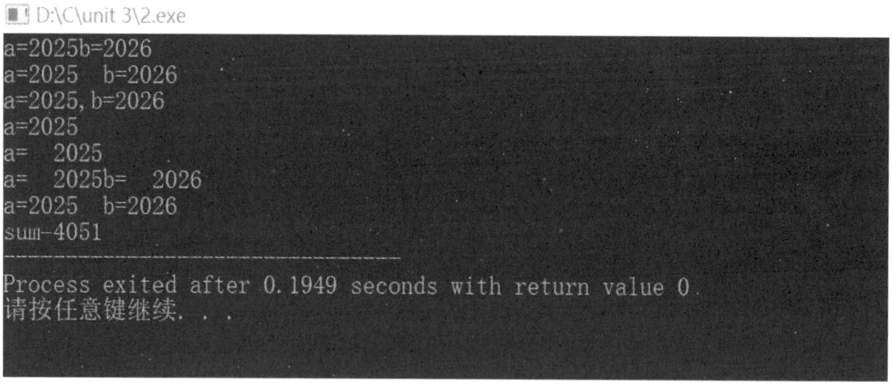

图 3.2   例 3-2 运行结果

程序分析：

① 通过本程序的运行结果可以看出，数据的最终输出形式是受"格式控制字符串"控制的。如第 2 行语句 "a = %d"，a = 是普通字符原样输出，%d 使 a 的值以整型输出，光标定位在 2025 的后面，紧接着输出第 3 行语句 "b = 2026"。

② 通过 main 函数的第 2、3 行语句和第 4、5 行语句的运行结果可以看出，转义字符在输出格式控制中的作用：\n 将当前光标转到下一行的第 1 列，\t 将当前光标调到下一个 Tab 位置。

③ 比较第 9 行语句和第 10 行语句可以看出+、–号的作用及 m 值大小对整数输出结果的影响。第 7 行语句域宽为 3，自动突破，输出 a，光标调到下一行开头；第 8、9 行语句域宽为 6，大于数据的宽度，m>0，数据的值向右靠齐，不足的位以空格补齐；第 10 行语句域宽为 6，大于数据的宽度，m<0，数据的值向左靠齐，不足的位以空格补齐。

④ 第 11 行语句的%d 输出 a + b 表达式的值。

例 3-3   用 printf 函数输出实数。

```c
#include "stdio.h"
int main()
{
    float f=1234.123456789;
    float m=123456789.123456789;
    printf("f=%f\n",f);
    printf("f=%.2f\n",f);
    printf("m=%f\n",m);
    printf("m=%.2f\n",m);
    printf("f=%10.2f\n",f);
    printf("f=%e\n",f);
    printf("f=%.2e\n",f);
    printf("f=%10.2e\n",f);
    printf("f=%g\n",f);
    printf("m=%g\n",m);
```

```
        printf("f=%.5g\n",f);
        printf("m=%.5g\n",m);
        return 0;
    }
```

程序运行结果如图 3.3 所示。

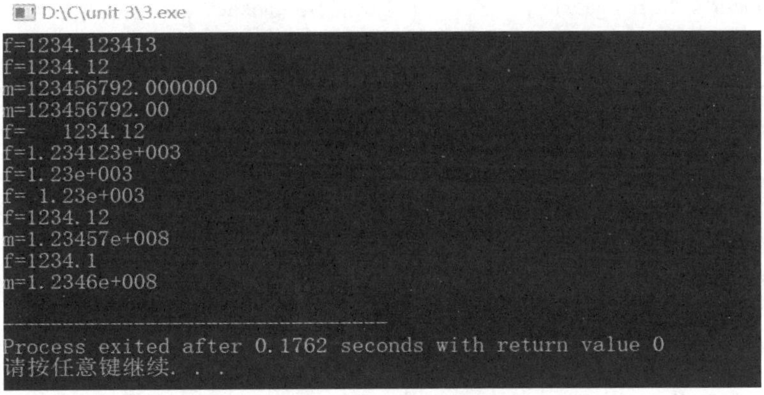

图 3.3　例 3-3 运行结果

程序分析:

① 有效位数是指从左边第一个非零数字开始到末尾数字的总数。控制有效位数通常使用%g 或%G 格式说明符。

② mian()函数中的第 3～6 行语句以%f 格式输出。注意:

• 默认输出:如果不指定精度,%f 会输出 6 位小数。

• %.2f:指定输出保留 2 位小数,printf 会进行四舍五入。

根据运行结果可以看出,实数采用%f 格式时的有效数位是 7～8 位。如第 3 行语句,只有 8 位有效位,小数点后的第 5 位数字已不准确;同理,第 5 行语句只有前 7 位数字有效。

③ 第 7 行语句设置域宽为 10,四舍五入保留 2 位小数位,加上 4 位整数位和 1 个小数点位,共 7 位,前面空 3 个空格。

④ 第 8～10 行语句用于以科学计数法形式输出浮点数。%e 使用小写字母 e 表示指数,%E 使用大写字母 E 表示指数。当使用%e 或%E 格式说明符时,浮点数将被输出成如下形式:[-]d.dddddde[+/-]dd[-]d.ddddddE[+/-]dd。

⑤ %g 和%G 用于自动选择%f 或%e(或%E)格式输出,以最简洁的方式表示数字。%g使用小写字母 e,%G 使用大写字母 E。对于非常大或非常小的数值,%g(或%G)格式可能会自动选择科学记数法输出。第 11 行语句用实数的方式输出,第 12 行语句中 m 的值太大,选择用科学记数法输出。

例 3-4　使用 printf 函数输出字符和字符串。

```
#include"stdio.h"
int main()
{
```

```
    char c='a';
    printf("c=%c\n",c);              /*输出 c 的值*/
    printf("c=%d\n",c);
    printf("%c\n",c+2);
    printf("c=%5c\n",c);             /*域宽为 5，输出 c 的值*/
    printf("s=%s\n","gaoxin");       /*输出字符串 gaoxin*/
    printf("s=%4s\n","gaoxin");      /*域宽为 4，输出字符串 gaoxin*/
    printf("s=%8s##\n","gaoxin");
/*域宽为 8，左边空 2，输出字符串 gaoxin*/
    printf("s=%-8s##\n","gaoxin");
/*域宽为 8，右边空 2，输出字符串 gaoxin*/
    return 0;
}
```

程序运行结果如图 3.4 所示。

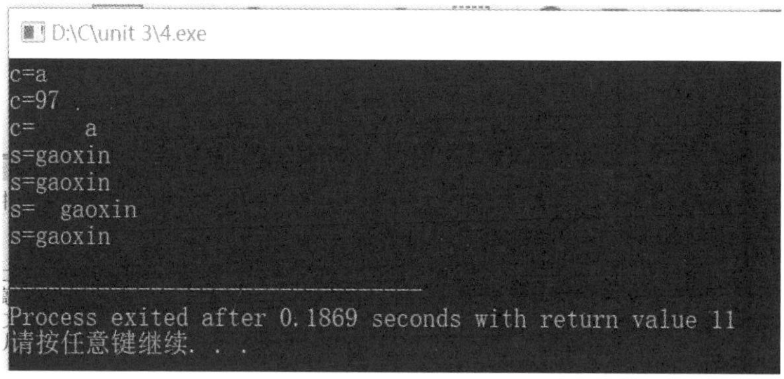

图 3.4   例 3-4 运行结果

程序分析：

① %c 输出字符时，输出在屏幕时不加单撇符号 "'"。

② 第 3 行语句是输出字符变量值的 ASCII 码。

③ 第 4 行语句是输出字符变量 c 的值后的第 2 个字符。

④ 第 5 行语句用%5c 设置域宽为 5，输出 c 的值，并用 4 个空格补齐。

⑤ 第 6～9 行语句练习用%s 和%ms 格式输出字符串，原理同例 3-3。

2. scanf 函数

scanf 函数称为 "格式输入函数"，即按指定的格式从键盘上把数据输入到指定的变量中。scanf 函数的一般格式为

```
scanf("格式控制字符串"，输入项地址列表);
```

其功能是按照 "格式控制字符串" 的要求，接受用户的键盘输入，并将输入的数据依次存放在地址参数指定的内存空间中。其中的格式控制字符串和 printf 中的一样，"输入项地址列表" 中的各输入项用逗号隔开，各输入项应该是合法的地址表达式，即可以是变量的地址(由地址运算符&后跟变量名组成)或字符串的首地址(在第 4 章讲解)等。

例如：

　　int n;

　　float f;

　　scanf("%d%f", &n, &f);

在此 scanf 函数调用语句中，"%d%f"是格式控制字符串，&n, &f 是输入项表，n, f 是两个变量，n, f 变量前的符号"&"是 C 语言中的求地址运算符，&n 就是取变量 n 的地址，&f 则是取变量 f 的地址，变量的地址是 C 编译系统分配的，用户不必关心具体的地址是什么。调用此函数时，可以键盘输入一个整数给 n 变量，输入一个实数给 f 变量。

在用户进行键盘输入时，并不是输入一个数据项就立刻传给对应的变量，而是当输入完相应的数据并按下回车键后才开始传送，输入的数据首先进入数据缓冲区，然后按照格式控制字符串的要求从输入缓冲区中读取数据再分别赋值给相应的变量。同时要注意，输入时在两个数据之间可以用一个或多个空格分隔(不包括字符变量的值)，也可以用回车键(用↙表示)、跳格键 Tab。

例 3-5　输入函数 scanf()的应用。

```
#include "stdio.h"
int main()
{
    int a,b;
    printf("please input a,b:\n");
    scanf("%d%d",&a,&b);
    printf("a=%d,b=%d\n",a,b);
    printf("please input a,b:\n");
    scanf("%4d%4d",&a,&b);
    printf("a=%d,b=%d\n",a,b);
    return 0;
}
```

程序运行结果如图 3.5 所示。

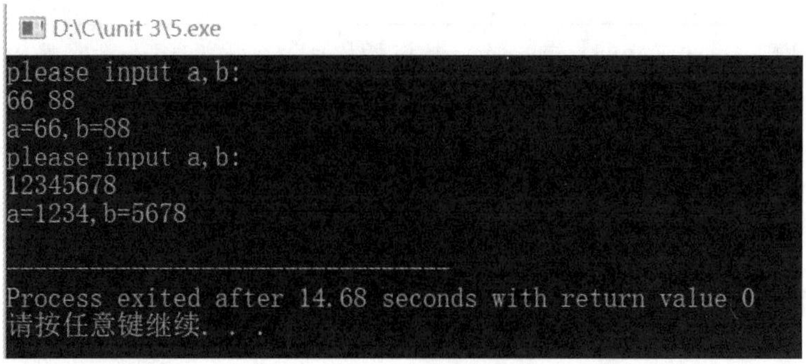

图 3.5　例 3-5 运行结果

程序分析：

(1) scanf 函数不能显示提示内容，故一般使用 printf 函数在屏幕上输出提示，在本程序中第 2 行语句和第 5 行语句就是起输入提示的作用。

(2) 第 3 行语句是调用 scanf()完成对变量 a、b 的输入。在执行 scanf()语句时，等待用户的输入，用户输入"66□88"后按下回车键，66 赋值给 a 变量，88 赋值给变量 b。注意，在语句中 scanf()中的格式控制字符串"%d%d"%d%d 之间无空格，在输入时用一个及以上的空格或回车键(或 Tab 键)作为两个输入数之间的间隔。

(3) 每个格式说明都必须以"%"开头，并以一个"格式字符"作为结束。scanf 函数使用的格式字符及其说明如表 3.6 所示。

表 3.6   scanf()使用的格式字符及其说明

格式字符	说　明	实　例	运行结果
d	输入十进制整数	int a,b; scanf("%d%d",&a,&b); printf("%d,%d",a,b);	6□9✓ 6, 9
i	输入整数，整数可以是带前导 0 的八进制数，带前导 0x(或 0X)的十六进制数	int a; scanf("%i", &i); printf("%d", a);	056✓ 46
o	以八进制形式输入整数(有无前导 0 均可)	int a; scanf("%o",&a); printf("%d",a);	56✓ 46
x, X	以十六进制形式输入整数(有无前导 0x 或 0X 均可)	int a; scanf("%x",&a); printf("%d",a);	56✓ 86
c	输入一个字符	char a,b; scanf("%c%c",&a,&b); printf("%c,%c",a,b);	xy✓ x,y
s	输入字符串	char a[6]; scanf("%s",a); printf("%s",a);	gaoxin✓ gaoxin
f	以带小数点形式或指数形式输入实数	flaot a; scanf("%f",&a); printf("%f ",a);	3.2✓ 3.200000
e, E, g, G	与 f 的作用相同	flaot a; scanf("%e",&a); printf("%f ",a);	4.3e9✓ 430000026.000000

注意：在调用 scanf 函数时，键盘输入数据的格式必须与调用函数时的"格式控制字符串"保持一致。如果在"格式控制字符串"中插入了其他普通字符，这些字符将不能输出到屏幕上，但输入时需按对应位置原样输入。例如：

scanf("a = %d, b = %d", &a, &b);

要实现上述赋值，输入数据的格式如下：

a = 66, b = 88✓

再如：

scanf("please input the number %d", &a);

需输入 please input the number 66 才能使变量 a 得到值 66。

(4) 在格式字符前可以用整数指定输入数据的宽度，系统会自动截取所需数据。例如第 6 行语句 scanf("%4d%4d", &a, &b);，当输入"12345678"时，把 1234 赋予变量 a, 5678

赋予变量 b。具体规则如下：

① 输入"1234567890"，把 1234 赋予变量 a, 5678 赋予变量 b，自动截取"90"；

② 输入"1234567"，把 1234 赋予变量 a, 567 赋予变量 b；

③ 输入"123456□7890"，把 1234 赋予变量 a, 56 赋予变量 b；

④ 输入"1234□567890"，把 1234 赋予变量 a, 5678 赋予变量 b。

(5) 可使用"1"格式控制长型数据(如长整型，双精度类型)的输入，示例如下：

scanf("%ld%lo%lx",&x,&y,&z);

scanf("%lf%le",&a,&b);

(6) 不可规定输入数据的精度，即不能对实数指定小数位的宽度。例如：

float x;

scanf("%7.2f",&x);

输入：1234567↙

想得到 x = 12345.67 是完全错误的。

使用 scanf 函数时的注意事项：

• 输入项表只能是地址，意味着将输入数据存到对应的地址单元，所以一定要写"&"，而不能直接写变量。

• 调用 scanf 函数从键盘输入数据时，最后只有按回车键(Enter 键)，scanf 函数才会接收数据。输入的数据之间用间隔符(空格、跳格键或回车键)隔开，间隔符个数不限。

• 在"格式控制字符串"中，格式说明的类型与输入变量的类型应一一对应匹配，同时，不能给表达式调用 scanf 函数输入值。

• 在"格式控制字符串"中，格式说明的个数应与输入项的个数相同。若格式说明个数少于输入项个数，scanf 函数结束输入，多余数据项不会从终端接收新数据；若格式说明个数多于输入项个数，scanf 函数同样结束输入。

• 输入某一数据时，遇到空格、回车键、跳格键，当前输入即被视为结束。

2) 字符型变量的输入

在 C 语言中，常用 scanf 函数进行字符型变量的输入。scanf()函数可以通过格式说明符%c 来读取单个字符。

例 3-6　使用 scanf 函数输入字符变量的值。

```c
#include "stdio.h"
int main()
{
    char m,n;
    printf("please input m,n:\n");
    scanf("%c%c",&m,&n);
    printf("m=%c,n=%c\n",m,n);
    printf("m='%c',n='%c'\n",m,n);
    return 0;
}
```

程序运行结果如图 3.6 所示。

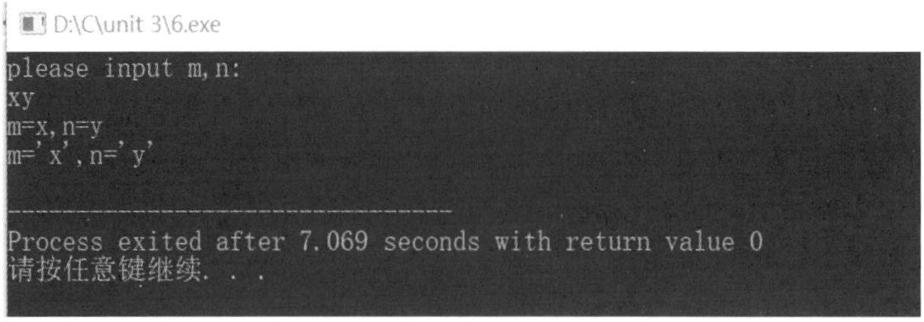

图 3.6   例 3-6 运行结果(1)

程序分析:

(1) 本程序的第 3 行语句可实现给字符型变量 m、n 赋值。例如,输入"xy",会将 x 赋值于变量 m,把 y 赋值于变量 n。

(2) 在输入字符型数据时,若格式控制字符串中无非格式字符,则认为所有输入的字符均为有效字符。例如输入"x□y",程序运行时会把 x 赋值于变量 m,把空格字符□赋值于变量 n,则运行结果如图 3.7 所示,由此可知空格字符、转义字符均为有效字符。

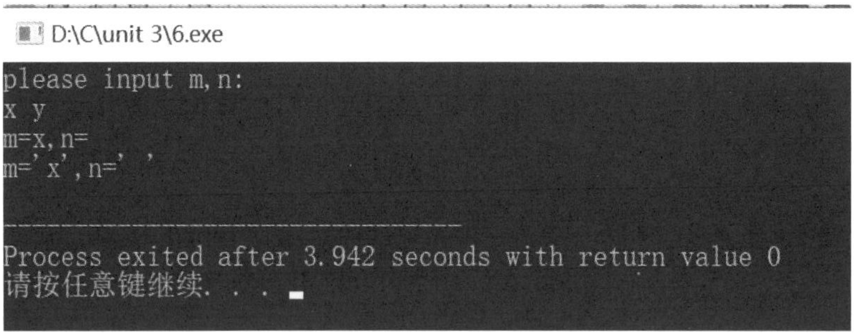

图 3.7   例 3-6 运行结果(2)

(3) 输出字符变量值时,字符值前后默认不加单撇。程序中第 4 行语句运行的结果见图 3.6 和图 3.7 的第 3 行,如需加单撇,则要使用程序的第 5 行语句。

(4) 如果在格式控制字符串中加入空格作为间隔,例如:

    scanf("%c□%c", &m, &n);

输入"x□y",程序运行时会把 x 赋值于变量 m,把字符 y 赋值于变量 n。

(5) 输入字符型数据时,若格式控制字符串中有非格式字符,则输入时也要输入该非格式字符。

3. getchar 函数

getchar 函数是 C 标准库中的输入函数,用于从标准输入(通常为键盘)读取一个字符,定义在 stdio.h 头文件中。该函数无参数,一般格式为

    getchar();

调用此函数时,系统会等待外部的输入。getchar 函数只能接收一个字符,即使输入数字也按字符处理。通过 getchar 函数得到的字符,可以赋给字符型变量或整型变量,也可以不赋给任何变量,仅作为表达式的一部分。

例 3-7　输入单个字符。

```
#include "stdio.h"
int main()
{
    char ch;
    printf("please input a char\n");
    ch=getchar();
    printf("ch='%c'",ch);
    return 0;
}
```

程序运行结果如图 3.8 所示。

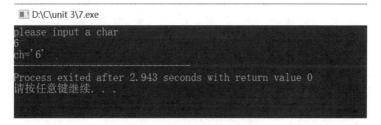

图 3.8　例 3-7 运行结果

程序分析：

(1) 程序的第 2 行语句在运行时，通过 getchar 函数从键盘输入一个字符并赋值给变量 ch。在键盘上输入字符 x 后只有按下回车键，字符 x 才会被送入变量 ch 对应的内存单元；否则系统会认为输入尚未结束。

(2) getchar 函数只能接收单个字符，输入数字也按字符处理，运行结果如图 3.9 所示。输入多于一个字符时，只接收第一个字符。

图 3.9　getchar 函数的运行结果

(3) 程序的第 2、3 行语句可以用下面这行语句替代：

```
printf("%c\n",getchar());
```

但需注意，此替代语句只能实现一次输出，无法将字符赋值给变量 ch，而原程序中的第 2 行可以赋值于变量 ch。

4. putchar 函数

putchar 函数是 C 标准库中用于字符输出的函数，即向标准输出设备(通常为屏幕)打印单个字符。putchar 函数定义在<stdio.h>头文件中，其一般格式为

```
putchar(ch);
```

其中 ch 可以是字符变量、字符常量或表达式，其功能是输出给定的单个字符常量或字符变量，相当于 printf 函数中的%c。putchar 函数必须有一个输出项，输出项可以是字符型常量、变量、整型常量、变量、表达式，但只能是单个字符而不能是字符串。例如：

    putchar('a');   输出字母 a
    putchar(97);   输出 ASCII 码值为 97 对应的字符，即字母 a
    putchar(x);   x 可以是整型或字符型变量
    putchar('\141');   输出字母 a(\141 是八进制表示的字符编码)
    putchar('\x61');   输出字母 a(\x61 是十六进制表示的字符编码)

例 3-8　输出字符。

```
#include <stdio.h>
int main()
{
    char a,b,c,d;
    a='g';b='o';c='o';d='d';
    putchar(a);putchar(b);putchar(c);putchar(d);
    return 0;
}
```

程序运行结果如图 3.10 所示。

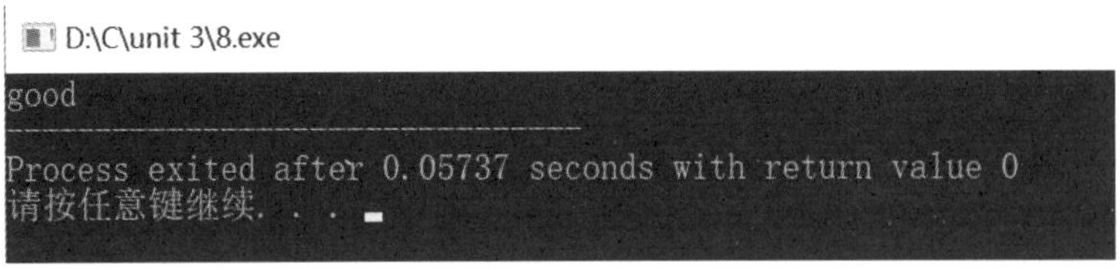

图 3.10　例 3-8 运行结果

程序分析：

(1) 程序中第 2 行的 4 个 putchar 函数调用，会依次将字符变量 a 的值输出到屏幕上，光标移至字符 g 后，接着输出变量 b 的值。

(2) 在输出时也可以利用转义字符进行输出控制。对例 3-8 调整后的代码如下：

```
#include <stdio.h>
int main()
{
    char a,b,c,d;
    a='g';b='o';c='o';d='d';
    putchar(a);putchar(b);putchar(c);putchar(d);
    printf("\n");
    putchar(a);printf("\t");
    putchar(b);printf("\t");
    putchar(c);printf("\t");
```

```
putchar(d);printf("\t");
return 0;
}
```

程序运行结果如图 3.11 所示。

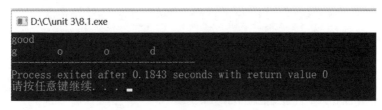

图 3.11　调整后的运行结果

任务 3-1　软考信息的输入及输出

任务要求

计算机技术与软件专业技术资格(水平)考试(以下简称计算机软件资格考试)是原中国计算机软件专业技术资格和水平考试的完善与发展。计算机软件资格考试是由国家人力资源和社会保障部、工业和信息化部领导下的国家级考试，其目的是科学、公正地对全国计算机与软件专业技术人员进行职业资格、专业技术资格认定和专业技术水平测试。计算机软件资格考试设置了 27 个专业资格，覆盖 5 个专业领域，分初级、中级、高级 3 个级别层次。该考试凭借其权威性和严肃性，获得了社会各界及用人单位的广泛认同，在推动国家信息产业(特别是软件和服务产业)发展，以及提高各类信息技术人才的素质和能力方面发挥了重要作用。

现要求录入某学院参加计算机软件资格考试初中级的考生信息，信息包括学号、上午成绩、下午成绩、报考级别、是否通过这 5 项。编写一个程序，从键盘上录入考生的相关信息。

任务分析

(1) 根据任务要求，需输入考生的学号、分数、报考级别、是否通过这 4 项信息。定义学号信息为 int 类型，分数信息为 float 类型，报考级别信息为 char 类型(初级用 C 表示，中级用 B 表示)，是否通过为 char 类型(y 表示通过，n 表示未通过)。

(2) 调用 scanf 函数获取从键盘上输入的数据，调用 printf 函数输出数据。

源程序

```c
#include "stdio.h"
int main()
{
    int id;                     //定义学号变量
    float score1,score2;        //定义上午成绩和下午成绩变量
    char rank,pass;             //定义级别和是否通过变量
    printf("请输入学号：");
    scanf("%d",&id);            //输入学号
    printf("请输入上午成绩：");
```

```
        scanf("%f",&score1);            //输入上午成绩
        printf("请输入下午成绩：");
        scanf("%f",&score2);            //输入下午成绩
        getchar();
    //该函数放在输入函数后，用于刷新缓冲区，避免连续输入引发的错误
        printf("请输入级别：(b/c)");
        scanf("%c",&rank);              //输入级别
        getchar();
        printf("请输入是否通过信息(y/n)：");
        scanf("%c",&pass);              //输入是否通过
        printf("\n 该考生的信息如下：\n");
        printf("学号：%d，上午成绩：%f，下午成绩：%f，级别：%c，是否通过：%c", id, score1,
    score2，rank，pass);
        return 0;
    }
```

程序运行结果如图 3.12 所示。

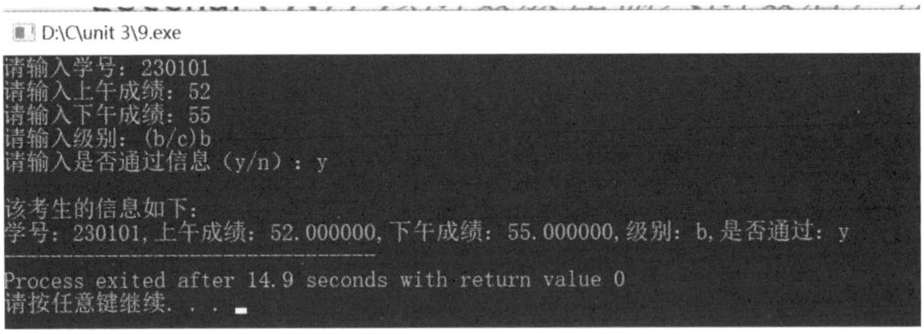

图 3.12   任务 3-1 运行结果

任务总结

(1) 数据类型的选择：根据信息的实际取值范围，选择合适的数据类型。

(2) 变量名的选择：变量名需符合自定义标识符命名规则，且应具备描述性，以便其他开发者或未来的自己能快速理解其用途。

(3) 连续输入的解决方法：程序执行到 scanf 函数时会暂停，等待用户输入。用户输入的数据先存储在输入缓冲区，直到用户按下回车键，scanf 函数才从输入缓冲区读取数据，并根据格式字符串进行解析。如果读取成功，scanf 函数会将数据转换为指定的类型，并将其存储到对应的变量中；如果读取失败(如输入的数据格式不匹配)，scanf 函数会停止读取，并返回已成功读取的数据。scanf 函数读取完数据后，输入缓冲区中剩余的数据(如果有的话)将保留在缓冲区，供后续的输入函数使用。

例如，在本程序中执行完第 9 行代码，输入完下午成绩 55 并按下回车键后，55 被赋值给变量 score2，回车键保留在控制台输入的缓冲区。继续执行下一段输入代码时，scanf 函数会从控制台的缓冲区获取上一次保留的回车键。若没有第 10 行调用 getchar 函数，则出现如图 3.13 所示的情况，自动跳过报考级别的输入，进入是否通过信息的输入。然而，

看似被跳过的输入，其实 scanf 函数已获取，获取的就是回车键。出现这种情况时，可在 scanf 函数后使用 getchar 函数刷新缓冲区，避免连续输入引发的错误。因此，在使用 scanf 函数时，需要注意输入数据的格式与类型匹配，以及输入缓冲区中可能遗留的数据对后续输入操作的影响。

```
D:\C\unit 3\9.exe
请输入学号：230101
请输入上午成绩：52
请输入下午成绩：55
请输入级别：(b/c)请输入是否通过信息（y/n）：y

该考生的信息如下：
学号：230101,上午成绩：52.000000,下午成绩：55.000000,级别：
,是否通过：y
------------------------------
Process exited after 12.19 seconds with return value 0
请按任意键继续. . .
```

图 3.13　调整后的运行结果

任务 3-2　数据的逆行输出

任务要求

从键盘任意输入一个四位整数，要求正确地分离出它的个位、十位、百位和千位数，并分别在屏幕上输出，同时生成新的四位数。

任务分析

本任务要求设计一个从四位整数中分离出它的个位、十位、百位和千位数并同时生成新的四位数的算法。例如，输入 1234，则输出分别是 1、2、3、4。最高位的千位数字可用对 1000 整除的方法得到，如 1234/1000 = 4；百位数字可用(1234 − 1*1000)/100 得到 2；其他数也可用这些方法得到。最低位数字可用对 10 求余的方法得到，如 1234%10 = 4。根据以上的分析，该算法的流程图如图 3.14 所示。

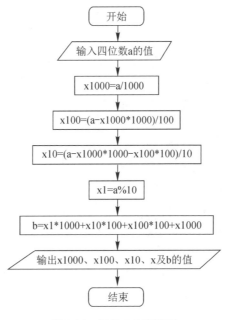

图 3.14　任务 3-2 流程图

源代码

```c
#include "stdio.h"
int main()
{
    int a,b,x1,x10,x100,x1000;          //x1 变量表示个位数，x10 变量表示十位数，依此类推
    printf("请输入一个四位数：");
    scanf("%d",&a);                      //请输入一个四位数
    x1000=a/1000;                        //分离出千位数
    x100=(a-x1000*1000)/100;             //分离出百位数
    x10=(a-x1000*1000-x100*100)/10;      //分离出十位数
    x1=a%10;                             //分离出个位数
    printf("%d---%d,%d,%d,%d\n",a,x1,x10,x100,x1000);
    b=x1*1000+x10*100+x100*10+x1000;     //生成一个新四位数
    printf("逆序后生成的新四位数：%d",b);
    return 0;
}
```

程序运行结果如图 3.15 所示。

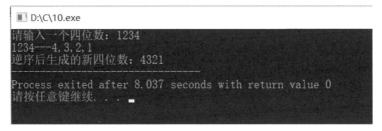

图 3.15　任务 3-2 运行结果

任务总结

(1) 本程序通过执行一系列基本的算术运算来完成四位数的分离。通过算法分析可以看出，代码按照在程序中的先后顺序依次执行，从上到下逐条执行，没有分支或跳转分析，适合用顺序结构来完成。总的来说，顺序结构适用于步骤明确、逻辑简单且无需条件判断或循环控制的场景。

(2) 本程序使用算术运算符分离出各数位的数字。分离一个四位数时，也可利用整数除法和取模运算来提取每一位数字：

提取千位：x1000 = number / 1000

提取百位：x100 = (number / 100)%10

提取十位：x10 = (number / 10)%10

提取个位：x1 = number %10

在解决数学问题时，可以从不同角度出发，运用多种方法进行思考和探索，从而得到多种解决方案。通过比较不同算法的优缺点，能够找到最适合自己的算法，提高解题效率和准确性。

任务 3-3　输出小写字母相对应的大写字母

任务要求

从键盘输入一个小写字母，将其转换成大写字母后输出。

任务分析

ASCII 即美国信息交换标准代码(American Standard Code for Information Interchange)，于 1963 年首次发布，最初是为了在不同的计算机系统和设备之间实现信息交换的标准化，经过多次修订和完善，成为计算机领域中最基础且重要的编码标准之一。

(1) ASCII 码使用 7 位二进制数来表示一个字符，总共可以表示 128 个不同的字符。这些字符包括英文字母(大写和小写)、数字(0～9)、标点符号、控制字符等。

(2) ASCII 码中的前 32 个字符和最后一个字符(即 0～31 和 127)被定义为控制字符，它们通常用于控制计算机设备的操作或表示特殊的功能，无法直接显示为可见字符。

(3) ASCII 码中的第 32～126 个字符分配给可打印字符，且字符按照一定的顺序排列。其中，数字 0～9 的编码连续，从 48 到 57；大写字母 A～Z 的编码连续，从 65 到 90；小写字母 a～z 的编码连续，从 97 到 122。

根据以上的知识，对本任务的算法分析如下：

(1) 定义字符型变量 ch 和 c1；

(2) 通过键盘输入一个小写字母，并通过 ASCII 值规律计算得到大写字母；

(3) 输出对应的大写字母。

该算法的流程图如图 3.16 所示。

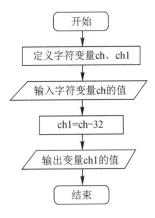

图 3.16　任务 3-3 的流程图

源程序

```
#include "stdio.h"
int main()
{   char ch,ch1;
    printf("请输入一个小写字母\n");
    ch=getchar();
    ch1=ch-32;   //小写字母和大写字母的 ASCII 码相差 32，例如字符 a 的 ASCII 码是 97，字符
A 的 ASCII 码是 65
```

```
    printf("%c 转换成的大写字母是%c",ch,ch1);
    return 0;
}
```

程序运行结果如图 3.17 所示。

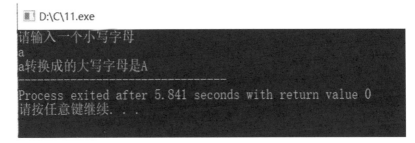

图 3.17   任务 3-3 运行结果

任务总结

(1) 在 C 语言中，字符型数据在计算机内存中以整数形式存储，具体来说，存储的是字符对应的 ASCII 码值(在使用 ASCII 编码的系统中)。

(2) 字符型本质上存储的是整数，所以可以直接将字符型变量赋值给整型变量，或者在需要整数的表达式中使用字符型变量。

3.2   分支结构程序设计

选择结构是编程中用于实现条件判断，并执行不同代码块的基本控制结构。它让程序能够根据特定的条件(如用户输入、程序内部状态、计算结果等)动态地调整执行路径，增强程序的灵活性、可读性和效率。本节任务主要是理解选择结构的基本概念、掌握 if 语句的使用、学习 switch 语句的使用，以及掌握选择结构的嵌套使用，为后续学习更复杂的控制流程结构打下坚实的基础。

3.2.1   if 语句

if 语句是 C 语言中的核心控制结构，主要根据一个或多个条件表达式的结果(真或假)来决定程序的执行路径。当条件表达式的值为真时，执行特定的代码块；若为假，则可能跳过该代码块或者执行其他预设的代码块。

1. 单分支 if 语句

单分支 if 语句的一般格式为

```
if   (表达式)
{
    语句
}
```

或

if　(表达式)

　　　语句

执行单分支选择语句时，先判断表达式的值，若为真(非 0)，则执行后续语句；若为假(0)，则跳过该语句。单分支 if 语句流程图见图 3.18。

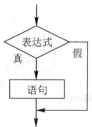

图 3.18　单分支 if 语句流程图

例 3-9　输入两个数，输出其中较大的数。

从键盘上输入两个数 a、b，假设第一个数是较大数并赋值给变量 max，若第二个数大于 max，则用 b 的值覆盖 max 原值。算法的流程图如图 3.19 所示。

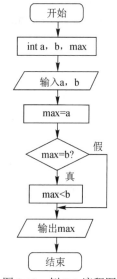

图 3.19　例 3-9 流程图

```c
#include "stdio.h"
int main()
{
    int a,b,max;
    printf("please input two numbers\n");
    scanf("%d%d",&a,&b);
    max=a;
    if (max<b)
    {
        max=b;
    }
```

```
        printf("max=%d",max);
        return 0;
    }
```

程序运行结果如图 3.20 所示。

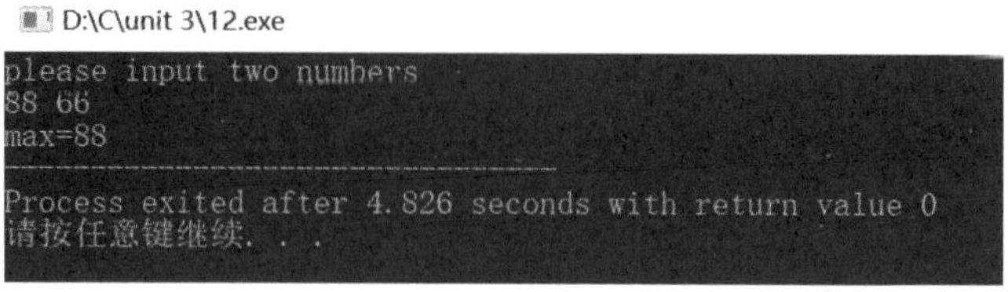

图 3.20   例 3-9 运行结果

程序分析：

(1) 根据要求设置 3 个 int 变量 a、b 和 max，其中 a 和 b 用于存储用户输入的两个整数，max 用于存储这两个整数中的最大值。

(2) 假设第一个数是较大数并赋值给变量 max，若第二个数大于 max，则用 b 的值覆盖 max 原值。使用 b 的值覆盖 max 的值的条件是 b>max，此情景适合 if 语句。

```
    if(b>max)
    {
        max=b;
    }
```

也可以用以下格式：

```
    if(b>max)
        max=b;
```

这是一个条件语句，用于比较 max 和 b 的大小。如果 b 大于 max，则说明 b 才是两个数中的最大值，此时将 b 的值赋给 max。

(3) 请注意辨别以下代码片段的语义：

```
    if(b>max);
        max=b;
```

从语法上看代码是完整的，但从逻辑上来说可能并非预期。在条件表达式后面紧跟了一个分号，在 C 语言中，分号是语句结束的标志，这意味着这个 if 语句的执行体是一个空语句。也就是说，无论 b>max 这个条件是否成立，if 语句执行的内容是什么都不做。

如果用以上代码进行替换，运行结果如图 3.21 所示。

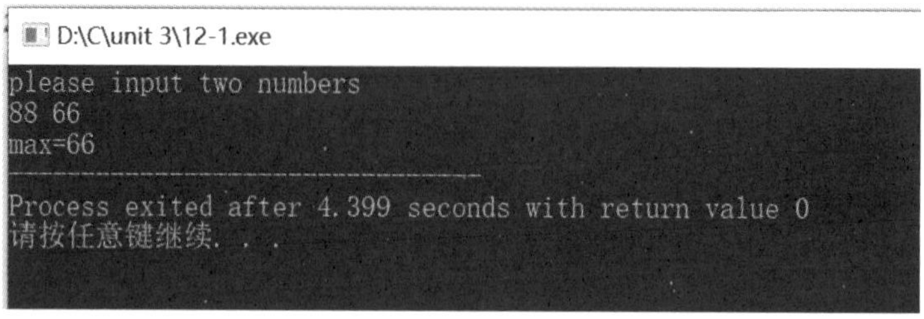

图 3.21   修改后的运行结果

例 3-10　输入两个实数，再按数值由小到大的顺序输出。

这个问题的算法很简单，若输入的两个数是大数在前，则进行比较判断并互换，否则保持原样。根据以上的分析，该算法的流程图如图 3.22 所示。

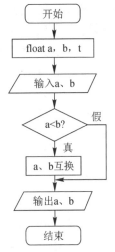

图 3.22　例 3-10 流程图

```c
#include "stdio.h"
int main()
{    float a,b,t;
     printf("请输入两个实数\n");
     scanf("%f,%f",&a,&b);
     if(a>b){
          t=a;a=b;b=t;
     }
     printf("a=%5.2f\tb=%5.2f",a,b);
}
```

程序运行结果如图 3.23 所示。

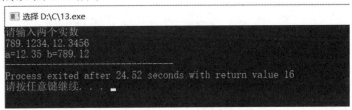

图 3.23　例 3-10 运行结果

程序分析：

(1) 该程序的主要功能是让用户输入两个实数，然后比较这两个实数的大小，如果第一个数大于第二个数，则交换它们的值。最后按照指定格式输出交换后的两个数，确保输出时第一个数小于或等于第二个数。

(2) 注意两数互换的算法：先把 a 的值赋给临时变量 t，然后将 b 的值赋给 a，最后将 t(即原来 a 的值)赋给 b，从而实现 a 和 b 值的交换。

(3) 单分支 if 语句的基本格式为

    if　(表达式)

       语句

在该结构中需注意：条件仅能控制条件后的一条语句。这表明，如果在条件为真时需控制两条或两条以上语句，就需要用到复合语句。在本例中，如果 a>b 为真，就执行 t= a;a=b; b =t; 这 3 条语句，这时需用一对花括号把这 3 条语句括起求组成一组语句。在语法上，这一组语句被视为一个整体，构成一个复合语句，也称为代码块。

2. 双分支 if 选择语句

双分支 if 语句的一般格式为

    if(表达式)

       语句 1

    else

       语句 2

执行双分支选择语句时，先判断表达式的值，若为真(非 0)，则执行后续语句 1；若为假(0)，则执行语句 2。双分支 if 语句流程图见图 3.24。

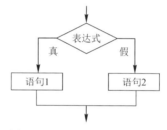

图 3.24　双分支 if 语句流程图

例 3-11　输入两个数，输出其中较大的数。

分析：从键盘上输入 a、b 的值，如果 a>b，则大数为 a，否则为 b。根据以上的分析，该算法的流程图如图 3.25 所示。

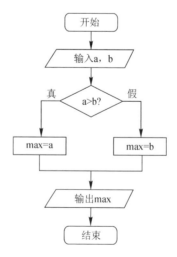

图 3.25　例 3-11 的流程图

```c
#include "stdio.h"
int main()
{
    int a,b,max;
    printf("please input two numbers\n");
    scanf("%d%d",&a,&b);
    if(a>b)
    {
        max=a;
    }
    else
    {
        max=b;
    }
    printf("max=%d",max);
    return 0;
}
```

运行结果如图 3.26 所示。

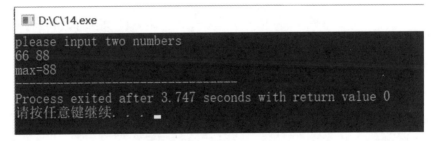

图 3.26　例 3-11 运行结果

程序分析：

(1) 在 if 语句中，条件判断表达式必须用括号括起来。双分支 if 语句包括 if 子句和 else 子句，其中 else 子句不能作为语句单独使用，它必须是 if 语句的一部分，与 if 配对使用。

if 后面的表达式，一般是逻辑表达式或关系表达式。例如：

```c
if(age>=20&&age<45)
    printf("此年龄段属于年轻人");
```

也可以是其他表达式，如赋值表达式等，甚至可以是一个变量、常量。例如：

```c
if(a=9)语句;
if(9)语句;
```

在执行 if 语句时，系统先对表达式进行求解，若表达式的值为 0，按"假"处理；若表达式的值为非 0，按"真"处理，执行指定的语句。如在第 1 条语句中，首先执行赋值运算，将 9 赋给变量 a，然后判断表达式 a = 9 的值为非 0，所以其后的语句总是要执行的，当然这种情况在程序中不一定会出现,但在语法上是合法的。同样,在执行第 2 条语句时,常量 9 为非 0,按"真"处理,执行指定的语句。

又如,有程序段:

```
if(x=y)    printf("%d",x);
else       printf("x=0");
```

此语句在执行时,先把变量 y 的值赋予变量 x,如为非 0 则输出该值,也就是说只要 y 的值不为 0,表达式的值就为真,输出 y 的值;只有 y 的值是 0,才执行 else 子句,输出"x = 0"。

(2) 同单分支 if 语句一样,if 子句和 else 子句中,语句之后必须加分号。同样,如果子句是单句,可以加{},也可以不加,效果如下面的程序段。但如果需要在满足条件时执行一组(两个及以上)语句,则必须把这一组语句用"{}"括起来组成一个复合语句。

```
if(a>b)
    max=a;
else
    max=b;
```

(3) 在双分支 if 语句中,如果表达式后面直接加分号,和单分支 if 语句的作用不同,会出现错误提示。如果在本程序中使用下面的程序段,会出现图 3.27 所示的编译结果。

```
if(a>b);
{
    max=a;
}
else
{
    max=b;
}
```

行	列	单元	信息
		D:\C\14.c	In function 'main':
11	1	D:\C\14.c	[Error] 'else' without a previous 'if'

图 3.27　改写程序后的编译结果

(4) 本例使用双分支 if 语句实现例 3-9,可以看出使用单分支 if 语句,逻辑相对简单,使用这种方式在处理类似问题时,思路较为直接,尤其适用于只需在特定条件下更新某个值的情况。而使用双分支 if 语句,逻辑更加清晰明确,直接对两个数进行比较,根据比较结果将其中一个数赋值给 max。对于初学者来说,这种方式更容易理解和接受。总体而言,双分支 if-else 语句更适合初学者和对代码可读性要求较高的场景;而单分支 if 语句在代码简洁性和特定逻辑处理上有一定优势。

例 3-12　从键盘上输入一个正整数,判断其奇偶性。

判断一个数是否为偶数,即能否被 2 整除,如果这个数能被 2 整除(与 2 的余数和 0 相等),就是偶数,否则是奇数。根据以上的分析,该算法的流程图如图 3.28 所示。

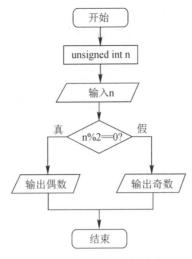

开始
unsigned int n
输入n
真
n%2==0?
假
输出偶数
输出奇数
结束

图 3.28　例 3-12 流程图

```
#include "stdio.h"
int main()
{
    unsigned int n;
    printf("please input a positive integer");
    scanf("%u",&n);
    if(n%2==0)
        printf("%u 是偶数",n);
    else
        printf("%u 是奇数",n);
    return 0;
}
```

运行结果如图 3.29 所示。

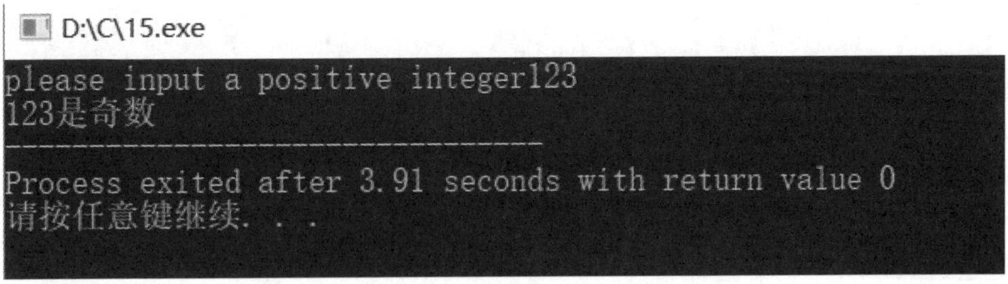

D:\C\15.exe
please input a positive integer123
123是奇数
Process exited after 3.91 seconds with return value 0
请按任意键继续. . .

图 3.29　例 3-12 运行结果

程序分析：

(1) 在 C 语言中，若要定义一个正整型变量，则可以使用不同的无符号整型数据类型。因为无符号整型变量只能存储非负整数，在实际使用中可以将其当作正整数(不过包含 0)。

(2) 在数学中，偶数是能够被 2 整除的整数，即除以 2 余数为 0 的数；奇数则是不能被 2 整除的整数，即除以 2 余数为 1 的数。因此在 C 语言中，判断一个整数是奇数还是偶数，通常利用整数的整除特性，通过对 2 取模(求余数)的操作来实现。

3. if 语句的嵌套

if 语句的嵌套是指在一个 if 语句的内部再包含另一个或多个 if 语句。这种结构可以让程序根据多个条件进行更为复杂的逻辑判断。其一般形式为

```
if(表达式)
    if 语句
else
    if 语句
```

嵌套内的 if 语句可能是单分支 if 语句或双分支 if 语句，这样就会出现多个 if 和多个 else 重叠的情况。C 语言规定，else 子句总是与离它最近且没有配对的 if 配对，与书写格式无关。

if 语句的嵌套格式如下：

```
if(表达式 1)语句 1
else if(表达式 2)语句 2
    else if(表达式 3)语句 3
        ⋮
            else if(表达式 m)语句 m
                else 语句 n
```

执行多分支选择语句时，先判断表达式 1 的值，若为真(非 0)则执行语句 1，然后跳到整个 if 语句之外继续执行下一条语句；若为假(0)则执行下一个表达式 2 的判断。若表达式 2 的值为真(非 0)则执行语句 2，然后同样跳到整个 if 语句之外执行 if 语句之后的下一条语句；否则一直这样继续判断。当出现某个表达式的值为真时，执行其对应的语句，然后跳到整个 if 语句之外继续执行程序；如果所有的表达式均为假，就执行语句 n，然后继续执行后续程序。多分支 if 语句的嵌套流程图如图 3.30 所示。

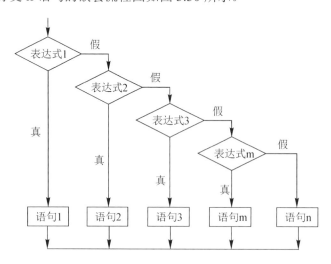

图 3.30　多分支 if 语句嵌套流程图

例 3-13　比较两个整数的大小。

首先设置 a、b 两个变量，通过比较 a 和 b 的大小，输出 a>b、a = b、a<b 相应的信息。根据以上的分析，该算法的流程图如图 3.31 所示。

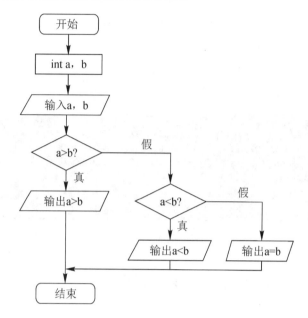

图 3.31　例 3-13 流程图

```c
#include "stdio.h"
int main()
{
    int a,b;
    printf("");
    scanf("%d%d",&a,&b);
    if(a>b)
    {
        printf("a>b");
    }
    else
    {
        if(a<b)
        {
            printf("a<b");
        }
        else
        {
```

```
            pritnf("a=b);
        }
    }
    return 0;
}
```

程序运行结果如图 3.32 所示。

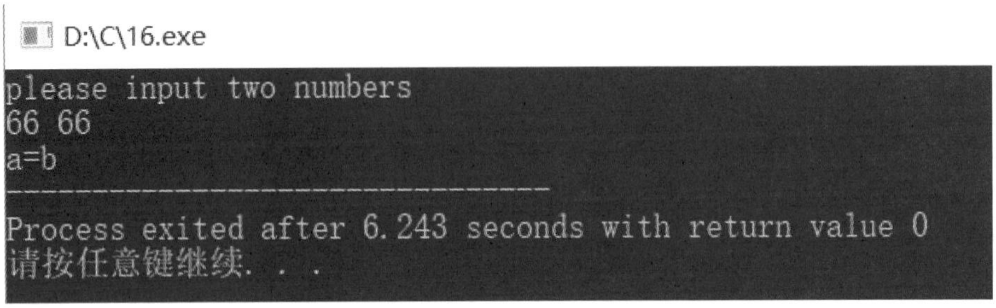

图 3.32   例 3-13 运行结果

程序分析：

(1) 本例使用了 if 语句的嵌套结构，条件 a>b 的 else 子句包含一句双分支语句(if-else 语句)进行二次判断。

(2) 也可以在 if 子句中包含一句双分支语句(if-else 语句)进行二次判断。

```
if(a!=b)
    if(a>b)
        printf("a>b");
    else
        printf("a<b");
else
    printf("a=b");
```

一般而言，如果嵌套的 if 语句都带 else 子句，那么 if 的数量与 else 的数量总是相等的，加之良好的书写习惯，嵌套中出现混乱与错误的可能性就会降低。然而，在实际程序设计中，常需要混合使用带 else 子句和不带 else 子句的 if 语句进行嵌套。在这种情况下，嵌套中会出现 if 与 else 数量不等的情况，很容易导致混乱。

对于这类情况，C 语言明确规定：if 嵌套结构中 else 总是与它上面最近且没有 else 子句的 if 语句配对。尽管有这样的规定，还是建议尽量避免使用这类嵌套。如果必须使用，应采用复合语句的形式，明确指出 else 的配对关系。

例 3-14   将学生的百分制成绩转换成五等级制，90 分及以上输出 A，80～89 分输出 B，70～79 分输出 C，60～69 输出 D，60 分以下输出 E(不及格)。

通过分析可知，可以使用 if 语句嵌套结构来解决上述问题，具体的流程图如图 3.33 所示。

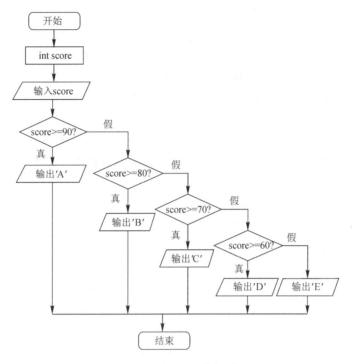

图 3.33　例 3-14 流程图

```c
#include <stdio.h>
int main()
{
    int score;
    printf("请输入学生的百分制成绩(0 - 100)：\n");
    scanf("%d", &score);
    if(score<0||score>100)    printf("error");
    else   if (score>=90)        printf("A");
            else   if (score>=80)    printf("B");
                    else   if (score>=70)    printf("C");
                            else   if (score>=60)    printf("D");
                                    else    printf("E");
    return 0;
}
```

程序运行结果如图 3.34 所示。

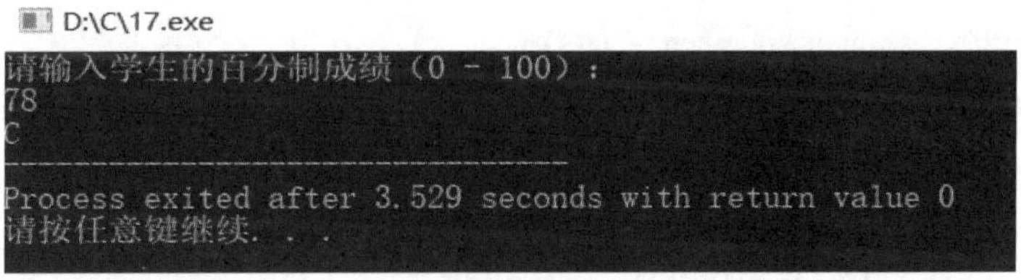

D:\C\17.exe

请输入学生的百分制成绩（0 - 100）：
78
C

Process exited after 3.529 seconds with return value 0
请按任意键继续. . .

图 3.34　例 3-14 运行结果

程序分析：

(1) 输入有效性检查：在对分数进行等级划分前，需确保分数处于有效范围。可以使用 if 语句检查用户输入的成绩是否在 0 到 100 之间。如果不在这个范围内，就使用 printf 函数输出错误提示信息。在编写程序时，应尽量考虑数据有效性检查。

(2) 在嵌套的 if 语句中，条件判断的顺序非常重要，不同的顺序可能会产生不同的结果。同时要特别注意边界条件的判断，确保在边界值处程序逻辑的正确性。

(3) 为了提高代码的可读性，应使用正确的代码缩进，清晰呈现出嵌套关系。多数集成开发环境(如 DEV)会自动处理代码缩进，但开发者自身也需保持良好的编程习惯，确保代码缩进的一致性。

3.2.2 switch 语句

switch 语句是 C 语言中一种有效且结构清晰的多分支选择语句。在处理实际问题中，常需要用到多分支选择，例如年龄的分类(老、中、青、少、儿童)、学生成绩的分类(优、良、中、及格、不及格)等，switch 语句可根据给定表达式的值，将程序控制转移到相应语句处执行。

switch 语句的一般格式为

```
switch(表达式)
{
    case 常量表达式 1: 语句 1;
    case 常量表达式 2: 语句 2;
         ⋮
    case 常量表达式 n: 语句 n;
    default: 语句 n+1;
}
```

执行 switch 语句时，首先计算表达式的值，然后将该值逐个与 case 后的常量表达式进行比较。当表达式的值与某个常量表达式的值相等时，便执行其后的语句，并且不再进行后续判断，而是继续执行后续所有 case 后的语句。如果表达式的值与所有 case 后的常量表达式的值均不相同，那么执行 default 后的语句。

例 3-15　要求输入一个数字(1～7)，输出其对应星期几的字符串。

```
#include <stdio.h>
int main()
{
    int a;
    printf("please input a number(1-7)\n ");
    scanf("%d",&a);
    switch (a)
    {
    case 1:printf("Monday\n");
```

```
        case 2:printf("Tuesday\n");
        case 3:printf("Wednesday\n");
        case 4:printf("Thursday\n");
        case 5:printf("Friday\n");
        case 6:printf("Saturday\n");
        case 7:printf("Sunday\n");
        default:printf("error\n");
        }
        return 0;
    }
```

运行结果如图 3.35 所示。

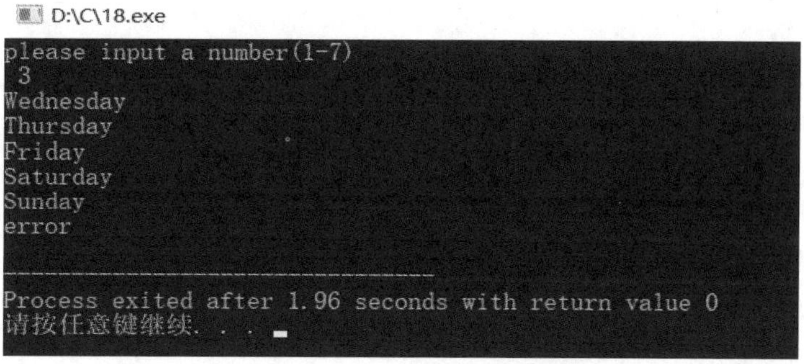

图 3.35　例 3-15 运行结果

程序分析：

(1) 表达式通常是一个整型或字符型的表达式，switch 语句会根据这个表达式的值来决定执行哪个分支。常量表达式必须是整型或字符型常量值，不能是变量，用于与 switch 表达式的值进行比较。

(2) 根据要求编写上述程序，在调用 scanf 函数时，通过键盘输入 3，程序运行结果如图 3.14 所示，输出了"Wednesday"及之后的所有内容。这是因为在 switch 语句中，"case 常量表达式"仅相当于一个语句标号，当表达式的值和某标号相等时，就从该标号处开始执行，执行完该标号对应的语句后，不会自动跳出整个 switch 语句，所以出现了继续执行后续所有 case 语句的情况。这与前面的 if 语句不同，应引起注意。

(3) 为了避免上述情况，C 语言提供了 break 语句，用于跳出 switch 语句。break 语句只有关键字 break，没有任何参数。将程序修改如下，在每个 case 语句之后增加 break 语句，这样每次执行完相应的语句后，都能跳出 switch 语句，从而避免输出不应有的结果。

```
        switch (a){
        case 1:printf("Monday\n");break;
        case 2:printf("Tuesday\n"); break;
        case 3:printf("Wednesday\n"); break;
        case 4:printf("Thursday\n"); break;
        case 5:printf("Friday\n"); break;
        case 6:printf("Saturday\n"); break;
```

```
        case 7:printf("Sunday\n"); break;
        default:printf("error\n");
    }
```

break 语句在此处用于跳出 switch 语句，防止执行完当前 case 分支后继续执行下一个 case 分支。也就是说，当 switch 语句中含有 break 语句时，执行 switch 语句过程中，若表达式的值与某个常量表达式的值相等，则执行其后的语句，直到遇到 break 语句或 switch 语句结束，才会跳出 switch 语句。也可以利用这种特性，实现多个 case 共享相同的处理逻辑，如下程序段可实现工作日和休息日的输出：

```
    switch (a){
        case 1:
        case 2:
        case 3:
        case 4:
        case 5:printf("工作日\n"); break;
        case 6:
        case 7:printf("休息日\n"); break;
        default:printf("error\n");
    }
```

运行结果结果如图 3.36 所示。

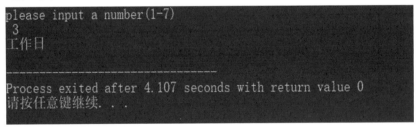

图 3.36　例 3-15 修改后的运行结果

(4) 每个 case 的常量表达式的值必须各不相同，否则会出现矛盾的情况。

(5) default 分支可置于 switch 语句中的任何位置，但通常习惯将其放在最后。无论 default 分支位于何处，都是在所有 case 分支均不匹配时才会执行。

例 3-16　将学生的百分制成绩转换成五等级制，90 分及以上输出 A，80～89 分输出 B，70～79 分输出 C，60～69 输出 D，60 分以下输出 E(不及格)。

在例 3-14 中采用 if 语句的嵌套结构实现了本例题的功能。经分析，本例题需通过多分支实现，而 switch 语句是 C 语言中用于多分支选择的一种控制结构，它可以根据一个表达式的值从多个分支中选择一个来执行。

```
    #include <stdio.h>
    int main() {
        int score;
```

```
        char grade;
        printf("请输入学生的百分制成绩(0 - 100)：");
        scanf("%d", &score);
        if (score < 0 || score > 100) {
            printf("输入的成绩无效。\n");
        }
        else {
            switch (score / 10)  {
                case 10:
                case 9:grade = 'A';break;
                case 8:grade = 'B';break;
                case 7:grade = 'C';break;
                case 6:grade = 'D';break;
                default:grade = 'E';
            }
            printf("对应的五等级制成绩为：%c\n", grade);
        }
        return 0;
    }
```

运行结果如图 3.37 所示。

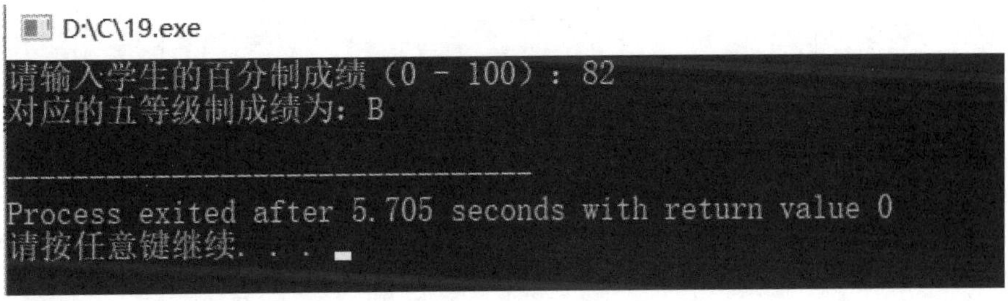

图 3.37　例 3-16 运行结果

程序分析：

(1) 本例中成绩变量的取值范围在 0～100 之间，而 switch 语句中 case 分支后的常量表达式必须是常量，不能使用如 case score>=90 这样的表达式。因此，根据转换规则，将成绩除以 10 并取整，将成绩范围映射到有限的几个整数上，以便利用 case 语句进行匹配。

(2) 对比来看，if 语句的逻辑较为直观，直接根据成绩范围进行判断，对于初学者来说更容易理解。其代码结构清晰，每个条件分支的含义明确，能清晰地表达出成绩与等级之间的对应关系。switch 语句在处理多分支选择时，代码结构更加简洁明了。

任务 3-4　闰 年 的 判 定

任务要求

闰年是为了弥补因人为历法规定造成的年度天数与地球实际公转周期的时间差而设立

的。地球绕太阳公转一周的时间即一个回归年，长度约为 365 天 5 小时 48 分 46 秒(约 365.242 19 天)，而公历的平年只有 365 天，比回归年短约 0.2422 天。每四年累积下来大约多出 0.9688 天，接近 1 天，所以每四年就增加一天，这一年就有 366 天，称为闰年。但如果每四年一闰，经过更长时间后，累积的时间差又会出现偏差。因为实际上每四年累积的时间并不是正好一整天(0.9688 天)，而是略少一点。所以又规定，年份是 100 的倍数时，必须是 400 的倍数才是闰年，这样可以更精确地调整历法与地球公转周期的差异。

在编程中，判断一个年份是否为闰年的依据如下：

• 普通年份：能被 4 整除，但不能被 100 整除，该年为闰年，例如 2024 年就是闰年。

• 世纪年份：能被 400 整除，该年为闰年，例如 2000 年为闰年，1900 年不是。

本任务要求编写程序，判断某年是否为闰年。

任务分析

根据以上的知识，对本任务的算法分析如下：

(1) 设置一个整型变量 year，用于存储用户输入的年份。

(2) 使用 if-else 语句进行判断。判断闰年的条件表达式为 "(year%4 == 0&& year%100! = 0)||(year%400 == 0)"，若满足该条件，则输出该年份是闰年；否则，输出该年份不是闰年。

该算法的流程图如图 3.38 所示。

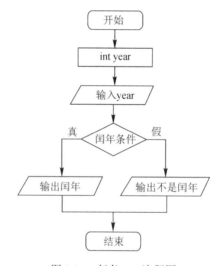

图 3.38   任务 3-4 流程图

源程序

```c
#include <stdio.h>
int main()
{
    int year;
    printf("请输入一个年份：");
    //提示用户输入年份
    scanf("%d", &year);
    //判断是否为闰年
```

```
        if ((year%4 ==0&&year%100!=0) || (year%400 == 0))
        {
            printf("%d 年是闰年。\n", year);
        } else
        {
            printf("%d 年不是闰年。\n", year);
        }
        return 0;
    }
```

程序运行结果如图 3.39 所示。

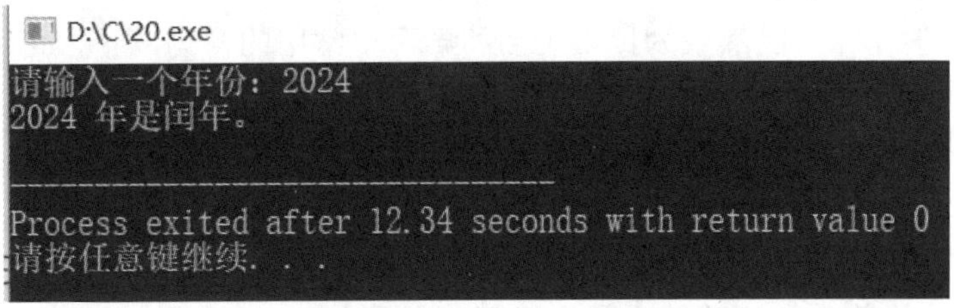

图 3.39　任务 3-4 运行结果

任务总结

(1) 上述所用算法将闰年判断条件整合为一个逻辑表达式(year%4 == 0&& year%100!=0||year%400 == 0)。除了这种方式还可以采用嵌套 if 结构。具体步骤为：先判断年份能否被 4 整除，如果不能，则该年份不是闰年；如果能被 4 整除，再判断能否被 100 整除。如果不能被 100 整除，那么该年份是闰年；如果能被 100 整除，还需判断能否被 400 整除，如果能被 400 整除，则是闰年，否则不是闰年。

```
if(year%4==0)
    if (year%100 !=0)
        printf("%d 年是闰年\n", year);
    else
        if (year %400 ==0)
            printf("%d 年是闰年\n", year);
        else
            printf("%d 年不是闰年\n", year);
    else
        printf("%d 年不是闰年\n", year);
```

(2) 逻辑运算符&&优先级高于||，在判断闰年的 if 语句中，表达式 "(year%4 == 0&&year%100!=0)||(year%400 == 0)" 理论上可以省略圆括号，但为使逻辑更清晰，建议将两个并列的条件用圆括号括起来。

(3) 在输入年份时，应通过 if 语句进行判断，以实现输入有效性检查，确保输入的年份是正整数。

(4) 测试时，应选择一些特殊值，例如在本实例可以测试 2000(闰年)、1900(非闰年)、

2020(闰年)、2021(非闰年)等特殊年份。

任务 3-5 简单计算器的设计

任务要求

早在我国春秋时期，智慧的古人便发明了算筹这一伟大的计算工具。算筹是用竹子、木头或兽骨精心制成的小棍，通过不同的排列方式来表示数字，进行加、减、乘、除等基本运算。时光流转至北宋时代，另一项伟大的发明——算盘应运而生。算盘以珠子在档上的位置表示数字，通过拨动珠子进行计算。算盘具有结构简单、使用方便、计算迅速等优点，在中国乃至世界范围内广泛使用了很长时间，是古代计算技术的杰出代表。

随着科技的进步，机械计算器的出现标志着计算工具从手动操作迈向了机械自动化的新时代；电子计算器的诞生，则进一步推动了计算技术的飞速发展，让计算变得更加高效、精准。如今，科学计算器已然成为日常生活和学习中常用的得力助手，可以帮人们解决各种复杂的计算难题。

本任务要求编写程序，根据输入的表达式计算出表达式的值。

任务分析

根据以上的知识，对本任务的算法分析如下：

(1) 输入两个操作数和运算符，并将运算符变量定义为字符型变量。

(2) 进行计算时，需根据运算符(+、-、*、/)的输入，判断执行何种运算。因涉及多分支的判断，可以选用 if-else 语句嵌套和 switch 语句。考虑到判断条件，本算法选择 switch 语句。

源程序

```c
#include <stdio.h>
int main() {
    double num1,num2,result;
    char operator;
    //提示用户输入表达式
    printf("请输入操作数和运算符(如：6.2+35.6)\n");
    scanf("%lf%c%lf", &num1,&operator,&num2);
    //运算符的选择及计算
    switch (operator) {
        case '+':
            result =num1+num2;
            printf("%.2lf+%.2lf=%.2lf\n",num1,num2,result);
            break;
        case '-':
            result =num1-num2;
            printf("%.2lf-%.2lf=%.2lf\n",num1,num2,result);
            break;
        case '*':
```

```
            result=num1*num2;
            printf("%.2lf*%.2lf=%.2lf\n",num1,num2,result);
            break;
        case '/':
            if (num2!=0) {
                result=num1/ num2;
                printf("%.2lf/%.2lf= %.2lf\n", num1,num2,result);
            } else {
                printf("错误: 除数不能为零。\n");
            }
            break;
        default:
            printf("错误: 无效的运算符。\n");
    }
    return 0;
}
```

程序运行结果如图 3.40 所示。

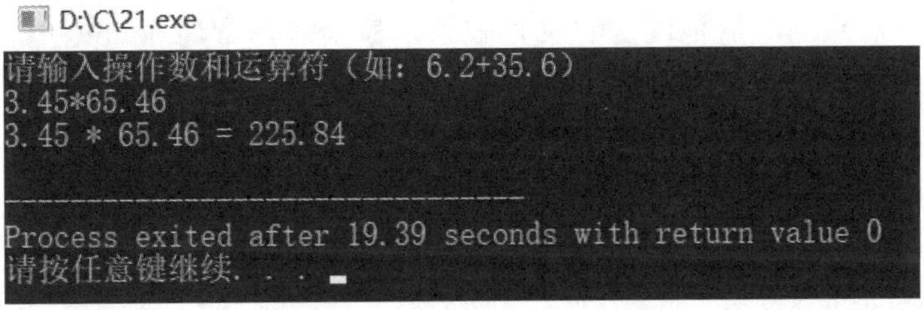

图 3.40　任务 3-5 运行结果

任务总结

(1) 实现计算器功能需要设计合理的算法。首先要明确程序的整体流程，包括获取用户输入、进行输入验证、根据运算符选择相应的计算逻辑、输出计算结果等步骤。在设计算法时，要考虑到各种可能的情况，如用除零错误等，并制定相应的处理策略。通过不断地优化算法，提升程序的运行效率和计算准确性。

(2) 流程控制语句是实现计算器不同运算功能的关键。例如，当用户输入 "+" 时执行加法运算，输入 "−" 时执行减法运算。switch 语句在处理多分支选择时更加简洁明了，让代码结构更加清晰易读。

(3) 在实现除法运算时，除零错误是一个重要问题。为了避免程序因用户输入零作为除数而崩溃，需添加条件判断语句。在执行除法运算前，先检查除数是否为零。如果除数为零，则输出错误提示信息，告知用户不能进行除零操作，以增强程序的健壮性。

任务 3-6　个人所得税的计算

任务要求

通过键盘输入个人的收入金额，经计算输出应缴的个人所得税。

1980 年 9 月 10 日第五届全国人民代表大会第三次会议通过《中华人民共和国个人所得税法》，历经七次修正，现行版本于 2018 年 8 月 31 日公布，自 2019 年 1 月 1 日起施行。

根据表 3.7 所示的个人所得税税率表得出：

应纳税额 = 应纳税所得额 × 适用税率 − 速算扣除数

本任务要求编写程序，根据个人月收入计算出个人每月应交税费。

表 3.7　个人所得税税率表

级　数	全年应纳税所得额	税率/%	速算扣除数
1	不超过 36 000 元的	3	0
2	超过 36 000 元至 144 000 元的部分	10	2520
3	超过 144 000 元至 300 000 元的部分	20	16 920
4	超过 300 000 元至 420 000 元的部分	25	31 920
5	超过 420 000 元至 660 000 元的部分	30	52 920
6	超过 660 000 元至 960 000 元的部分	35	85 920
7	超过 960 000 元的部分	45	181 920

任务分析

根据以上的知识，通过分析本任务的算法如下：

(1) 根据研究对象的取值范围，定义月收入、税金等变量为 double 型。

(2) 从用户输入的月收入中减去 5000 元的免征额和用户输入的专项扣除金额，从而得到应纳税所得额。

依据应纳税所得额所处的不同区间，采用对应的税率和速算扣除数来计算个人所得税。

源程序

```
#include "stdio.h"
int main()
{
    double income,rincome,sdeduction,tax = 0;
    printf("请输入个人月收入金额：");
    scanf("%lf", &income);        //从键盘读取用户输入的收入金额
    printf("请输入专项扣除金额：");
    scanf("%lf", &sdeduction);   //读取用户输入的专项扣除金额
    rincome=income-5000-sdeduction;
    if (rincome<= 0) {
        return 0;        //应纳税所得额小于等于 0，无须缴税
    }
    //根据区间，计算个人所得税
    if (rincome<= 36000/12) {
        tax =rincome* 0.03;
    } else if (rincome<= 144000/12) {
```

```
        tax =rincome* 0.1-2520/12;
    } else if (rincome<= 300000/12) {
        tax =rincome* 0.2-16920/12;
    } else if (rincome<= 420000/12) {
        tax =rincome* 0.25-31920/12;
    } else if (rincome<= 660000/12) {
        tax =rincome* 0.3-52920/12;
    } else if (rincome<= 960000/12) {
        tax =rincome* 0.35-85920/12;
    } else {
        tax =rincome* 0.45-181920/12;
    }
    printf("应缴纳的个人所得税为：%.2f 元\n", tax);
    //输出应缴纳的个人所得税
    return 0;
}
```

程序运行结果如图 3.41 所示。

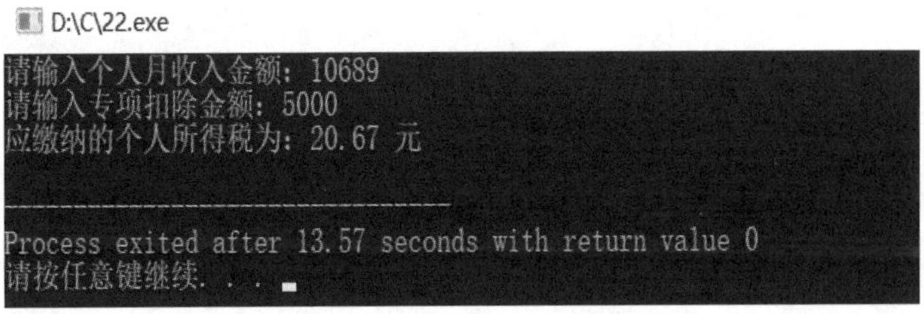

图 3.41　任务 3-6 运行结果

任务总结

(1) 完成这个任务需先明确个人所得税的计算公式，了解各个参数的意义及计算方法。

(2) 定义变量时，需考虑变量在实际场景中的取值范围，留意非法数据。例如：输入的收入和专项扣除金额应为非负数，否则可能会导致计算结果不符合预期。

(3) 通过以上的例题和任务可以看出，当依据某个变量的取值范围进行判断或分支条件涉及多个变量的复杂逻辑组合时，if 语句可以轻松处理各种复杂的条件表达式，是更优的选择。而当分支条件基于变量取值(等值判断)，且取值是离散的、有限的常量时，switch 语句会使代码更加简洁易读。

3.3　循环结构程序设计

循环结构在 C 语言程序设计中占据着核心地位，它通过重复执行代码块提升编程效率，广泛用于数组遍历、数学计算、用户输入验证、菜单交互、图形绘制、动画模拟及算法与数据结构操作等场景。循环结构允许程序员指定一段代码，使其在满足特定条件的情况下重复执行。循环结构与顺序结构、选择结构相互配合，共同构建各种复杂的程序逻辑。本节任务主要是循环结构概述，包括定义、作用；介绍 while、do-while、for 三种基本循环语句的语法结构、执行流程及示例代码；阐述 break 和 continue 循环控制语句的作用与应用场景；深入说明循环嵌套的概念、原理、示例及复杂度分析；通过实际问题解决与算法实现展示其应用。

在第 1 章的任务 1-1 中输出了一行我国古代的四大发明。现要求在屏幕上输出 100 行四大发明，若使用顺序结构，则需要重复编写 100 次 printf()语句，这显然不现实。为了解决这类重复执行代码的问题，C 语言引入了循环结构。循环结构允许我们指定一段代码，只要满足特定条件，这段代码就会重复执行(如图 3.42 所示)。通过使用循环结构，可以将复杂的重复任务简化为简洁的代码逻辑。

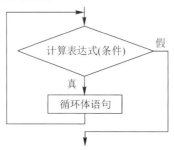

图 3.42　while 循环执行流程图

接下来，我们将深入学习 C 语言中几种常见的循环结构，包括 while 循环、do-while 循环和 for 循环。

3.3.1　while 语句

while 语句用于实现"当型"循环结构。其一般格式为

　　while(表达式)

　　　　循环体语句；

在此结构中，表达式即循环条件。当该表达式的值为真(非 0)时，程序将执行 while 语句中的循环体语句。执行完毕后，程序会再次对表达式的值进行判断，若仍为真(非 0)，则继续执行循环体语句，随后再次判断，如此循环往复，直至表达式的值为假(0)时，程序将退出循环结构，转而执行 while 语句之后的下一条语句。

说明：

(1) while 是关键字，"while(表达式)"的意思为"当条件成立时执行"；

(2) "表达式"可以是关系表达式、逻辑表达式或任意合法的表达式，其两端的圆括号不能省略；

(3) 循环体可能执行多次，也可能一次都不执行；

(4) 如果循环体语句包括一个以上的语句，则必须用{}括起来组成复合语句。如果不加{}，则 while 语句的范围只到 while 后面第一个分号处结束。

例 3-17　使用循环结构在屏幕上输出 100 行四大发明。

分析：根据题目要求，需在屏幕上输出 100 行四大发明，即重复 100 次的输出操作，使用循环结构可以使程序更加简单、合理，由此可画出流程图，如图 3.43 所示。

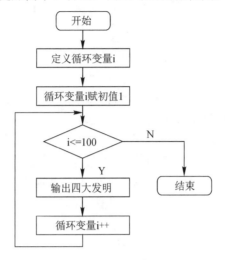

图 3.43　例 3-17 流程图

```
#include<stdio.h>
int main()
{
    int i=1;
    while(i<=100)
    {
        printf("造纸术，指南针，火药，印刷术\n ");
        i++;
    }
    return 0;
}
```

程序分析：

(1) while 语句先判断表达式的真假，再决定是否执行循环体语句。

　　int i=1;　　//设置初始化循环变量 i 为 1

　　//表达式 "i<=100" 是循环条件，表示当 i 小于等于 100 时，执行循环体

　　while (i<= 100)

　　{ //下面两个语句为循环体。表示满足条件时，可以重复执行此循环体语句

　　　　printf("造纸术，指南针，火药，印刷术\n ");

　　　　//重复 100 次输出四大发明

　　　　i++; // i 自增 1，为下一次循环做准备

　　}

(2) 循环之前循环变量应有初值(如 i = 1)，这样才能计算条件表达式。

(3) 循环体中应有改变循环变量的语句(如 i++)，否则会产生死循环，无法结束循环。

(4) 如果循环体包含一条以上的语句，必须使用复合语句(即花括号{})。如果不使用花

括号，则 while 语句的循环体只能是 while 语句后的第一条语句。

以下代码示例存在错误：

```
int i=1;
while(i<=100)
    printf("造纸术，指南针，火药，印刷术\n ");
    i++;
```

在此结构中，循环条件虽能控制输出函数的调用，但 i++语句不在循环体内，导致循环变量 i 一直保持 1，不能改变，循环会陷入死循环。

例 3-18 用 while 语句求 n!。

分析：阶乘在数学中十分重要，用于描述从 1 到某个正整数 n 的所有正整数的连乘积，其定义为 $n! = n \times (n-1) \times (n-2) \times \cdots \times 3 \times 2 \times 1$。特别规定 $0! = 1$。可通过循环结构，模拟数学中从 1 到 n 的连乘操作，由此可画出流程图，如图 3.44 所示。

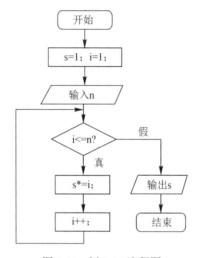

图 3.44 例 3-18 流程图

```c
#include <stdio.h>
int main() {
    int n;
    printf("请输入一个正整数 n：");
    scanf("%d", &n);    //读取用户输入的整数并存储到变量 n 中
    // 判断输入的 n 是否为负数，如为负数，返回 1 表示有错误发生
    if (n<0) {
        printf("负数没有阶乘。\n");
        return 1;
    }
    int    factorial=1;
    //用于存储阶乘结果，初始化为 1，因为任何数乘以 1 都不改变其值
    int i=1;
    while (i<=n)
```

```
    {
        factorial*=i;
        i++;
    }
    printf("%d 的阶乘是：%d\n", n, factorial);
    return 0;
}
```

程序运行结果如图 3.45 所示。

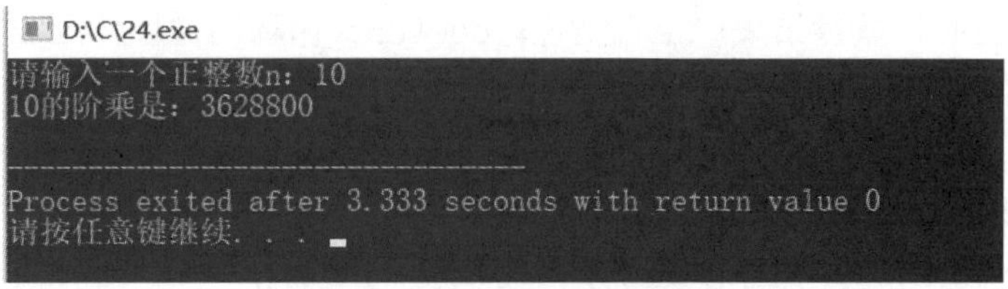

图 3.45　例 3-17 运行结果

程序分析：

(1) 本算法使用 while 语句现累乘，从而得到新的阶乘值。

(2) 由于负数没有阶乘，因此需用 if 语句判断输入是否为负数，这能进一步确保输入为有效的整数，避免因输入非数字字符导致程序异常。

(3) 在计算阶乘时，随着 n 值的增大，阶乘结果会迅速增大。在大多数系统中，int 类型通常占用 4 个字节，其取值范围一般为 -2147483648 到 2147483647。而 long long 类型至少占用 8 个字节，这使得它的取值范围能达到 -9223372036854775808 到 9223372036854775807，极大地拓宽了可表示整数的范围。例如，在此例中 n 为 20 时，20!的值已经超过了 int 类型能表示的范围(20! = 2432902008176640000)，如图 3.46 所示。此时，如定义 factorial 变量为 long long 类型(long long factorial)，就能正确存储计算结果，避免数据溢出。注意：语句 printf("%d 的阶乘是：%d\n", n, factorial);中的"%d"应改为"%lld"，修改后程序的运行结果如图 3.47 所示。在高精度计算、密码学大整数运算等场景中，long long 类型也极为常用。

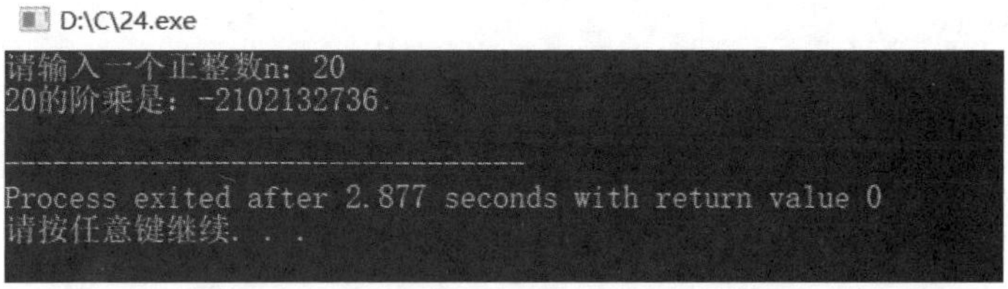

图 3.46　例 3-18 程序(当 n = 20 时)运行结果

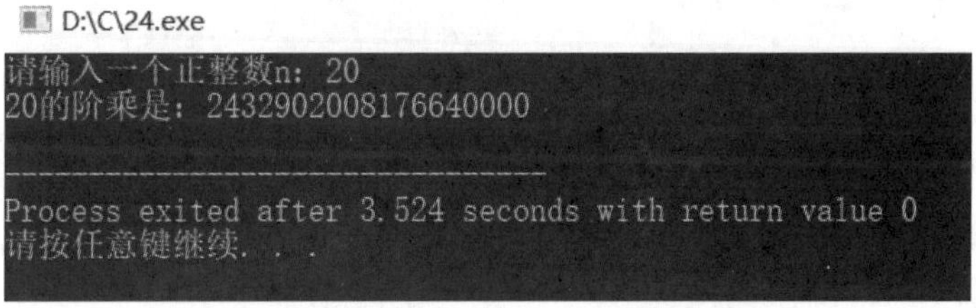

图 3.47　例 3-18 程序(当 n = 20 时)修改后的运行结果

3.3.2　do while 语句

do-while 语句也可用于实现"当型"循环结构，其一般格式为

```
do
        循环体语句
    while(条件):
```

与 while 循环不同，do-while 循环会先执行一次循环体语句，然后对表达式进行求值判断。如果表达式的值为真，则继续执行循环体语句，之后再次判断表达式，如此循环，直到表达式的值为假时，循环结束。也就是说，do-while 循环的循环体至少会被执行一次。do-while 循环的执行过程如图 3.48 所示。

说明：

(1) do-while 是 C 语言的关键字。

(2) 与 while 循环相同，循环体是一条语句或复合语句。

(3) 与 while 语句类似，"表达式"可以是关系表达式、逻辑表达式或任意合法的表达式，其两端的圆括号不能少。不同的是，do-while 语句以 while 后的";"表示结束，此分号不能缺少。

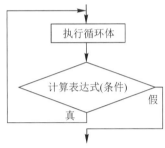

图 3.48　do-while 循环执行流程图

(4) 与 while 循环相同，循环体中应有改变循环变量的语句，以便能结束循环，否则会产生死循环。

(5) 循环体语句至少执行一次。

(6) do-while 语句和 while 语句的区别在于 do-while 是先执行后判断，因此 do-while 至少要执行一次循环体；而 while 是先判断后执行，如果第一次判断条件不满足，则一次循环体语句也不执行。

例 3-19　用 do-while 语句求 n!。

在例 3-18 中用 while 语句完成阶乘的计算，本例用 do-while 语句完成。

```c
#include <stdio.h>
int main()
{
    int n;
    printf("请输入一个正整数 n：");
    scanf("%d", &n);
    if (n<0) {
        printf("负数没有阶乘。\n");
        return 1;
    }
    long long factorial=1;
    int i=1;
    //使用 do-while 语句完成阶乘的计算
```

```
        do
        {
            factorial *= i;
            i++;
        }while (i<=n);
        printf("%d 的阶乘是：%lld\n", n, factorial);
        return 0;
    }
```

程序运行结果如图 3.49 所示。

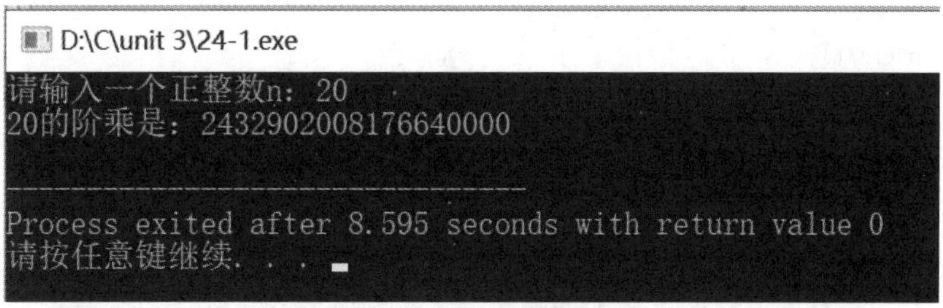

图 3.49　例 3-19 运行结果

程序分析：

(1) do-while 循环具有先执行后判断的特性，在计算阶乘时，即便输入为 0，do-while 循环也会先执行一次循环体。但这并不影响阶乘的计算结果，只是在某些场景下可能会引发不必要的操作。

(2) 在 do-while 语句中，while(i< = n)后务必加上 "；"。

例 3-20　实现一个简单的猜数字游戏，让计算机生成一个 1 到 100 之间的数字，让用户猜测。用户每猜一个数，程序就告诉其猜的数字是大了还是小了，直到用户猜中为止。最后，程序还要告诉用户总共猜测的次数。

分析：本实例中，由于需要不断重复让用户猜测数字的过程，因此可以用循环结构来实现。根据要求计算机生成一个随机数，用户猜一个数，判断其和计算机生成的随机数的大小关系。如果用户猜的数大于计算机生成的随机数，就输出 "大"；如果用户猜的数小于计算机生成的随机数，就输出 "小"，直到猜中。

```
        #include "stdio.h"
        #include "stdlib.h"
        #include "time.h"
        int main()
        {
            srand(time(0));
            int number=rand()%100+1;
            int count=0;
            int a ;
            do
```

```
    {
        printf("请猜这个 1 到 100 之间数: ");
        scanf("%d", &a);
        count ++;
        if (a>number) {
            printf("你猜的数大了。");}
        else if (a< number) {
            printf("你猜的数小了。");}
    } while (a!=number);
    printf("太好了，你用了%d 次就猜到了答案。\n", count);
    return 0;
}
```

程序运行结果如图 3.50 所示。

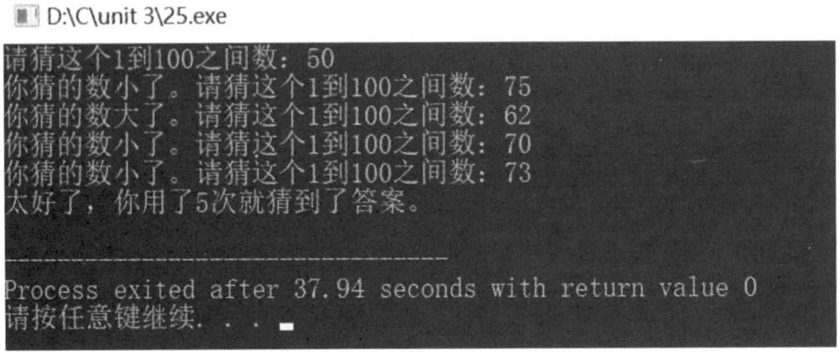

图 3.50　例 3-20 运行结果

程序分析：

(1) 根据猜数流程，用户需要先输入一个数字，然后程序判断该数字是否正确。若不正确，程序提示数字偏大或偏小，直到用户猜对为止。这种逻辑要求用户必须输入一个数字后才能开始判断，而 do-while 结构更符合用户的交互流程。如果使用 while 循环，假设初始的 guess 值没有正确初始化，可能会引发问题。

```
    do {
        输入猜测→处理结果→反馈
    }while(猜测不正确);
```

(2) rand()函数定义在<stdlib.h>头文件中，主要功能是生成一个介于 0 到 RAND_MAX 之间的伪随机整数。伪随机数不是真正的随机数，它通过确定性算法生成一系列看似随机的数字序列。该算法基于一个初始值，称为种子(seed)。当程序每次运行时，如果种子相同，rand 函数就会生成相同的随机数序列。为了让 rand 函数每次运行程序时生成不同的随机数序列，需要使用 srand 函数来设置不同的种子。

(3) srand 函数定义在<stdlib.h>头文件中，用于设置伪随机数生成器种子，控制 rand 函数生成的随机数序列。通常使用当前时间作为种子，即 srand(time(0))，因为时间是动态变化的，可以通过<time.h>中的 time 函数获取当前时间(单位为秒)。

3.3.3　for 语句

在满足循环条件的情况下，for 语句可以完全替代 while 语句，所以 for 语句也是最为常用的循环语句。

for 语句的一般格式如下：

　　for(表达式 1; 表达式 2; 表达式 3)　循环体语句

for 语句的执行过程如下：

(1) 求解表达式 1。

(2) 求解表达式 2，如果其值非 0(逻辑真)，则执行 for 语句指定的循环体语句，然后执行第(3)步；否则，转至第(4)步。

(3) 求解表达式 3，然后转回第(2)步继续执行。

(4) 执行 for 语句后面的下一条其他语句。

for 循环执行流程图见图 3.51。

例 3-21　用 for 语句求 n!。

本例使用 for 语句计算阶乘。

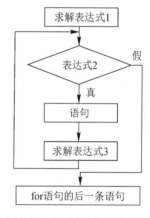

图 3.51　for 循环执行流程图

```c
#include <stdio.h>
int main() {
    int n,i;
    printf("请输入一个正整数 n：");
    scanf("%d", &n);
    if (n < 0) {
        printf("负数没有阶乘。\n");
        return 1;
    }
    long long factorial = 1;
    for(i=1;i<=n;i++)
    {
        factorial *= i;
    }
    printf("%d 的阶乘是：%lld\n", n, factorial);
    return 0;
}
```

程序分析：

(1) 通过以上程序可以看出，for 循环将初始化、条件判断和循环变量更新操作集中在语句头部，结构紧凑，适合于循环次数已知的情形。

(2) 表达式 1、表达式 2 和表达式 3 均可缺省，甚至全部缺省，但其间的分号";"绝不能省略。例如可将例 3-19 中的 for 语句改写成以下几种形式：

方法一：表达式 1 可省略，此时应在 for 语句前给循环变量赋初值。

```
        long long factorial = 1;
        i=1;
        for(;i<=n;i++)
        {
            factorial *= i;
        }
```

方法二：如果表达式 2 省略，则不判断循环条件，循环会无终止地进行，因为表达式 2 始终为真。此时，应有语句来结束循环。

```
        long long factorial = 1;
        for(i= 1; i++)
        {
            if (i> n) break;
            factorial *= i;
        }
```

注意：break 语句将在后面介绍，若无此语句，循环将无休止地进行下去。

方法三：表达式 3 也可省略，但应保证循环能正常结束。

```
        long long factorial = 1;
        for(i= 1;i<=n ; )
        {
            factorial *= i;
            i++;
        }
```

方法四：循环体可省略，将所需操作写在表达式 3 之中。

```
        long long factorial = 1;
        for(i= 1;i<=n ;factorial *= i, i++)
        {
            ;
        }
```

注意：循环体是空语句。空语句后的分号不可少，如缺少此分号，则后续的 printf 语句会被当成循环体来执行；反之，若循环体不为空语句，则绝不能在表达式的括号后加分号，否则循环体会被视为空语句而无法重复执行。这些都是编程中常见的错误，要十分注意。

方法五：其他变量的初始化也可以写在表达式 1 中。

```
        long long factorial ;
        for(factorial = 1,i=1;i<=n;i++)
        {
            factorial *= i;
        }
```

注意："循环变量赋初值""循环条件"和"循环变量增值"这三个表达式都可以是逗号表达式，即每个表达式均可由多个表达式组成。

例 3-22　求 Fibonacci 数列前 20 个数，以及这 20 项之和。这个数列有如下特点：第 1、2 两个数为 1、1。从第 3 个数开始，该数是其前面两个数之和，即

$$\begin{cases} f_1 = 1 \\ f_1 = 1 \\ f_n = f_{n-1} + f_{n-2} \end{cases}$$

Fibonacci 数列，又称斐波那契数列、黄金分割数列。数学家莱昂纳多·斐波那契 (Leonardo Fibonacci)以兔子繁殖为例子引入该数列，故又称该数列为"兔子数列"。斐波那契在其著作《算盘全书》中提出了一个有趣的兔子繁殖问题：假设一对刚出生的小兔子，过一个月就能长大成大兔子，再过一个月就能生下一对小兔子，并且此后每个月都生一对小兔子。如果所有兔子都不死，那么每个月的兔子对数就构成了斐波那契数列。这是斐波那契数列的最初来源。斐波那契数列在算法设计、数据结构等方面均有应用。由此可画出流程图，如图 3.52 所示。

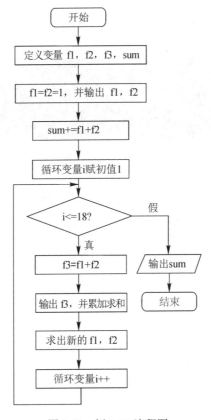

图 3.52　例 3-22 流程图

```c
#include "stdio.h"
main()
{
    long int f1,f2,f3,sum=0;
    int i;
```

```
f1=1;
f2=1;
printf("%12ld%12ld",f1,f2);
sum=sum+f1+f2;
for (i=1;i<=18;i++)
{
    f3=f1+f2;
    printf("%12ld",f3);
    sum+=f3;
    f1=f2;
    f2=f3;
}
printf("\nsum=%ld",sum);
}
```

程序运行结果如图 3.53 所示。

图 3.53　例 3-22 运行结果

程序分析：

(1) for 语句非常适合用于循环次数已知的场景。在输出斐波那契数列的前 20 项时，我们知道需要循环 18 次来依次生成并打印每一项。for 语句的结构天然适配这种需求，其初始化表达式可以用于初始化数列的前两项和循环计数器，循环条件能控制循环次数不超过18，更新表达式可以用于更新数列的项和循环计数器。

(2) for 语句将循环的初始化、条件判断和更新操作都集中在语句头部，使得代码的逻辑结构一目了然。通过查看 for 语句的三个部分，可以快速了解循环的起始条件、终止条件和循环变量的变化规律。

(3) 由于 for 语句的结构明确，可以很容易地确保循环在正确的条件下终止，有效避免死循环或循环次数不足的问题。

3.3.4　循环嵌套

在 C 语言中，循环结构嵌套是指在一个循环语句的循环体中包含另一个完整的循环语句。被包含的循环称为内层循环，包含内层循环的循环称为外层循环。循环嵌套可以是同类型循环的嵌套(如 for 循环嵌套 for 循环)，也可以是不同类型循环的嵌套(如 for 循环嵌套 while 循环，while 循环嵌套 do-while 循环等)。通过循环嵌套，可以解决许多复杂的问题。

例 3-23　在屏幕上输出下三角形的九九乘法表。

```
1*1=1
2*1=2    2*2=4
3*1=3    3*2=6    3*3=9
4*1=4    4*2=8    4*3=12   4*4+16
5*1=5    5*2=10   5*3=15   5*4=20   5*5=25
6*1=6    6*2=12   6*3=18   6*4=24   6*5=30   6*6=36
7*1=7    7*2=14   7*3=21   7*4=28   7*5=35   7*6=42   7*7=49
8*1=8    8*2=16   8*3=24   8*4=32   8*5=40   8*6=48   8*7=56   8*8=64
9*1=9    9*2=18   9*3=27   9*4=36   9*5=45   9*6=54   9*7=63   9*8=72   9*9=81
```

九九乘法表在中国的起源可以追溯到春秋战国时期。2002 年，在湖南龙山里耶古城出土的 3.7 万余枚秦简中，有一枚简牍上详细记录了九九乘法表。随着时间的推移，九九乘法表在中国不断传承和发展。它在古代的数学教育、商业计算、天文历法等领域都发挥了重要作用。到了唐代，九九乘法表的形式基本固定下来，并在全国范围内广泛普及，成为了中国传统数学教育的重要内容。九九乘法表在古代就通过丝绸之路等途径传播到了其他国家和地区，传入印度后对当地的数学发展产生了一定影响，后又随阿拉伯人的贸易和文化交流传播到了欧洲。

分析：九九乘法表的结果主要是计算两个乘数相乘的结果，行数从 1 到 9 取值，第 1 行有 1，第 2 行有 2 列，以此类推，即可显示下三角型的九九乘法表，如图 3.54 所示。

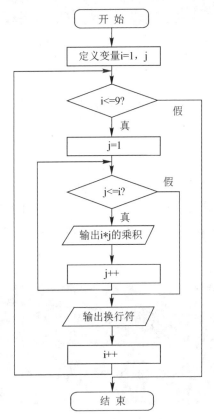

图 3.54　例 3-23 的流程图

```c
#include "stdio.h"
int main()
{
    int i,j;
    for(i=1;i<=9;i++)
    {
        for(j=1;j<=i;j++)
            printf("%d*%d=%d ", i,j,i*j);
        printf("\n");
    }
}
```

程序运行结果如图 3.55 所示。

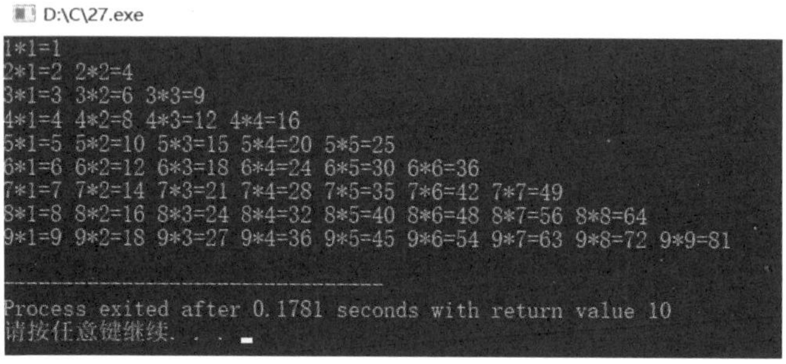

图 3.55　例 3-23 运行结果

程序分析：

(1) 定义变量 i(行数)和 j(列数)，外层循环控制乘法表的行数，i 从 1 递增到 9，每次迭代对应乘法表的一行。内层循环控制乘法表每行的列数，对于外层循环的每一个 i 值，内层循环从 1 递增到 i，并使用 printf 函数输出 i*j 的结果。当内层循环结束后，输出一个换行符\n。这使得每一行的乘法表结果输出后会换行，从而形成一个整齐的表格形式。当 i 递增超过 9 时，外层循环结束，程序继续执行后续代码。通过这种循环嵌套的方式，巧妙地利用外层循环控制行数，内层循环控制每行的列数，实现了九九乘法表的输出。

(2) 根据运行结果可以看出，第 3 列从第 5 行就已经不整齐了，需调整输出格式。可在 printf 函数中使用 "%md" 格式控制字符，即 printf("%d*%d = %4d", i, j, i*j);，运行结果如图 3.56 所示。

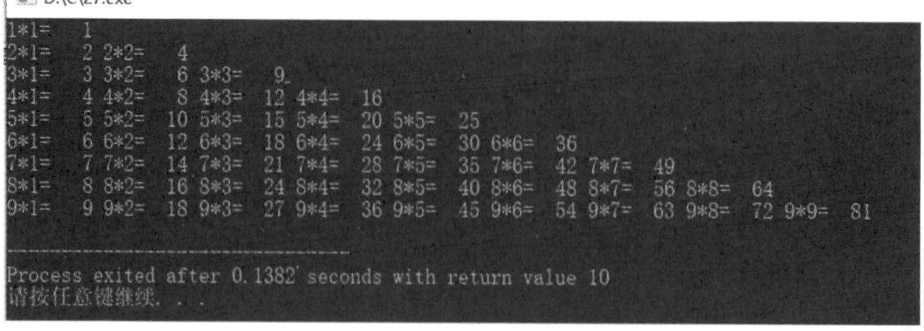

图 3.56　例 3-23 修改后的运行结果(1)

从运行结果可以看出，"%md" 控制输出格式为右对齐，这容易与下一个运算式混淆，将代码可以调整为：printf("%d*%d = %-4d ", i, j, i*j);，运行结果如图 3.57 所示。

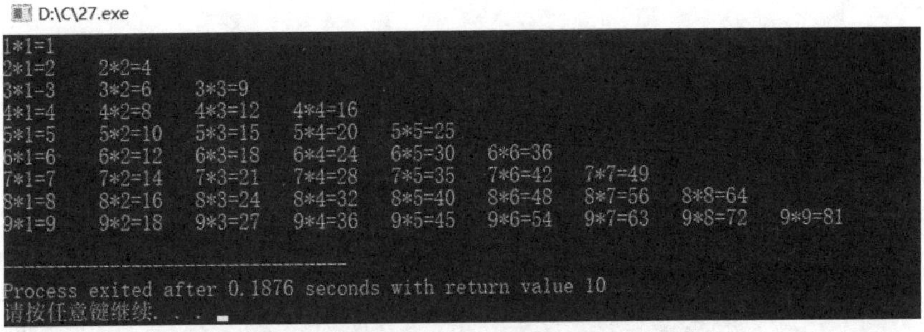

图 3.57　例 3-23 修改后的运行结果(2)

例 3-24　利用循环结构输出由 "*" 组成的图形。

```
        *
       * * *
      * * * * *
     * * * * * * *
    * * * * * * * * *
```

通过分析可知，空格数、星号数与行号的关系如表 3.8 所示。

表 3.8　空格数、星号数与行号的关系

行　号	空格数	空格数与行号的关系	星号数	星号数与行号的关系
1	4	5 - 1	1	$2 \times 1 - 1$
2	3	5 - 2	3	$2 \times 2 - 1$
3	2	5 - 3	5	$2 \times 3 - 1$
4	1	5 - 4	7	$2 \times 4 - 1$
5	0	5 - 5	9	$2 \times 5 - 1$
i		5 - i		$2 \times i - 1$

```c
#include <stdio.h>
int main()
{
    int i,j;
    for(i=1;i<=5;i++)
    {
        for(j=1;j<=20-i;j++)
```

```
        printf(" ");
        for(j=1;j<=2*i-1;j++)
            printf("*");
        printf("\n");
    }
}
```

程序运行结果如图 3.58 所示。

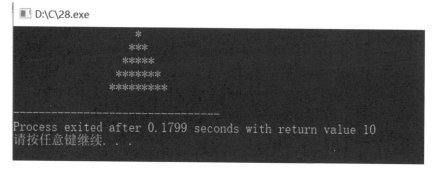

图 3.58　例 3-24 运行结果

程序分析：

(1) 该程序声明了两个整型变量 i 和 j 作为循环变量。i 用于控制外层循环，代表等腰三角形的行数；j 用于控制内层循环，分别控制每行前面空格和星号的输出数量。

(2) 外层循环控制等腰三角形的行数，i 从 1 递增到 5，每次迭代对应等腰三角形的一行。判断条件为：i<=5，每次循环开始前会检查 i 是否小于等于 5。如果满足条件，则执行循环体；否则，退出循环。

(3) 第一个内层循环用于输出每行前面的空格。随着 i 的增大，20－i 的值逐渐减小，这意味着每行前面的空格数量会逐行减 1，从而使星号逐渐向右偏移一位，形成等腰三角形的形状。第二个内层循环用于输出每行的星号。随着 i 的增大，2*i－1 的值逐渐增大，这意味着每行的星号数量会逐渐增多，从第 1 行的 1 个星号，到第 2 行的 3 个星号，以此类推，直到第 5 行的 9 个星号，从而形成等腰三角形的形状。当第二个内层循环结束后，执行这行代码，输出一个换行符\n。这使得每一行的空格和星号输出后会换行，从而形成一个整齐的等腰三角形图案。

(4) 通过外层循环控制行数，两个内层循环分别控制每行前面的空格和星号数量，结合换行操作，最终实现了等腰三角形图案的打印。

3.3.5　break 和 continue 语句对循环控制的影响

循环结构用于重复执行一段代码，而 break 和 continue 语句则是用于改变循环执行流程的特殊控制语句。

1. break 语句

break 语句用于立即终止当前所在的循环(可以是 for、while 或 do-while 循环)，无论循环条件是否满足，程序都会跳出该循环，继续执行循环之后的代码。

break 语句的一般格式为

```
break;
```

例 3-25   阅读以下程序段，写出程序的执行结果。

```c
#include <stdio.h>
int main()
{
    for (int i=1; i<=10;i++)
    {
        if (i==5)
            break;
        printf("%d ", i);
    }
    printf("\n 循环结束后继续执行这里的代码。\n");
    return 0;
}
```

通过分析，程序的运行结果为

1 2 3 4

循环结束后继续执行这里的代码。

程序分析：

这段 C 语言代码使用 for 循环从 1 迭代到 10。在每次迭代中，检查当前的迭代变量 i 是否等于 5。如果 i 等于 5，则使用 break 语句终止整个 for 循环；如果 i 不等于 5，则打印出 i 的值。当 for 循环结束后，程序会继续执行循环后面的 printf 语句。

例 3-26   输出所有满足圆半径在 1 到 10 之间的正整数，且面积小于 200 的圆的半径和对应的面积，面积保留两位小数。

```c
#include <stdio.h>
#define PI    3.14
int main()
{
    int radius;
    float area;
    for(radius=1;radius<=10;radius++)
    {
        area=PI*radius*radius;
        if(area>=200)    break;
        printf("radius=%d,area=%.2f\n",radius,area);
    }
    return 0;
}
```

程序运行结果如图 3.59 所示。

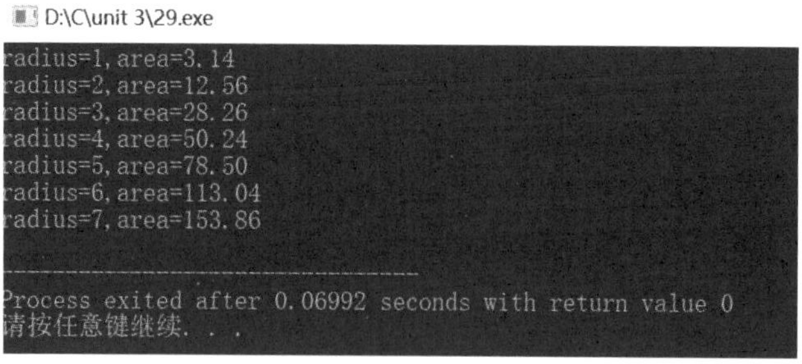

图 3.59   例 3-26 运行结果

程序分析：

(1) 此程序借助 for 循环计算半径从 1 到 10 的圆的面积。在每次循环时，会计算当前半径对应的圆面积，并将其存于变量 area 中。

(2) 当计算得到的圆面积 area 大于或等于 200 时，执行 break 语句。break 语句的作用是让程序立即跳出当前所在的 for 循环，不再继续执行后续的循环迭代。也就是说，不再计算半径大于当前 radius 值的圆的面积。

2. continue 语句

continue 语句用于跳过当前循环中剩余的代码，直接进入下一次循环的条件判断。也就是说，执行到 continu 语句时，程序会忽略该语句之后的代码，直接回到循环的起始位置，重新判断循环条件是否满足。

例 3-27   阅读以下程序段，写出程序的执行结果。

```c
#include <stdio.h>
int main() {
    for (int i=1; i<=10; i++) {
        if (i==5) {
            continue;
        //当 i 等于 5 时，跳过本次循环剩余代码，进入下一次循环
        }
        printf("%d ", i);
    }
    printf("\n 循环结束。\n");
    return 0;
}
```

通过分析，程序的运行结果为

1 2 3 4 6 7 8 9 10

循环结束。

程序分析：

这段 C 语言程序使用 for 循环遍历从 1 到 10 的整数。在循环过程中，当 i 的值等于 5 时，执行 continue 语句，跳过本次循环中剩余的代码，直接进入下一次循环；执行 i++，i 的值为 6，不等于 5，则输出 i 的值。通过不断重复循环，直到 i 的值为 11，不满足 i<=10，

循环结束，输出提示信息"循环结束。"。

例 3-28　输出 1～100 以内能不被 7 整除的数。

```c
#include "stdio.h"

int main()
{
    int n;
    for(n=1;n<=100;n++)
    {
        if (n%7==0)     continue;
        printf("%d   ",n);
    }
    return 0;
}
```

程序运行结果如图 3.60 所示。

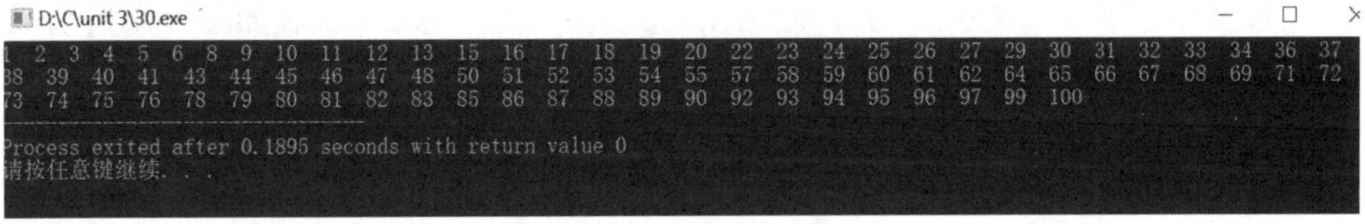

图 3.60　例 3-28 运行结果

程序分析：

(1) 此程序利用 for 循环来遍历从 1 到 100 的整数。在每次循环时，都会执行 if(n%7==0)这个条件判断。

(2) 一旦上述条件成立，continue 语句就会被执行。continue 语句的作用是跳过当前循环中剩余的语句，直接进入下一次循环的迭代过程。在这个程序里，就是跳过语句 printf("%d ",n);，即不再输出当前能被 7 整除的 n 的值。继续后续循环，也就是说程序会直接跳转到 for 循环的更新部分(即 n++)，使 n 的值增加 1，然后再次判断循环条件(n<=100)是否满足，若满足，则继续下一次循环。

(3) 通过比较例 3-26 和例 3-28，可以看出 break 语句和 continue 语句的使用场景差异：break 语句常用于满足某个特定条件时，需要提前结束整个循环的情况；continue 语句常用于满足某个条件时，需要跳过本次循环的部分操作，但仍然要继续执行后续循环的情况。

任务 3-7　素 数 的 判 定

任务要求

素数，其概念之源可追溯至古埃及与古希腊时期，在中国古代，《九章算术》等经典数学典籍亦载有对素数的深刻洞察，见证了数学文化的深厚底蕴。随着数学之演进，数学家们孜孜不倦，深入探究素数的本质与特性，不断拓展其理论边界。及至计算机技术崛起，素数于密码学领域大放异彩，成为现代加密技术的基石。素数作为数学中的基本概念之一，经历了从古代文明到现代科学的漫长发展历程。它们不仅是数论研究的核心内容，还在信息安全、科学计算、工程技术等多个领域发挥着重要作用。

所谓素数就是除了 1 和它本身，再无别的约数的正整数(即数学上的质数)。定义 m 为待判定是否为素数的数，根据素数的定义，用 2～m－1 之间的每一个数去整除 m，如果都不能被整除，则表示该数是一个素数，否则不是素数。

本任务的要求是运用 if 语句实现素数的判定。

任务分析

根据以上知识，分析本任务的算法如下：

(1) 定义两个整型变量 m 和 i。其中 m 用于存储用户输入的待判断的整数；i 作为循环变量，用于后续的整除判断。

(2) 运用 for 语句，循环变量 i 从 2 开始，到 m－1 结束。循环的目的是检查 m 能否被 2 到 m－1 之间的任何一个数整除(使用取模运算符%计算 m 除以 i 的余数。如果余数为 0，说明 m 能被 i 整除，否则 m 不能被 i 整除)。在此期间，如果 m 能被某个数整除，就说明 m 不是素数并跳出循环(执行 break 语句)。如果循环正常结束，那么 i 的值会等于 m，同时说明 m 不能被 2 到 m－1 之间的任何一个数整除，即 m 是素数，此时输出相应的提示信息。反之，如果在循环中执行了 break 语句，那么 i 的值会小于 m，说明 m 能被 2 到 m－1 之间的某个数整除，即 m 不是素数，此时输出相应的提示信息。算法的流程如图 3.61 所示。

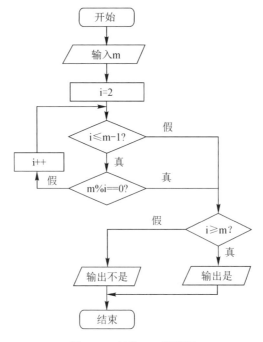

图 3.61　任务 3-7 流程图

源程序

```c
#include "stdio.h"
int main()
{
    int m,i;
    scanf("%d",&m);
    for (i=2;i<=m-1;i++)
```

```
    {
        if(m%i==0) break;
        /*n 不是素数，强行结束循环，执行下面的 if 语句*/
    }
      /*若 i>=m，循环正常结束，则 m 是素数，否则不是*/
    if(i>=m)
        printf("%d 是素数 \ n",m);
    else
        printf("%d 不是素数 \ n",m);
    return 0;
}
```

程序运行结果如图 3.62 所示。

图 3.62　任务 3-7 运行结果

任务总结

(1) 通过简单的循环和条件判断，实现了素数判断功能，但存在输入有效性检查问题。可以通过添加简单的条件判断来解决该问题，提升代码的健壮性。

(2) 经分析，m 不必被 2 到 m－1 之间的数整除，只需被 2 到 n/2 间的数整除即可，甚至只需被 2 到 $\sqrt{n}$ 之间的数整除。因此用 2 到 $\sqrt{n}$ 之间的每个数去除 n，如果都不能整除，则 m 是素数。

(3) 除了可以通过循环结束时循环变量的值来判定是否为素数，还可以设置标志位变量 flag＝1，当 m 能被整除时，令 flag＝0，否则 flag 保持原值，最后通过 flag 的值来确定 m 是否为素数。

以下是算法改进的源程序：

```
#include "stdio.h"
int main()
{
    int m,i;
    scanf("%d",&m);
    if (m<=1) {        /*输入有效性检查*/
        printf("%d 数据不合法\n", m);
        return 0;
    }
    for (i=2,flag=1;i<=sqrt(m);i++)
    {   /*flag 为标识 m 是否是素数的标识变量，初值为 1*/
```

```
    if(m%i==0){/*n 不是素数，强行结束循环，执行下面的 if 语句*/
    flag=0;   /*若能被整除，则 flag=0*/
    break; }
    }
    /*若 flag 还为原来的 1，则是素数，否则不是*/
    if(flag==1)
        printf("%d 是素数 \ n",m);
    else
        printf("%d 不是素数 \ n",m);
    return 0;
    }
```

任务 3-8   输出 100～200 之间的全部素数

任务要求

本任务的要求是实现 100～200 之间全部素数的输出。

任务分析

(1) 从 100 开始，逐个检查到 200 的每个数是否为素数。

(2) 对于每个待检查的数 m，从 2 开始，到 m－1 结束，检查是否存在能整除 m 的数。如果存在，则 m 不是素数；反之，则 m 是素数。

(3) 将判断为素数的数输出。

源程序

```
#include "stdio.h"
#include "math.h"
main( )
{
    int   i,j;
    int   flag, count=0;        /*flag 为标志位变量*/
    printf("100～200 之间的素数如下: \n", n);
    for(i=100;i<=200; i++)
    {  /*判断 100～200 之间的每个数是否为素数*/
        for(j=2,flag=1; j<=sqrt(i); j++)
        {  /*判断每个数 i 是否为素数*/
            if (i%j==0)
            {
                flag=0;
                break;
            }}
        if (flag==1)
            printf("%6d", i);
```

　　　　　}
　　　}
程序运行结果如图 3.63 所示。

图 3.63　任务 3-8 运行结果

任务总结

(1) 程序通过两层循环来实现该功能，外层循环用于遍历 100 到 200 之间的每个数，内层循环用于判断当前数是否为素数。

(2) 输出的素数没有换行，当素数较多时，输出会显得混乱。可以添加计数器，每输出 8 个素数就换行，使输出更整齐。

任务 3-9　各类字符的统计

任务要求

本任务的要求是实现各类字符的统计。

任务分析

本任务要求输入一行字符串，统计其中字母、数字以及其他字符的个数。本任务需要解决两个问题：输入字符串，判断并统计各种字符的个数。通过 while((c = getchar()))! = '\n') 构建 while 循环，该循环会不断执行，直到读取到换行符\n。每次循环时，getchar 函数会从标准输入读取一个字符，并将其赋值给变量 c。通过字符 ASCII 的规律来判断字符是属于字母、数字还是其他字符。

源程序

```c
#include <stdio.h>
int main()
{
    char c;
    int n1=0, n2=0, n3=0;
    while ((c=getchar())!= '\n')
    {
        if ((c>='a'&& c<='z')||(c>='A' && c<='Z'))
            n1++;
        //此条件判断 c 是否为字母。如果是字母，则将 n1 的值加 1
        else if (c>='0'&&c<='9')
            n2++;
        //该条件会判断 c 是否为数字。如果是数字，则将 n2 的值加 1
        else
            n3++;
```

```
    }
    printf("含字母%d 个，数字%d 个，其他字符%d 个", n1, n2, n3);
    return 0;
}
```

程序运行结果如图 3.64 所示。

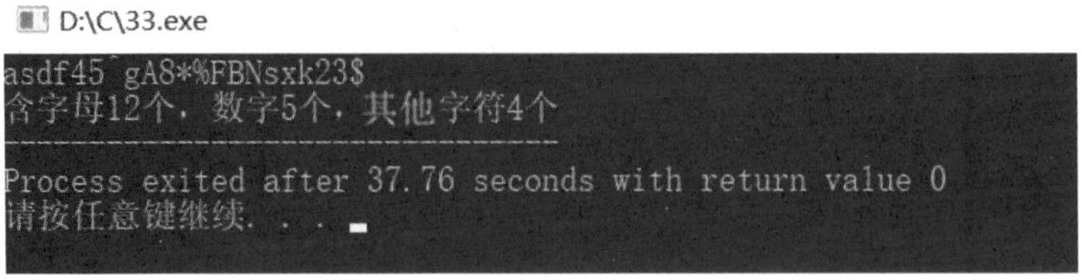

图 3.64   任务 3-9 运行结果

任务总结

(1) 此程序的核心功能是对用户从键盘输入的一行字符进行分类统计。它会分别统计输入字符中字母、数字以及其他字符的数量，并将统计结果输出显示。输入的字符序列以用户按下回车键(即换行符\n)作为结束标志。

(2) 代码没有对 getchar()可能出现的错误情况(如输入流出错)进行处理。可添加对getchar()返回值的错误检查，例如检查是否返回 EOF(表示文件结束或输入错误)。

任务 3-10   百 元 买 百 鸡

这一经典数学问题源自中国南北朝时期(约公元 5 世纪)的数学著作《张丘建算经》，由数学家张丘建提出，被称为"百鸡问题"，它是中国古代数学中关于不定方程求解的著名案例。《张丘建算经》是《算经十书》之一。该书与《九章算术》《周髀算经》等共同构成了中国古代数学的核心体系。问题原文(译意)如下：

今有鸡翁(公鸡)一，值钱五；鸡母(母鸡)一，值钱三；鸡雏(小鸡)三，值钱一。凡百钱买鸡百只，问鸡翁、母、雏各几何？

任务分析

此任务采用"穷举法"来实现。通过循环遍历所有可能的公鸡、母鸡和小鸡数量组合，选出满足条件的组合并输出。

源程序

```
#include <stdio.h>
int main()
{
    int cock, hen, chicken; //公鸡、母鸡、小鸡的数量
    for (cock=0;cock<=100;cock++) {      //遍历公鸡数 0～100
        for (hen=0;hen<=100;hen++) { //遍历公鸡数 0～100
            for(chicken=0;chicken<=100;chicken++){ //遍历小鸡数 0～100
                if(cock+hen+chicken==100&&chicken%3==0&&5*cock+3*hen+chicken/3==100)
    //条件：鸡的总数 100 个，总花费 100 元，同时小鸡的个数是 3 的倍数
                    printf("公鸡：%d 只，母鸡：%d 只，小鸡：%d 只\n", cock, hen, chicken);
```

```
            }
        }
    }
    return 0;
}
```

程序运行结果如图 3.65 所示。

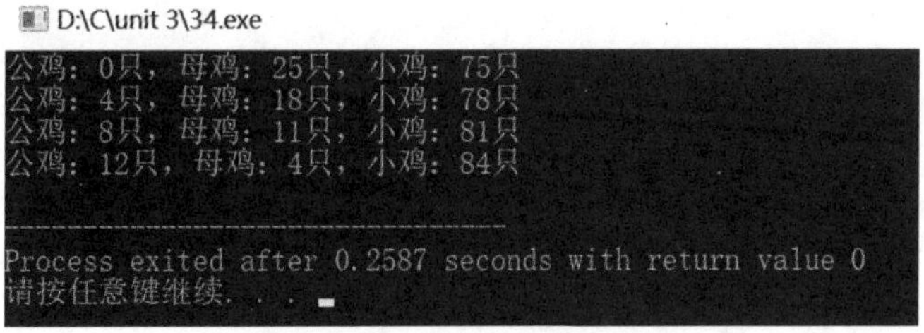

图 3.65　任务 3-10 运行结果

任务总结

(1) 该程序采用"穷举法"算法实现。程序通过三重循环遍历所有可能的公鸡、母鸡和小鸡的数量组合，并根据鸡的总数为 100 只、总花费为 100 元以及小鸡数量是 3 的倍数这三个条件，筛选出符合要求的组合并输出。

(2) 三重循环虽然直观，但效率较低，尤其是在数据量大的情况下。可以通过数学分析减少循环层数，优化算法，提高效率。从数学角度看，公鸡最多 20 只(因为 5 × 20 = 100)，母鸡最多 33 只(因为 3 × 33 = 99)，可据此缩小循环范围以减少不必要的计算；同时通过 chicken = 100 - cock-hen 直接计算小鸡的数量，减少一层循环。

```
#include <stdio.h>
int main() {
    int cock,hen,chicken;
    for(cock=0; cock<=20;cock++) {            //公鸡最多 20 只
        for(hen=0;hen<=33; hen++) {           //母鸡最多 33 只
            chicken=100-cock-hen;             //小鸡数量由总数推导
            if(chicken%3==0&&5*cock+3*hen+chicken/3==100){
                printf("公鸡: %d 只，母鸡: %d 只，小鸡: %d 只\n", cock, hen, chicken);
            }
        }
    }
    return 0;
}
```

(3) 还可以通过消元法继续简化问题，将三重循环化为单层循环，大幅减少计算量。

```
#include <stdio.h>
int main() {
    int cock, hen, chicken;
    for (cock=0; cock<=12; cock+=4) {
```

```
                // cock 每步增加 4，保证 hen 为整数
                hen =25-(7*cock)/4;              //通过方程计算 hen 的值
                chicken=100-cock-hen;            //推导小鸡数量
                printf("公鸡：%d 只，母鸡：%d 只，小鸡：%d 只\n", x, y, z);
        }
        return 0;
    }
```

习   题

一、选择题

1. 以下关于 scanf 函数的说法，正确的是(   )。

A. scanf 函数只能用于输入整数

B. scanf 函数的格式控制字符串中可以包含普通字符

C. scanf 函数不需要指定变量的地址

D. scanf 函数输入结束后会自动添加字符串结束符'\0'

2. 若要使用 printf 函数输出一个浮点数，且保留两位小数，格式控制字符串应该是(   )。

A. %d   B. %f   C. %.2f   D. %s

3. 以下代码执行后，若输入 123，变量 a 的值是(   )。

```
    int a;
    scanf("%2d",&a);
```

A. 12   B. 123   C. 3   D. 无法确定

4. 对于 if 语句 if(a=5)，以下说法正确的是(   )。

A. 语法错误，不能使用赋值运算符

B. 该语句会将 5 赋值给 a，并且条件永远为真(因为非零值表示真)

C. 该语句会判断 a 是否等于 5

D. 该语句会导致编译错误

5. 以下代码的输出结果是(   )。

```
    int x=10;
    if (x>5) {
        if (x < 15)
            printf("A");
        else
            printf("B");}
    else {
        printf("C");}
```

A. A   B. B   C. C   D. 无输出

6. 以下 switch 语句中，若 a = 2，输出结果是(   )。

```
    int a=2;
```

```
switch (a) {
    case 1: printf("One"); break;
    case 2: printf("Two");
    case 3: printf("Three"); break;
    default: printf("Other");}
```

A. Two　　　　　　　　B. TwoThree　　C. TwoThreeOther　　D. Other

7. 若要判断一个字符变量 ch 是否为大写字母，正确的条件表达式是(　　)。

A. 'A'<=ch<='Z'　　　　　　　　　　B. ch>='A'&&ch<='Z'

C. ch>'A'||ch<'Z'　　　　　　　　　　D. ch>='A'&ch<='Z'

8. 有如下多分支代码，若 score=85，输出结果是(　　)。

```
int score = 85;
switch (score / 10) {
    case 10:
    case 9:
        printf("优秀");  break;
    case 8:
        printf("良好");  break;
    case 7:
        printf("中等");  break;
    case 6:
        printf("及格");  break;
    default:
        printf("不及格");}
```

A. 优秀　　　　　　　　B. 良好　　　　　　C. 中等　　　　　D. 及格

9. 以下关于 switch 语句的说法，错误的是(　　)。

A. switch 语句中的 case 后面必须是常量表达式

B. switch 语句可以没有 default 分支

C. switch 语句中的 break 语句是可选的

D. switch 语句的表达式可以是浮点数类型

10. 已知 int a = 3, b = 4, c = 5;，执行以下代码后，输出结果是(　　)。

```
if (a>b)
    if (b>c)
        printf("%d",c);
    else
        printf("%d",b);else
printf("%d",a);
```

A. 3　　　　　　　　B. 4　　　　　　C. 5　　　　　D. 无输出

11. 对于 for 循环 for (int i=0;i<5;i++)，循环体执行的次数是(　　)。

A. 4　　　　　　　　B. 5　　　　　　C. 6　　　　　D. 无法确定

12. 以下 while 循环的执行次数是(   )。

```
int i=0;while(i<5) {
    i++;}
```

A. 4   B. 5   C. 6   D. 无限次

13. do-while 循环和 while 循环的主要区别是(   )。

A. do-while 循环的循环体至少执行一次

B. while 循环的循环体至少执行一次

C. do-while 循环的条件表达式在循环体之前判断

D. while 循环的条件表达式在循环体之后判断

14. 以下代码中，continue 语句的作用是(   )。

```
for (int i=0;i<10;i++) {
    if (i%2==0)
        continue;
    printf("%d",i);}
```

A. 结束整个循环

B. 跳过本次循环中 continue 语句之后的代码，进入下一次循环

C. 结束当前 if 语句

D. 无作用

15. 以下代码段的输出结果是(   )。

```
int i=1;
while (i<5) {
    if (i==3)
        break;
    printf("%d",i);
    i++;}
```

A. 1 2   B. 1 2 3   C. 1 2 3 4   D. 无输出

16. 以下 for 循环的循环控制变量 i 的取值范围是(   )。

```
for (int i=5;i>=0;i--)
```

A. 5 到 0   B. 0 到 5   C. 5 到 1   D. 1 到 5

17. 对于 for 循环 for(int i=1;i<=10;i+=2)，循环体执行的次数是(   )。

A. 4   B. 5   C. 6   D. 10

18. 以下代码段的输出结果是(   )。

```
int i=0;
do {
    if (i == 3)
        break;
    printf("%d ",i);
    i++;} while (i<5);
```

A. 0 1 2   B. 0 1 2 3

C. 1　2　3　4 　　　　　　　　　　　D. 无输出

19. 以下代码的输出结果是(　　)。

```
int a=1, b=2, c=3;
if (a>b) {
    if (b>c)
        c=4;
    else
        c=5;}
else {
    if (b<c)
        a=6;
    else
        a=7;}
printf("%d %d %d", a, b, c);
```

A. 1　2　3 　　　　　　　　　　　　B. 6　2　3

C. 7　2　3 　　　　　　　　　　　　D. 1　2　4

20. 以下代码的输出结果是(　　)。

```
int i;
for (i=1;i<=5;i++) {
    if (i%2==0)
        continue;
    if (i==5)
        break;
    printf("%d ", i);}
```

A. 1　3 　　　　　　　　　　　　　　B. 1　3　5

C. 1　2　3　4　5 　　　　　　　　　　D. 无输出

二、填空题

1. 表示"整数 x 的绝对值大于 5"时值为"真"的 C 语言表达式是_____。

2. if 语句的条件表达式的值为_____时表示条件成立。

3. switch 语句中，case 后面的常量表达式的值必须是_____类型。

4. 以下程序的输出结果是_____。

```
main()
{ int   a=0,i;
for(i=0;i<5;i++)
{   switch(i)
  { case 0:
    case 3:a+=1; break;
    case 1:
    case 2:a-=3;
```

```
            default:a+=4;
        }
    }
    printf("%d\n",a);
    }
```

5. 以下代码段中，break 语句的作用是_____。

```
for (int i=0;i<10;i++) {
    if (i==5)
        break; }
```

6. 以下程序运行后的输出结果是_____。

```
main()
{ int i=10, j=1;
do
{ j=j+i;
  i--;
while(i>5);
printf("%d\n",j);
}
```

7. 以下代码的输出结果是_____。

```
int a=2, b=3;
if (a>b) {
    printf("A");}
else if (a<b) {
        if (b>4)
          printf("B");
        else
          printf("C");}
    else {
        printf("D");}
```

8. 若输入字符串：abcde<回车>，则以下 while 循环执行_____次。

```
while((ch=getchar())=='e')
    printf("*");
```

三、读程序题

1. 分析以下代码，若输入 12 34，输出结果是(　　　)。

```
#include <stdio.h>int main() {
    int a, b;
    scanf("%d %d", &a,&b);
    printf("%d+%d=%d\n", a,b,a+b);
    return 0;}
```

2. 分析以下代码的输出结果。

```c
#include <stdio.h>int main() {
    int x=20;
    if (x>10) {
        if (x<30)
            printf("Good");
        else
            printf("Bad");
    } else {
        printf("So - so");
    }
    return 0;}
```

3. 分析以下代码的输出结果。

```c
#include <stdio.h>
int main() {
    int outer=2;
    int inner=1;
    switch (outer) {
        case 1:
            printf("Outer case 1\n");
            switch (inner) {
                case 1:
                    printf("Inner case 1\n");
                    break;
                case 2:
                    printf("Inner case 2\n");
                    break;
            }
            break;
        case 2:
            printf("Outer case 2\n");
            switch (inner) {
                case 1:
                    printf("Inner case 1\n");
                    break;
                case 2:
                    printf("Inner case 2\n");
                    break;
            }
```

```
                break;
            default:
                printf("Outer default case\n");
        }
        return 0;
    }
```

4. 分析以下代码的输出结果。

```
#include <stdio.h>
int main() {
    int i;
    for (i=1;i<=5;i++) {
        if (i%2==0)
            continue;
        printf("%d",i);
    }
    return 0;}
```

5. 分析以下代码的输出结果。

```
#include <stdio.h>int main() {
    int i=0;
    do {
        if (i==3)
            break;
        printf("%d",i);
        i++;
    } while(i<5);
    return 0;}
```

四、编写程序题

1. 输入一个华氏温度，要求输出摄氏温度。华氏温度和摄氏温度的转换公式为：$C = 5/9*(F-32)$，输出结果要有文字说明，且保留 2 位小数。

2. 在一次社区志愿服务活动中，规定服务时长达到 20 小时及以上的志愿者为合格志愿者。输入一名志愿者的服务时长，判断该志愿者是否合格，如果合格，则输出"你是一名合格的志愿者，感谢你的付出！"。

3. 学校评选优秀学生干部，要求学生干部的平均成绩达到 80 分及以上，且组织活动次数达到 3 次及以上。输入一名学生干部的平均成绩和组织活动次数，判断该学生干部能否被评为优秀学生干部，并输出相应信息。若能评为优秀学生干部，输出"恭喜你，你被评为优秀学生干部，继续发挥榜样作用！"；若平均成绩不达标，输出"你的平均成绩未达到要求，需努力提高学习成绩。"；若组织活动次数不达标，输出"你组织活动的次数不足，要积极组织活动，为集体贡献力量。"。

4. 给定分段函数：

$$y = \begin{cases} x & (x < 1) \\ 2x - 1 & (1 \leqslant x < 10) \\ 3x - 11 & (x \geqslant 10) \end{cases}$$

编写程序，输入 x 值，输出 y 值。

5. 输入两个正整数 m 和 n，求其最大公约数和最小公倍数。

6. "鸡兔同笼"是中国古代著名的数学问题，该问题是中国古代数学中二元一次方程组的经典案例，最早记载于《孙子算经》(约公元 4—5 世纪)卷下第 31 题，原文如下：

今有雉兔同笼，上有三十五头，下有九十四足。问雉、兔各几何？

编写程序，已知鸡和兔的总头数为 h，总脚数为 f。问笼中鸡和兔各有多少只？

7. 某地区开展植树造林项目，初始有一定数量的树木，每年会新种植一定数量的树木，同时由于自然因素，每年会有一定比例的树木死亡。编写程序，模拟该项目在若干年后的树木数量变化情况。输入初始树木数量、每年新种植树木数量、树木年死亡率(百分比)和模拟年数，输出每年末的树木数量，并在最后输出项目结束时相对于初始状态树木数量的增长比例。

8. 完数(又称完美数或完备数)是特殊的自然数，其所有的真因子(即除了自身以外的约数)之和恰好等于它本身。例如，6 是一个完数，因为 6 的真因子为 1、2、3，且 1 + 2 + 3 = 6。

编写 C 语言程序，找出指定范围内(50 到 1000)的所有完数，并输出每个完数的详细信息，包括该完数本身以及它的所有真因子。

9. 输出以下图案：

```
      *
     * * *
    * * * * *
   * * * * * * *
    * * * * *
     * * *
      *
```

10. 打印出以下图形：

```
                    1
                  1 2 1
                1 2 3 2 1
              1 2 3 4 3 2 1
            1 2 3 4 5 4 3 2 1
          1 2 3 4 5 6 5 4 3 2 1
        1 2 3 4 5 6 7 6 5 4 3 2 1
      1 2 3 4 5 6 7 8 7 6 5 4 3 2 1
    1 2 3 4 5 6 7 8 9 8 7 6 5 4 3 2 1
```

<CODE> 第 4 章　数组与指针

学习目标

1. 知识目标

(1) 掌握一维数组、二维数组的定义、初始化及引用方法。

(2) 掌握字符数组和字符串函数的使用方法。

(3) 掌握指针变量的定义、引用和运算。

(4) 掌握指针与数组的关系。

2. 能力目标

(1) 掌握基于数组的常用数据处理方法，能用数组编写实用小程序。

(2) 能够使用字符指针进行字符串的遍历、比较、拼接等操作。

(3) 能够运用指针操作数组和字符串。

3. 素质目标

(1) 具备将具体问题转换为适合计算机存储的数据的能力，并能综合运用所学知识分析解决问题。

(2) 培养归纳推理能力、创新思维和精益求精的工匠精神。

本章主要介绍数组的概念，学习一维数组、二维数组的定义、初始化和引用，以及字符数组和字符串常用处理函数的使用方法，讲解数组和指针的关系及使用方法。

▶4.1　一维数组

数组中的数据值称为数组元素，这些数组元素在内存中按顺序连续存储，就像一个放满了相同类型物品的有序货架，每个位置都有编号，方便查找和取用。数组中的每一个元素具有同一个名称、不同索引下标。存取数组元素时，通过数组的下标指示要存取的数据。根据维数的不同，数组可分为一维数组、二维数组和多维数组。数组的维数取决于数据元素的下标个数，即一维数组的每个元素只有 1 个下标，二维数组的每个元素有 2 个下标，三维数组的每个元素有 3 个下标，依次类推。

4.1.1　一维数组的定义

在 C 语言中，变量必须先定义后使用。数组也是如此，使用数组时必须先定义后引用。
定义一维数组的一般格式如下：

　　　数据类型　数组名[数组长度];

(1) 数据类型：数组中所有元素所属类型，既可以是 int、float、char 等基本类型，也可以是结构体类型、共用体类型等构造类型。

(2) 数组名：由用户定义的数组标识符，命名规则与变量名相同。

(3) 数组长度：数组中元素的个数，是整数常量、符号常量或常量表达式，不能包含变量，其值必须是正整数，且必须用方括号括起来，不能使用圆括号或其他括号。例如：

　　　int a[5];

该数组中的元素是 int 类型的，数组名称为 a，数组长度为 5，分别用 a[0]，a[1]，a[2]，a[3]，a[4]表示这 5 个元素，它们占用连续的存储单元。假设每个 int 类型变量占 4 个字节，该数组从地址为 A000 的内存空间开始存放，则其存储结构示意图如图 4.1 所示。

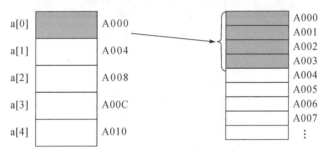

图 4.1　数组存储结构示意图

数组名表示数组第一个元素 a[0]的地址，也就是整个数组的首地址，它是一个地址常量。实际编程时，通常会定义常量来表示数组大小。例如：

　　　#define N 50

　　　int a[N];

例 4-1　已知 5 名学生的 C 语言上机成绩分别为 85、56、74、82、93。现定义一维数组来存储这 5 名学生的成绩，并将其输出。

```
#include <stdio.h>
int main()
{
    int scores[5];      //定义大小为 5 的数组
    int i;
    scores[0] = 85;
    scores[1] = 56;
    scores[2] = 74;
```

```
        scores[3] = 82;
        scores[4] = 93;
        //输出数组元素，即每个学生的成绩
        printf("5 名学生的 C 语言上机成绩分别为：\n");
        for (i = 0; i < 5; i++)
        {
            printf("第 %d 名学生的成绩：%d\n", i + 1, scores[i]);
        }
        return 0;
    }
```

程序运行结果如图 4.2 所示。

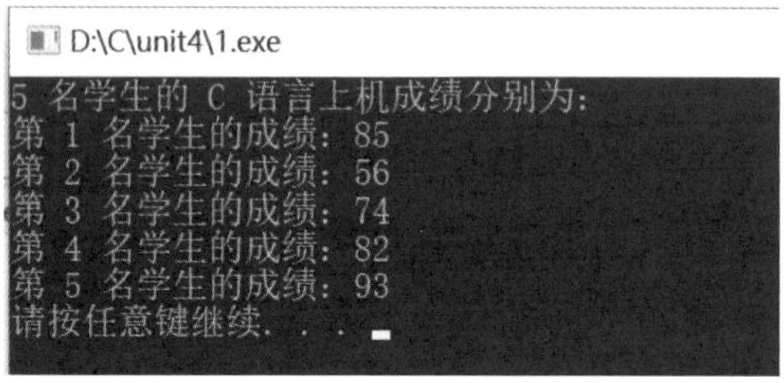

图 4.2　例 4-1 运行结果

程序分析：

(1) 一个数组名在程序中只能声明一次，不能重复声明。数组名后面的方括号中内容不能为空，必须是整型常量表达式。如 int scores[]; 这样的声明就是非法的。

(2) 用方括号[]将常量表达式括起，不能使用圆括号。如 int scores(5);就是非法的写法。

(3) 数组在存储器中占据一片连续的存储单元，一维数组占用的总字节数等于 sizeof(数据类型)乘以数组长度。程序中的 int scores[5]占用的字节数为 sizeof(int)*5。数组中的元素通过数组名和下标来区分，下标从 0 开始，如 scores[0]，scores[1]，…，scores[4]。

(4) 单独使用数组名不能表示数组的某一个元素或所有元素。C 语言规定，数组名等价于数组的首地址，也就是数组中第一个元素的地址。即 scores 与&scores[0]等价。

(5) 数组一旦定义，在程序执行期间其位置和大小不能再发生变化。

4.1.2　一维数组的初始化

数组的初始化是指在定义数组时为数组元素赋初值。初始化既可以在定义数组时完成，也可以在定义后逐个赋值。

一维数组初始化的一般格式如下：

　　数据类型 数组名[数组长度] = {常量表达式，常量表达式，…}；

大括号中的各常量表达式即为各元素的初值，用逗号间隔。

1. 常见的初始化方式

(1) 全部元素的初始化。

例如 int a[5] = {1, 2, 3, 4, 5};，这种方式下，数组的每一个元素都被明确赋予了初始值，从 a[0]到 a[4]分别对应 1、2、3、4、5，元素的顺序和初始值一一对应，如图 4.3 所示。

a[0]	a[1]	a[2]	a[3]	a[4]
1	2	3	4	5

图 4.3 数组全部元素初始化

注意：要将全部数组元素初始化为 0 时，可以写成：int a[5]= {0, 0, 0, 0, 0}；或 int a[5]= {0}；。

(2) 部分元素的初始化。

例如 int a[5] = {1, 2};，此时数组仅前两个元素被初始化为 1 和 2，而剩余的三个元素，即 a[2]、a[3]、a[4]，系统会自动将它们初始化为 0，如图 4.4 所示。这种方式适用于数组中部分元素有特定初始值，其余元素可默认初始化为 0 的情况。

a[0]	a[1]	a[2]	a[3]	a[4]
1	2	0	0	0

图 4.4 数组部分元素初始化

注意：允许只给部分元素赋初值，但初值个数不可多于元素总个数，否则就会出现语法错误。

(3) 省略数组大小的初始化。

例如 int a[] = {1, 2, 3, 4, 5};，编译器会依据初始化列表中元素的实际数量，自动确定数组的大小。数组 a 的大小会被确定为 5，这种方式适用于预先知晓数组元素内容但不确定数组大小的情况。

注意：如果数组长度与初始数据个数不相等，在定义数组时就不能省略数组长度。

例 4-2 定义整型数组 arr1、arr2、arr3，用静态初始化的三种方法分别对数组进行初始化，并输出初始化后的结果。

```
#include <stdio.h>
int main()
{
    int i;
    int arr1[5] = {10, 20, 30, 40, 50};//全部元素的初始化
    printf("arr1 的元素为：");
    for (i = 0; i < 5; i++)
    {
        printf("%d ", arr1[i]);
    }
    printf("\n");
    int arr2[5] = {10, 20, 30};//部分元素的初始化
    printf("arr2 的元素为：");
    for (i = 0; i < 5; i++)
```

```
        {
            printf("%d ", arr2[i]);
        }
        printf("\n");
        int arr3[] = {1, 2, 3, 4, 5};//省略数组大小的初始化
        printf("arr3 的元素为：");
        for (i = 0; i < 5; i++)
        {
            printf("%d ", arr3[i]);
        }
        printf("\n");
        return 0;
    }
```

程序运行结果如图 4.5 所示。

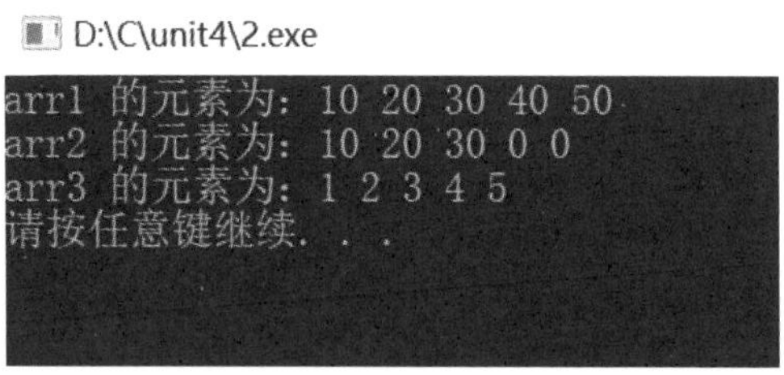

图 4.5　例 4-2 运行结果

程序分析：

分别定义三个数组：定义长度为 5 的整型数组 arr1，并为其所有元素赋初值；定义长度为 5 的整型数组 arr2，但只为其前 3 个元素赋初值；定义整型数组 arr3，但不指定数组长度。通过循环遍历数组 arr1、arr2、arr3，并输出每个元素的值。

2．一维数组初始化注意事项

(1) 初始化中的常量表达式不能为空。

```
int   a[5] = {};                //错误：初始值为空
```

(2) 初始值个数不能超过数组长度。

```
int arr[3] = {10, 20, 30, 40};     //错误：初始值个数超过数组长度
```

(3) 数组的初始值只能是常量，不能是变量。

```
int b = 2;
a[1] = b;                       //错误：数组初始值是变量
```

(4) 只能给元素逐个赋值，不能给数组整体赋值。

例如：给 8 个元素全部赋 20 值。

```
int a[8]={20, 20, 20, 20, 20, 20, 20, 20};    //正确：给每个元素依次赋值
int a[8]=20;                    //错误：不能给数组整体赋值
int a[8]={20*8};                //错误：不能给数组整体赋值
```

4.1.3　一维数组元素的引用

数组不能整体使用，只能通过引用数组的各个元素来实现对数组的运算。

数组元素引用的一般格式如下：

数组名[下标]

下标可以是整型常数、整型变量或整型表达式，其起始值为 0。如 a[2 + 1]表示数组 a 中的第 4 个元素，a[i + j]表示数组 a 中的第 i + j + 1 个元素(i 和 j 为整型变量)。数组下标的最大值为数组长度减 1，对于一个包含 n 个元素的一维数组，其有效下标范围是从 0 到 n − 1。在引用时应注意下标的值不能超过数组的范围。例如：

```
int arr[5] = {1, 2, 3, 4, 5};        //定义一个包含 5 个元素的整型数组
int element = arr[2];                //引用数组的第 3 个元素(下标为 2)，element=3
```

在引用数组元素时应注意以下几点：

(1) 由于数组元素与同一类型的简单变量具有相同的地位和作用，因此，对变量的任何操作都适用于数组元素。

(2) 在引用数组元素时，必须确保所使用的下标在有效范围内(即 0～n − 1)。如果使用的下标超出了这个范围，就会发生下标越界错误。这种错误在编译时通常不会被检测出来，但在运行时可能会导致程序崩溃或产生不可预期的结果。因此，必须注意数组边界的检查。例如：

```
int arr[3] = {1, 2, 3};
int invalidElement = arr[3];         //错误：下标越界
```

(3) 下标可以是整型常数或表达式，表达式内允许变量存在。例如：

```
int arr[5] = {1, 2, 3, 4, 5};
int index = 2;
int element1 = arr[index];           //使用变量作为下标引用数组元素，arr[2]
int element2 = arr[index + 1];       //使用表达式作为下标引用数组元素，arr[3]
int element3 = arr[2*index-3];       //arr[1]
```

(4) 在 C 语言中，一般需逐个地使用下标变量引用数组元素。通过循环语句，依次遍历出一维数组中的每个元素。

```
int a[] = {3, 4, 7, 9, 10,}, i;
for (i = 0; i<5; i ++)
{
        printf("%2d", a[i]);
}
```

例 4-3　录入 10 名学生的 C 语言课程成绩，计算成绩的最高分、最低分和平均分。

```
#include <stdio.h>
int main()
{
        int a[10];
```

```
int i,max,min,sum=0;
printf("请输入 10 名学生的成绩：\n");
for(i=0;i<10;i++)
{
    scanf("%d",&a[i]);
}
max=min=a[0];              //最高分、最低分初值为第 0 个元素
for(i=0;i<10;i++)
{
    if(a[i]>max)
        max=a[i];          //如果有比当前最高分还大的元素，就将其替代当前最高分
    if(a[i]<min)
        min=a[i];          //如果有比当前最低分还小的元素，就将其替代当前最低分
    sum+=a[i];             //累加各元素的值
}
printf("最高分=%d，最低分=%d，平均分=%d\n", max, min, sum/10);
return 0;
}
```

程序运行结果如图 4.6 所示。

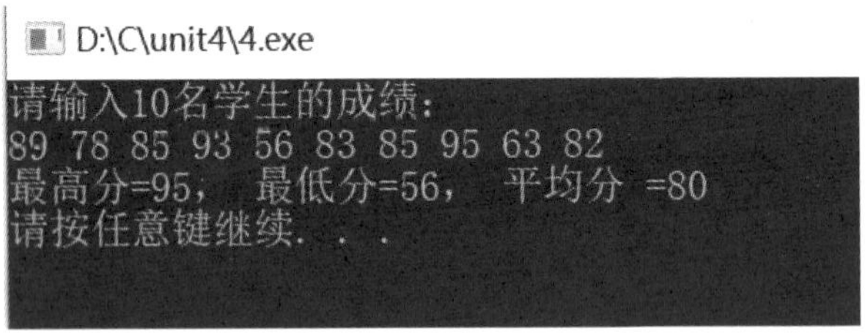

图 4.6　例 4-3 运行结果

程序分析：

使用一维数组存储学生成绩，数组元素为 a[0]到 a[9]。切记不能使用 for(i = 1; i< = 10; i + +)这种循环方式，因为这会引用到 a[10]，而这个元素是不存在的。在计算成绩时，将第一个学生成绩 a[0]赋值给 max 和 min 作为初始值，然后遍历数组，逐一比较找出最高分和最低分。将所有成绩相加后除以学生数量(即 sum/10)计算平均分。注意这里的取整方式。

任务 4-1　蓝桥杯竞赛成绩排序

任务要求

蓝桥杯全国软件和信息技术专业人才大赛是由工业和信息化部人才交流中心主办的全国性 IT 类学科赛事，旨在培养和选拔软件与信息技术领域的创新人才。大赛每年举办一届，参赛对象包括研究生、本科生和高职高专学生，设有软件赛、电子赛、视觉艺术设计赛等多个赛项，如 C/C++、Java、Python 程序设计，嵌入式、单片机设计、Web 应用开发、网络安全、软件测试等。

本任务要求编写一个程序，帮助老师统计学生参加蓝桥杯竞赛的成绩，并将成绩从大到小排序，具体要求如下：

(1) 假设班级有 20 名学生，从键盘输入这 20 名学生的成绩。

(2) 从大到小将成绩排序。

(3) 将排序后的成绩输出到控制台，每行 10 名学生成绩。

任务分析

本任务先通过循环+scanf 录入 20 名学生成绩到数组；然后借助 qsort(或手动排序算法)结合自定义比较函数，对成绩降序排序；最后遍历排序后的数组，每输出 10 个成绩换行，完成成绩统计，排序与规范输出。

源程序

```c
#include <stdio.h>
#include <stdlib.h>
int main()
{
    float score[20];
    int i,j;
    printf("请输入 20 名学生成绩：\n");
    for (i = 0; i < 20; i++)
        scanf("%f", &score[i]);          //输入学生成绩
    //使用冒泡排序对成绩从大到小排序
    for (i = 0; i < 20 - 1; i++)          //外层循环控制比较的轮数
    {
        for (j = 0; j < 20 - 1 - i; j++)     //内层循环控制比较的次数
        {
            //如果前面的元素小于后面的元素，就交换两个元素
            if (score[j] < score[j + 1])
            {
                float temp = score[j];
                score[j] = score[j + 1];
                score[j + 1] = temp;
            }
        }
    }
    printf("从大到小排序：\n");
    for (i = 0; i < 20; i++)
    {
        printf("%.2f   ", score[i]);
        if (i == 9)
            printf("\n");
```

```
    }
    return 0;
}
```

程序运行结果如图 4.7 所示。

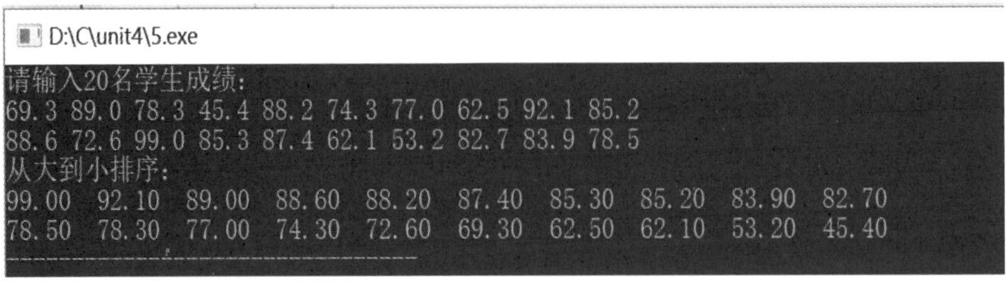

图 4.7　任务 4-1 运行结果

任务总结

常用的排序方法很多，包括冒泡法、比较法、选择法等。本任务采用冒泡排序，在冒泡排序的过程中，以升序排列为例，不断地比较数组中相邻的两个元素，较小的元素向上"浮"，较大的元素往下"沉"，这一过程与水中气泡上升的原理相似。冒泡排序的主要步骤如下：

(1) 从第 1 个元素开始，依次比较相邻的两个元素，如果前一个元素大于后一个元素，则交换它们的位置，直到最后两个元素完成比较。整个过程完成后，数组中最后一个元素即为最大值，至此第 1 轮比较结束。

(2) 除去最后一个元素，对剩余的元素继续进行两两比较，过程与第(1)步相似，这样可将数组中次大的元素置于倒数第 2 的位置。

(3) 以此类推，对剩余元素重复以上步骤。

假设有数组 int arr[5] = {80，55，71，68，47}，使用冒泡排序对该数组进行升序排序，过程如下：

第一轮：从第 1 个数据开始，比较相邻的两个数据，如果大数在前，则交换这两个数；然后比较第 2 个和第 3 个数据，当第 2 个数大于第 3 个数时，交换这两个数；重复这个过程，直到最后两个数比较完毕。经过这一轮比较，所有数中最大的数将被排在数据序列的最后。这个过程称为第一轮排序。第一轮排序的过程如图 4.8 所示。

第二轮：对从第 1 个数据开始到倒数第 2 个数据之间的所有数，进行新一轮的比较和交换。比较和交换后，数据序列中次大数被排在倒数第 2 的位置。排序过程如图 4.9 所示。

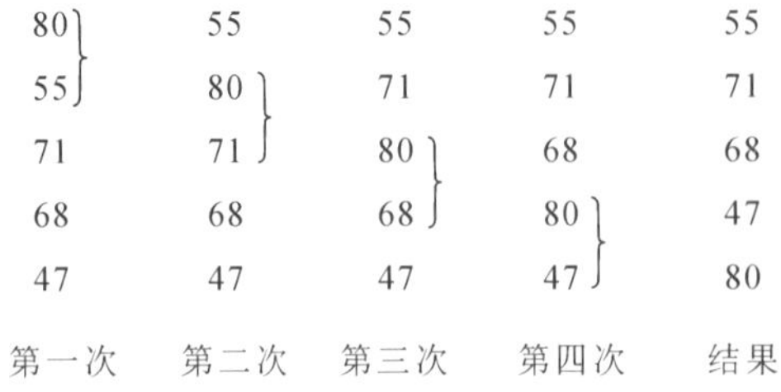

图 4.8　第一轮排序 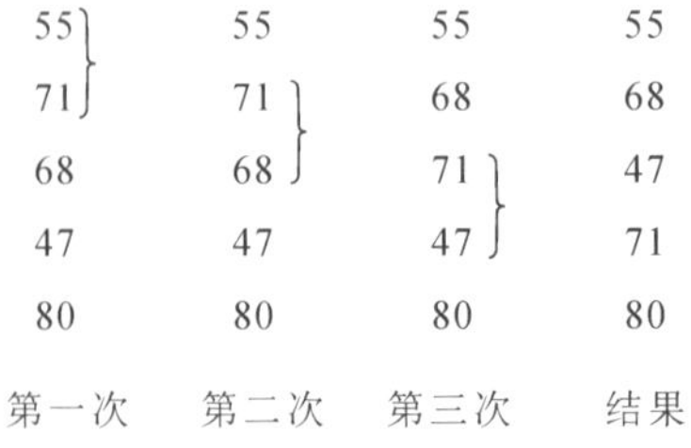　　　　　　　　　　　　　　图 4.9　第二轮排序

第三轮：对从第 1 个数到倒数第 3 个数之间的所有数进行比较和交换。排序过程如图

4.10 所示。

第四轮：对第 1 个数到倒数第 4 个数之间的所有数进行比较和交换。排序过程如图 4.11 所示。

```
55 ⎫      55        55            55 ⎫      47
68 ⎭      68 ⎫      47            47 ⎭      55
47        47 ⎭      68            68        68
71        71        71            71        71
80        80        80            80        80
第一次    第二次    结果          第一次    结果
```

图 4.10　第三轮排序　　　　　　图 4.11　第四轮排序

通过以上分析可知，如果有 N 个数需要排序，则必须经过 N - 1 轮才能完成排序。其中在第 M 轮比较过程中，包含 N - M 次两两数比较、交换过程。

任务 4-2　团队合作完成项目进度统计

任务要求

假设某团队由 5 名成员组成，每个成员负责项目的一部分工作。需统计每个成员的工作进度，计算团队的平均工作进度，并根据平均工作进度给予反馈，以激励团队成员加强合作并保持良好的工作状态。

任务分析

本任务需实现 5 人团队工作进度统计，先用数组存储进度，循环录入并累加总进度；然后通过类型转换计算平均进度；最后遍历输出成员工作进度与平均值，完成统计反馈。

源程序

```c
#include <stdio.h>
#define TEAM_SIZE 5
int main()
{
    int progress[TEAM_SIZE];
    int i,total_progress = 0;
    for (i = 0; i < TEAM_SIZE; i++) //输入每个成员的工作进度
    {
        printf("请输入第%d 个团队成员的工作进度(0 - 100): ", i + 1);
        scanf("%d", &progress[i]);
        total_progress += progress[i];
    }
    float average_progress = (float)total_progress/TEAM_SIZE;//计算平均进度
    printf("\n 团队成员工作进度统计：\n");
    for (i = 0; i < TEAM_SIZE; i++) //输出结果
    {
        printf("第%d 个成员的工作进度: %d%%\n", i + 1, progress[i]);
```

```
    }
    printf("团队平均工作进度: %.2f%%\n", average_progress);
    if (average_progress >= 80)
    {
        printf("团队成员们齐心协力，工作进度良好，继续保持团队合作精神，一定能出色完成项目！
            \n");
    }
    else
    {
        printf("目前团队进度还有提升空间，大家要加强沟通与协作，共同努力赶上进度！\n");
    }
    return 0;
}
```

程序运行结果如图 4.12 所示。

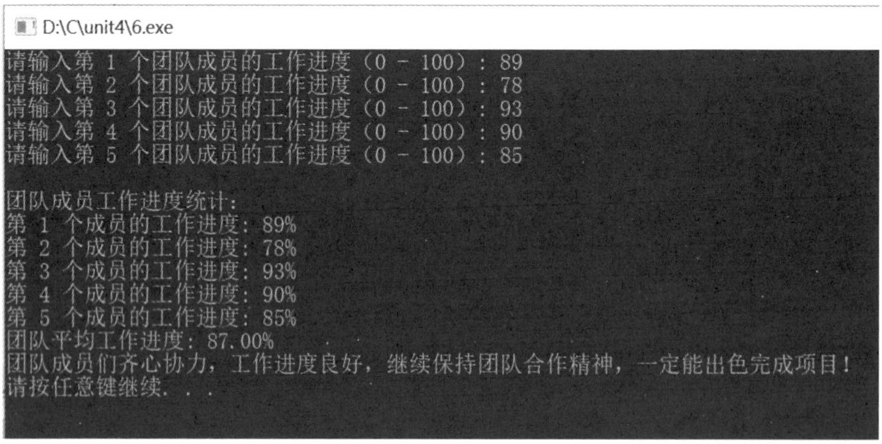

图 4.12   任务 4-2 运行结果

任务总结

使用一维数组 progress 来存储每个团队成员的工作进度。在输入阶段，使用 for 循环逐个获取每个团队成员的工作进度，在输入过程中将每个成员的工作进度累加到 total_progress 变量中，为后续计算平均工作进度做准备。输入完成后，通过将 total_progress 除以团队成员数量 TEAM_SIZE，得到团队的平均工作进度 average_progress。这里需要注意，要将 total_progress 强制转换为 float 类型，以确保计算结果为浮点数。在输出阶段，再次使用 for 循环遍历数组 progress，输出每个成员的工作进度，并根据平均工作进度的值给出相应的反馈信息，激励团队成员。

▶4.2   二维数组

一维数组只能以线性方式存储数据，适合表示单一序列的数据，如一组学生某门课程的成绩、一组连续的测量值等。但在实际问题中，很多数据具有二维结构。例如，要记录一个班级 50 名学生的语文、数学、英语三门课程的成绩，若使用一维数组，需定义三个数组分别存储不同课程的成绩，管理和操作起来较为繁琐。C 语言提供的二维数组就能很好地解决此类问题。二维数组可看作是一种特殊的一维数组，它的每个元素又是一个一维数组，就像一个表格，有行和列，能更清晰、高效地组织和存储具有二维结构的数据。在上述成绩记录问题中，可以将学生看作行，课程看作列，使用二维数组就能方便地存储和处理每个学生每门课程的成绩，利用嵌套循环语句来操作二维数组元素，从而更便捷地完成数据的使用和处理。

4.2.1　二维数组的定义

二维数组是由具有两个下标的数组元素组成的。

二维数组的一般格式如下：

　　　　数据类型　数组名[常量表达式 1][常量表达式 2];

其中，"数据类型"表示二维数组中每个数组元素的数据类型；"常量表达式 1"表示二维数组的行数；"常量表达式 2"表示二维数组的列数。系统将为数组分配"常量表达式 1 × 常量表达式 2"个存储单元。例如：int a [3][4]; 该数组含 3 行 4 列，可以把这个二维数组看作是由 3 个一维数组组成，每个一维数组包含 4 个元素，共有 12 个存储单元的矩阵，其逻辑存储结构如图 4.13(a)所示。数组的每个元素由行下标和列下标共同决定，如果数组有 m 行 n 列，则行下标的范围是 0~m - 1，列下标的范围是 0~n - 1。由于内存地址是连续的线性空间，因此二维数组(多维数组)实际上在内存中是按行优先的顺序存储的，即先存储第 1 行的元素，再存储第 2 行的元素，以此类推，最后存储第 m 行。对二维数组 a [3][4] 而言，其物理结构如图 4.13(b)所示。

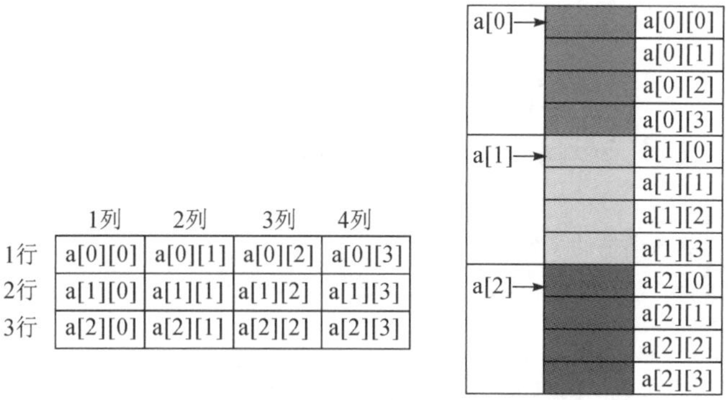

(a)　二维数组的逻辑结构　　　　(b)　二维数组的物理结构

图 4.13　二维数组的逻辑结构与物理结构

一个 m 行 n 列的二维数组，可以看成由 m 个大小为 n 的一维数组构成。以 int a[3][4]; 为例，该二维数组可看成由 a[0]、a[1] 和 a[2] 这 3 个一维数组组成。a[0]、a[1] 和 a[2] 是这 3 个一维数组的数组名，每个一维数组都含有 4 个元素。数组名 a 表示数组第一个元素 a[0] 的地址，也就是数组的首地址。a[0] 也表示地址，表示第 0 行的首地址，即 a[0][0] 的地址；a[1] 表示第 1 行的首地址，即 a[1][0] 的地址；a[2] 表示第 2 行的首地址，即 a[2][0] 的地址。

图 4.13(b)中，左边的 a[0]、a[1]与 a[2]通过箭头指向对应的存储单元，这些箭头表示相应存储单元的地址。因此可以得到以下关系：

    a=a[0]=&a[0][0];

    a[1]=&a[1][0];

    a[2]=&a[2][0];

二维数组占用的总字节数计算方式：

$$行数 × 列数 × 类型字节数 = 总字节数$$

例 4-4 定义一个二维数组，用于存储某班级 5 名学生的语文、数学、英语成绩，并统计每个学生的总成绩以及平均分。

```c
#include <stdio.h>
#define STUDENT_COUNT 5
#define COURSE_COUNT 3
int main()
{
    float scores[STUDENT_COUNT][COURSE_COUNT];
    float total_scores[STUDENT_COUNT] = {0};
    float average_scores[STUDENT_COUNT] = {0};
    int i,j;
    //输入每个学生的成绩
    for (i = 0; i < STUDENT_COUNT; i++)
    {
        printf("请输入第%d 个学生的语文、数学、英语成绩：\n", i + 1);
        for (j = 0; j < COURSE_COUNT; j++)
        {
            scanf("%f", &scores[i][j]);
            total_scores[i] += scores[i][j]; //累加每门课程成绩为学生的总成绩
        }
        //计算该学生的平均分
        average_scores[i] = total_scores[i] / COURSE_COUNT;
    }
    printf("\n 每个学生的总成绩和平均分如下：\n");
    for (i = 0; i < STUDENT_COUNT; i++)
    {
        printf("第%d 个学生：总成绩%.2f，平均分%.2f\n", i + 1, total_scores[i], average_scores[i]);
    }
    return 0;
}
```

程序运行结果如图 4.14 所示。

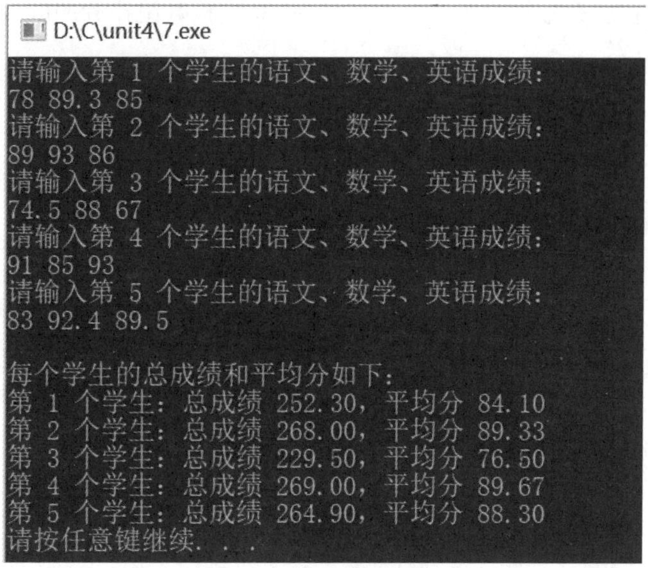

图 4.14　例 4-4 运行结果

程序分析：

程序定义了二维数组 float scores[STUDENT_COUNT][COURSE_COUNT]，其中，第一维借助宏定义#define STUDENT_COUNT 5，定义了 5 名学生；第二维通过宏定义#define COURSE_COUNT 3，定义了语文、数学、英语 3 门课程。程序针对二维数组的每一行，对该行的三个元素(即学生的三门课程成绩)进行求和，将每个学生的总成绩存储在 total_scores[STUDENT_COUNT]数组中，每个学生的平均分存储于 average_scores[STUDENT_COUNT]数组中。通过嵌套循环输出每个同学的总成绩和平均分，外层循环控制行，内存循环控制列。

4.2.2　二维数组的初始化

二维数组的初始化是指在定义数组时为其元素赋初值。初始化既可以在定义数组时完成，也可以在定义后逐个赋值。

二维数组初始化的一般格式如下：

　　数据类型　数组名[行数][列数] = { {常量表达式，…}，{常量表达式，…}，…}；

大括号中的常量表达式即为各元素的初始值，不同行的元素用逗号分隔，同一行的元素也用逗号分隔。

常见的初始化方式有以下几种：

1. 按行完全初给化

　　int a[3][4]={{1,3,5,7},{2,4,6,8},{9,10,11,12}};

这种初始化方法比较直观，第一个花括号内的数据赋给第一行的元素，第二个花括号内的数据赋给第二行的元素。

2. 连续完全初始化

　　int a[3][4]={1,3,5,7,2,4,6,8,9,10,11,12};

这种方法可以将所有数据写在一个花括号内,系统按数组排列的顺序给各元素赋初值。

3. 部分初始化

int a[3]4]={{1},{2},{9}};

上述语句只对各行第一列元素赋值,赋值后该数组各元素值如图 4.15 所示。

a[0][0]=1	a[0][1]=0	a[0][2]=0	a[0][3]=0
a[1][0]=2	a[1][1]=0	a[1][2]=0	a[1][3]=0
a[2][0]=9	a[2][1]=0	a[2][2]=0	a[2][3]=0

图 4.15   对二维数组 a 各行第一列元素赋值

int a[3]4]={{1}, {2,4}, {9,10,11}};

上述语句对二维数组各行中的部分元素赋初值,赋值后该数组各元素值如图 4.16 所示。

a[0][0]=1	a[0][1]=0	a[0][2]=0	a[0][3]=0
a[1][0]=2	a[1][1]=4	a[1][2]=0	a[1][3]=0
a[2][0]=9	a[2][1]=10	a[2][2]=11	a[2][3]=0

图 4.16   对二维数组 a 各行中的部分元素赋值

int a[3]4]={{1,3},{2}};

上述语句只对二维数组某些行的某些元素赋初值,赋值后该数组各元素值如图 4.17 所示。

a[0][0]=1	a[0][1]=3	a[0][2]=0	a[0][3]=0
a[1][0]=2	a[1][1]=0	a[1][2]=0	a[1][3]=0
a[2][0]=0	a[2][1]=0	a[2][2]=0	a[2][3]=0

图 4.17   对二维数组 a 某些行的某些元素赋值

4. 省略行数

对数组中的全体元素都赋值时,二维数组的定义中可以省略行数,编译器会根据初始化列表的项数自动确定行数,即第一维的长度可以省略。示例如下:

int a[ ][3]={1, 3, 5, 2, 4, 6, 9, 10, 11};

int b[ ][3]={{1, 2, 3}, {4, 5, 6}};

int c[ ][4]={1, 3, 5, 7, 2, 4, 6, 8, 9, 10, 11, 12};

行数省略时,系统会自动根据初值的个数和列数来确定行数。如前面定义的二维数组 a[ ][3],赋值后各元素为

1   3   5

3   4   6

9   10   11

二维数组 c[ ][4],赋值后各元素为

```
1    3    5    7
2    4    6    8
9    10   11   12
```

注意：二维数组的列数不能省略，不能写成 int a[3][] = {1, 3, 5, 7, 2, 4, 6, 8, 9, 10};。

4.2.3　二维数组元素的引用

在 C 语言中，二维数组可以看作是一个表格，有行和列。引用二维数组元素时，需要指定两个下标，一个表示行，另一个表示列。其一般格式如下：

数组名[行下标][列下标]

其中，行下标和列下标都从 0 开始计数。与一维数组相同，行列下标可以是常量、变量或表达式，但要确保其值在有效的范围内。例如：

```
int a[2][4];
a[0][1]=1;
for (j=0; j<4; j++)        a[0][j]=j;
```

使用上述形式可以对二维数组 a 进行合法访问，但使用 printf("%d", a[2][4]); 将产生数组越界访问错误。

引用二维数组元素的注意事项：

(1) 行下标和列下标必须在合法范围内，即取值范围从 0 到数组行数减 1 和列数减 1。下标越界会导致未定义行为，可能破坏其他数据或使程序崩溃。

(2) 引用二维数组元素进行赋值或取值时，要确保数据类型匹配。例如，如果数组是 int 类型，就不能将一个 double 类型的值直接赋给数组元素，必要时需进行类型转换。

(3) 不能整体使用数组，只能逐个引用数组元素。

在实际编程中，通常使用双重循环结构来实现对整个二维数组的访问。例如：

二维数组 a[3][4]的输入：

```
for (i=0; i<3; i++)
{
    for (j=0; j<4; j++)
        scanf("%d", &a[i][j] );
}
```

二维数组 a[3][4]的输出：

```
for (i=0; i<3; i++)
{
    for (j=0; j<4; j++)
        printf("%5d", a[i][j]);
    printf("\n");
}
```

例 4-5　找出给定的二维数组 a{{8, 3, 15}, {4, 11, 6}}中的最大元素，并输出该元素所在位置的行号和列号。

```c
#include <stdio.h>
#define ROWS 2
#define COLS 3
int main()
{
    int a[ROWS][COLS] = {{8, 3, 15}, {4, 11, 6}};        //定义并初始化二维数组
    int max = a[0][0];              //初始化最大值为数组的第一个元素
    int max_row = 0;                //初始化最大值所在的行号
    int max_col = 0;                //初始化最大值所在的列号
    int i,j;
    for (i = 0; i < ROWS; i++)
    {
        for (j = 0; j < COLS; j++)
        {
            if (a[i][j] > max)      //如果当前元素大于最大值
            {
                max = a[i][j];      //更新最大值
                max_row = i;        //更新最大值所在的行号
                max_col = j;        //更新最大值所在的列号
            }
        }
    }
    //输出最大元素及其所在位置(行号和列号从 1 开始计数)
    printf("最大的元素是%d, 位于第%d 行，第%d 列。\n", max, max_row + 1, max_col + 1);
    return 0;
}
```

程序运行结果如图 4.18 所示。

图 4.18　例 4-5 运行结果

程序分析：

要找出给定二维数组 a 中最大的元素及其所在位置的行号和列号，核心思路是对二维数组进行遍历，在遍历过程中不断比较每个元素与当前记录的最大值。若当前元素更大，则更新最大值以及其所在的行号和列号，最后输出结果。针对题目要求，需要定义一个 2 行 3 列的二维数组 a，并初始化为{{8, 3, 15}, {4, 11, 6}}。将变量 max 初始化为数组的第一个元素 a[0][0]，作为后续比较的初始最大值参照；同时初始化 max_row 和 max_col 为 0，

用于记录最大值所在的行号和列号。通过嵌套的 for 循环来遍历二维数组。在内层循环中，将当前元素 a[i][j] 与 max 进行比较。如果 a[i][j] 大于 max，说明找到更大的元素，此时更新 max 为 a[i][j]，并将 max_row 更新为当前行号 i，max_col 更新为当前列号 j。遍历结束后，max 存储的就是数组中的最大值，max_row 和 max_col 存储的是该最大值所在的行号和列号。为了符合人们日常从 1 开始计数的习惯，在输出行号和列号时将 max_row 和 max_col 加 1。

注意：max 必须初始化为数组中的一个元素，通常选择第一个元素 a[0][0]。如果不进行初始化，max 的初始值不确定，可能会导致比较结果出错。在遍历二维数组时，要确保行号和列号在合法范围内。对于一个 m 行 n 列的二维数组，行号范围是从 0 到 m − 1，列号范围是从 0 到 n − 1。超出这个范围会导致未定义行为，可能破坏其他数据或使程序崩溃。

例 4-6　求矩阵 $a = \begin{bmatrix} 1 & 2 & 3 \\ 4 & 5 & 6 \end{bmatrix}$ 的转置矩阵。

```c
#include <stdio.h>
int main( )
{
    int a[2][3]={1, 2, 3, 4, 5, 6};
    int b[3][2], i, j;
    printf("输出转置前的数组 a:\n");
    for(i=0; i<2 ; i++ )
    {
        for(j=0 ; j<3 ; j++ )
        {
            printf(" %5d", a[i][j] );
            b[j][i] = a[i][j];    //行列互换
        }
        printf(" \n");
    }
    printf("输出转置后的数组 b:\n");
    for(i= 0 ; i<3 ; i++ )
    {
        for(j= 0 ; j<2 ; j++)
            printf(" %5d", b[i][j]);
        printf(" \n");
    }
    return 0;
}
```

程序运行结果如图 4.19 所示。

图 4.19　例 4-6 运行结果

程序分析：

将二维数组 a 的行和列元素互换后，存至另一个二维数组 b 中。a 的第 i 行第 j 列元素等于 b 的第 j 行第 i 列元素。

```
for ( i= 0; i<2; i++)
    for ( j = 0; j<3; j++)
        b[j][i] = a[i][j];
```

找到对应关系 a[i][j] == b[j][i];，编码时将数组 a 元素赋给数组 b b[j][i] = a[i][j]。

二维数组是一种被广泛应用的数据结构。在熟练掌握二维数组的使用后，读者可以尝试利用二维数组解决一些复杂且有趣的问题，比如"杨辉三角""魔方""老鼠走迷宫""八皇后"问题等。

任务 4-3　杨 辉 三 角

任务要求

杨辉三角是数学领域中极具代表性的数字排列形式，具有悠久的历史。它最早由北宋时期的数学家贾宪提出。贾宪在数学研究中，为了求解高次方程的数值解，创造性地构造了这种数字排列，当时他称之为"开方作法本源图"。到了南宋时期，数学家杨辉对这一图形进行了详细记载和深入研究。他在著作《详解九章算法》中不仅记录了这个图形，还对其性质和应用做了进一步的探讨和推广，使得这一数字排列形式被更多人所了解和运用，后世为了纪念他的贡献，便将其命名为"杨辉三角"。杨辉三角的发现是我国数学史上光辉的一页，它比法国数学家布莱士·帕斯卡发现的"帕斯卡三角"(即杨辉三角)早600 多年。杨辉三角是不同时期数学家智慧的结晶，它不仅体现了数学知识的传承与发展，也反映了古代数学家在探索数学奥秘过程中的执着与创新精神，对后世数学的发展产生了深远影响。

杨辉三角在组合数学、概率论、代数等诸多领域有着广泛且关键的应用，比如用于二项式展开系数的计算，在概率论中计算事件的组合概率等。本任务要求使用 C 语言实现杨辉三角的打印功能。具体来说，要能够根据用户输入的行数，准确无误地输出对应的杨辉三角。这有助于深入理解杨辉三角的数学特性，锻炼编程实践能力，将抽象的数学概念转化为实际可运行的程序，为解决更多复杂的数学计算和算法问题奠定基础。

本任务要求编程实现杨辉三角。

任务分析

杨辉三角是由数字排列成的三角形数表，一般形式如图 4.20 所示。

```
1
1    1
1    2    1
1    3    3    1
1    4    6    4    1
1    5    10   10   5    1
1    6    15   20   15   6    1
1    7    21   35   35   21   7    1
```

图 4.20 杨辉三角的前 8 行

观察上图，可以发现杨辉三角规律如下：

(1) 第 n 行的数字有 n 项。

(2) 每行的端点数为 1，最后一个数也为 1。

(3) 每个数等于它左上方和上方的两数之和。

(4) 每行数字左右对称，由 1 开始逐渐变大。

根据上述规律，我们可以使用二维数组来存储杨辉三角的数值。初始化第一行的数字为 1，通过外层循环控制行数，内层循环控制每行的数字个数。在计算中间数字时，利用上一行的数字进行相加得到。

源程序

```c
#include <stdio.h>
int main()
{
    int rows, i, j;
    printf("请输入杨辉三角的行数: ");
    scanf("%d", &rows);
    int triangle[rows][rows];
    for (i = 0; i < rows; i++)    //初始化杨辉三角
    {
        for (j = 0; j <= i; j++)
        {
            if (j == 0 || j == i)
            {
                triangle[i][j] = 1;   //每行第 1 个和最后一个数为 1
            }
            else
            {
                triangle[i][j] = triangle[i - 1][j - 1] + triangle[i - 1][j];
            }
        }
    }
```

```
        }
    }
    for (i = 0; i < rows; i++)
    {
        for (j = 0; j <= i; j++)
        {
            printf("%6d", triangle[i][j]);
        }
        printf("\n");   //换行
    }
    return 0;
}
```

程序运行结果如图 4.21 所示。

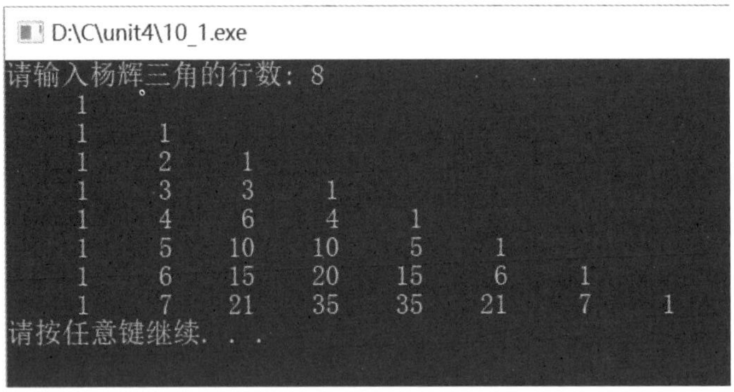

图 4.21   任务 4-3 运行结果

任务总结

通过本次任务，成功实现了杨辉三角的打印功能。在实现过程中，需深入理解杨辉三角的数学规律，并通过编程将其转化为代码逻辑。使用二维数组存储杨辉三角数值，利用循环结构进行初始化和打印操作。在实际应用中，这种算法思路可以应用于组合数学、概率计算等领域。在代码编写过程中，需要注意数组下标越界问题，以及循环控制条件的准确性，以保障程序的正确性和稳定性。

如果要以等腰三角形的形式输出杨辉三角，可以添加一个 for 循环进行输出格式控制。修改后打印杨辉三角的 for 循环如下：

```
int k;
for (i = 0; i < rows; i++)
{
    for (k = 0; k < rows - i; k++)
    {
        printf("   ");
    }
}
```

```
    for (j = 0; j <= i; j++)
    {
        printf("%6d", triangle[i][j]);
    }
    printf("\n");    //换行
}
```

以等腰三角形的形式输出杨辉三角的运行结果如图 4.22 所示。

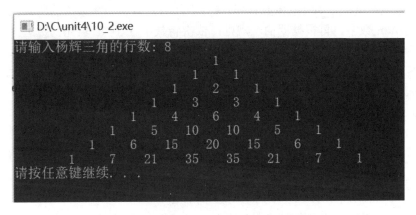

图 4.22　任务 4-3 等腰三角形形式输出的运行结果

任务 4-4　魔 方 矩 阵

任务要求

魔方矩阵，又称为"幻方"，是由 n 个不同整数构成的方阵(n 为方阵阶数)，该方阵的每一行、每一列以及两条对角线上的数字之和都相等，这个相等的和称作幻和。它拥有着极为悠久且丰富的历史，跨越不同的地域和文化，在数学发展历程中占据着独特的地位。相传在大禹治水时，洛水中浮现出一只神龟，龟背上有着奇妙的图案，这便是"洛书"。洛书实际上是一个三阶幻方，其数字排列为：上九下一，左三右七，二四为肩，六八为足，五居中央。用现代数字表示就是：

$$
\begin{array}{ccc}
4 & 9 & 2 \\
3 & 5 & 7 \\
8 & 1 & 6
\end{array}
$$

每行、每列以及两条对角线上的数字之和均为 15。这个神秘的图案被视为祥瑞之兆，蕴含着天地万物的奥秘，对古代中国的哲学、天文、历法等领域产生了深远影响。幻方不仅仅是一种数学游戏或神秘的符号，它在多个领域都有着重要的应用，在计算机科学中，幻方被用于设计算法、生成随机数和数据加密等方面。

本任务要求通过数组生成指定阶数的奇数阶魔方矩阵，并输出显示。用户需输入一个奇数作为魔方矩阵的阶数，程序依据此输入生成对应的魔方矩阵，且生成的矩阵要满足魔方矩阵的特性，即每行、每列和两条对角线上的元素之和相等(阶数为奇数)。

任务分析

对于奇数阶魔方矩阵，可以采用罗伯法(楼梯法)来生成，元素的排列规则如下：

(1) 将第一个元素 1 放在第一行最中间位置。

(2) 从第二个元素 2 直到最后一个元 n^2，按如下原则排列：每个数存放的行比前一个数的行数减 1，列数加 1。

(3) 如果上一个数的行数为 1，则下一个数的行数为 n。

(4) 如果上一个数的列数为 n，则下一个数的列数为 1。

(5) 如果按上述规则确定的位置上已有数，或上一个数在第 1 行 n 列，则把下一个数放在上一个数的正下方。

使用二维数组 magic_square[n][n]存储魔方矩阵的元素。先将数组的所有元素初始化为 0，表示尚未填充数字，再根据罗伯法规则，依次将数字 1 到 n^2 填充到数组中，最后遍历数组并将其输出到控制台。

源程序

```c
#include <stdio.h>
#define MAX_SIZE 20
int main()
{
    int n;
    int magic_square[MAX_SIZE][MAX_SIZE] = {0};
    printf("请输入奇数阶魔方矩阵的阶数 (1 - %d): ", MAX_SIZE);
    scanf("%d", &n);
    if (n % 2 == 0 || n <= 0 || n > MAX_SIZE)  //检查输入是否为奇数
    {
        printf("输入无效，请输入一个正奇数且不超过%d。\n", MAX_SIZE);
        return 1;
    }
    //初始化位置
    int row = 0;
    int col = n / 2;
    magic_square[row][col] = 1;
    int num, i, j;
    //填充魔方矩阵
    for (num = 2; num <= n * n; num++)
    {
        int next_row = (row - 1 + n) % n;
        int next_col = (col + 1) % n;
        if (magic_square[next_row][next_col] != 0)
        {
            row = (row + 1) % n;  //右上方已被占用，放置在正下方
        }
        else
```

```
        {
            row = next_row;    //放置在右上方
            col = next_col;
        }
        magic_square[row][col] = num;
    }
    printf("生成的%d 阶魔方矩阵:\n", n);
    for (i = 0; i < n; i++)
    {
        for (j = 0; j < n; j++)
        {
            printf("%4d", magic_square[i][j]);
        }
        printf("\n");
    }
    system("pause");
    return 0;
}
```

程序运行结果如图 4.23 所示。

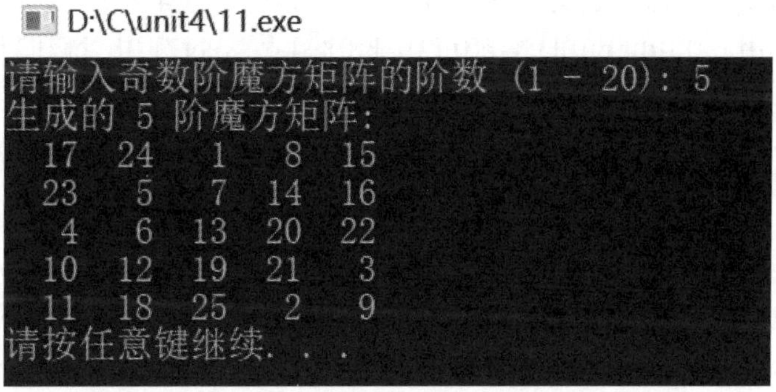

图 4.23 任务 4-4 运行结果

任务总结

通过本次任务，成功实现了用二维数组生成奇数阶魔方矩阵的功能。在实现过程中，充分利用罗伯法规则解决实际问题，灵活使用二维数组来存储和操作矩阵数据。同时，通过 if(n% 2 == 0 || n <= 0 || n > MAX_SIZE)来检查判断用户输入的奇数阶数的合法性，提升了程序的健壮性。在填充魔方矩阵的代码中，通过取模运算 next_row = (row - 1 + n)% n;next_col = (col + 1)%n; 来处理矩阵边界，避免了复杂的条件判断。此任务实现过程也体现了算法设计的重要性。一个好的算法可以简化问题解决流程，提高程序效率和可读性。后续大家可以进一步扩展这个程序，比如支持生成偶数阶魔方矩阵，或者添加验证矩阵是否为魔方矩阵的功能。

▷4.3 字符数组

在实际编程里，经常需要处理人名、地址、文件内容等文本信息，这些文本信息可以用字符串的形式存储，但字符数组为存储和操作字符串提供了基础。同其他类型的数组一样，字符数组既可以是一维的，也可以是多维的。字符数组中的各数组元素依次存放字符串的各字符，字符数组的数组名代表该字符串的首地址，这为处理字符串中的个别字符和引用整个字符串带来极大方便。

4.3.1 字符数组的定义

存放字符数据的数组称为字符数组，比较常用的是一维字符数组和二维字符数组。在字符数组中，每个数组元素只能存放一个字符。

定义一维字符数组的格式如下：

    char 数组名[常量表达式];

例如：char a[5]; 语句定义了一维数组 a，它是具有 5 个元素的字符数组，可以用来存储学生的姓名，这 5 个元素分别用 a[0]，a[1]，a[2]，a[3]，a[4]表示。

定义二维字符数组的格式如下：

    char 数组名[常量表达式 1][常量表达式 2];

例如：char b[3][4]; 语句定义二维数组 b，它是具有 3 行 4 列共 12 个元素的字符数组，这 12 个元素分别用 b[0][0]，b[0][1]，b[0][2]，b[0][3]，…，b[2][0]，b[2][1]，b[2][2]，b[2][3]表示。

4.3.2 字符数组的初始化

字符数组与其他类型的数组一样，可以在定义时进行初始化。

1. 字符数组初始化常见方式

(1) 用字符常数初始化全部数组元素。例如：

    char a[5] = { 'c', 'h', 'i', 'n', 'a' };

系统将为数组 a 分配 5 个字节，并依次将初始化列表中的 5 个字符赋值给 5 个数组元素，如图 4.24 所示。

a[0]	a[1]	a[2]	a[3]	a[4]
'c'	'h'	'i'	'n'	'a'

图 4.24 字符常数初始化全部数组元素

(2) 用字符常数初始化部分数组元素。例如：

    char b[8] = { 'c', 'h', 'i', 'n', 'a' };

系统将为数组 b 分配 8 个字节，前 5 个数组元素由初始化列表中的字符常数赋值，后 3 个数组元素将被赋值为 0(即'\0')，如图 4.25 所示。

b[0]	b[1]	b[2]	b[3]	b[4]	b[5]	b[6]	b[7]
'c'	'h'	'i'	'n'	'a'	'\0'	'\0'	'\0'

图 4.25　字符常数初始化部分数组元素

注意：

• 若字符个数＞数组长度，则作错误处理。

• 若字符个数＜数组长度，则将这些字符赋给前面的元素，其余元素自动为空字符('\0')。

(3) 若省略数组大小，则自动根据字符初始化列表的项数决定数组大小。例如：

　　char c[ ] = { 'c', 'h', 'i', 'n', 'a' };

系统将为数组 c 分配 5 个字节，数组的长度定义为 5。其存储结构如图 4.26 所示。

c[0]	c[1]	c[2]	c[3]	c[4]
'c'	'h'	'i'	'n'	'a'

图 4.26　省略数组大小的初始化

(4) 用字符串常量为字符数组赋初值。例如：

　　char d[10] = { "china" };　　或　　char d[ ] = "china" ;

用字符串常量初始化字符数组时，字符串结束符需要占用一个字节单元，同时可以省略{}，char d[ ] = {"china"}; 与 char d[ ] = "china"; 等价。系统将为数组 d 分配 6 个字节，其存储结构如图 4.27 所示。

c	h	i	n	a	'\0'

图 4.27　字符串常量初始化数组元素

2. 一维字符数组初始化注意事项

(1) 具有'\0'结束符的字符数组可视为字符串常量。

(2) 用字符串为字符数组赋初值比用字符常数赋值要多占一个字节。

(3) 用字符初始化时，不要求最后一个字符必须为'\0'。

　　char a[5] = { 'C', 'h', 'i', 'n', 'a' };

　　char b[6] = "China";

例如：

　　char s1[10] = {'C', ' ', 'P', 'r','o','g','r', 'a', 'm'};

　　char s2[10] = {"C Program"};

　　char s3[10] = "C Program";

　　char s4[ ] = "C Program";

字符数组 s1、s2、s3、s4 的存储形式都是一样的，如图 4.28 所示。

C		P	r	o	g	r	a	m	'\0'

图 4.28　字符数组初始化示例

二维字符数组初始化方法与二维整型数组方法相同。二维字符数组可以看作是一维字符串数组。例如：

```
char str[3][6]    //包含 3 个字符串的数组
```

初始化：

```
char str[3][6]={ "wang", "zhang", "li"};
```

其存储形式如图 4.29 所示。

str[0]	w	a	n	g	'\0'	'\0'
str[1]	z	h	a	n	g	'\0'
str[2]	l	i	'\0'	'\0'	'\0'	'\0'

图 4.29   str 数组初始化存储形式

4.3.3   字符数组的输入与输出

常见的字符数组的输入和输出方式主要有以下几种：

(1) 用格式控制符%c，通过循环语句逐个输入和输出数组元素。例如：

```
char a[6];
int i;
for (i=0;i<6;i++)
    scanf("%c", &a[i]);
for (i=0;i<6;i++)
    printf("%c", a[i]);
```

例 4-7   输入 30 个字符，统计其中的数字个数和其他字符的个数。

```
#include <stdio.h>
int main()
{
    char input[30];          //存储字符数组
    int digitCount = 0;      //用于统计数字字符的个数
    int otherCount = 0;      //用于统计其他字符的个数
    int i;
    printf("请输入 30 个字符：\n");
    //读取用户输入的 30 个字符，存储到 input 字符数组中
    for (I = 0; i<30; i++)
        scanf("%c", &input[i]);
    //遍历输入的字符数组
    for (i = 0; i < 30; i++)
    {
        //检查字符是否为数字
        if (input[i] >= '0' && input[i] <= '9')
        {
            digitCount++;
```

```
        }
        else if (input[i] != '\n')      //排除换行符
        {
            otherCount++;
        }
    }
    printf("数字字符的个数为：%d\n", digitCount);
    printf("其他字符的个数为：%d\n", otherCount);
    return 0;
}
```

程序运行结果如图 4.30 所示。

图 4.30　例 4-7 运行结果

程序分析：

字符数组中的每个元素均占一个字节，以 ASCII 值的形式存储字符数据。程序定义字符数组 input[30]用于存放输入的字符，定义两个整型变量分别统计数字字符和其他字符的个数。使用 for 循环遍历 input 数组，对于每个字符，检查它是否为数字字符(即字符的 ASCII 码值是否在 '0' 到 '9' 之间)，如果是，则 digitCount 加 1；如果不是数字字符且不是换行符 '\n'，则 otherCount 加 1。

(2) 用格式控制符%s，按字符串方式整体一次输入输出。例如：

```
char a[10];
scanf("%s", a );              //输入字符串
printf("%s", a );             //输出字符串
```

注意：

• 使用scanf()函数和printf()函数进行字符串输入和输出时，需提供存放字符串的数组名。

• scanf()函数将空格、Tab 和回车等字符视为字符串的输入结束符，不能接收空格。例如，输入 hello everyone!时，仅 "hello" 被存入数组 a，遇空格结束输入，并自动在 0 后面加上 '\0' 。

	0	1	2	3	4	5	6	7	8	9
a	h	e	l	l	o	\0				

• 若字符数组中含有一个或多个 '\0'，则遇到第一个 '\0' 时结束输出。

• 输入时应控制字符串长度不超过数组长度减 1，预留一个字节存放 \0。

(3) 用字符串输入函数 gets()和输出函数 puts()进行字符串输入输出。

gets()和 puts()函数均在头文件 stdio.h 中定义。

① gets()函数的一般格式如下：

gets(字符数组名);

作用：将输入的字符串赋给字符数组。输入时遇第一个回车符结束输入，可接收空格、制表符。

gets()函数同 scanf()函数一样，在读入一个字符串后，系统自动在字符串后加上一个字符串结束标志 '\0'。gets()函数只能一次输入一个字符串。例如：

```
char    str1[20], str2[20];
gets(str1);
scanf("%s", str2);
printf("str1: %s\n", str1);
printf("str2: %s\n", str2);
```

输入：program   C

　　　program   C

输出：str1: program   C

　　　str2: program

② puts()函数的一般格式如下：

puts(字符数组名);

或

puts(字符串);

作用：输出字符数组的值，遇 '\0' 结束输出。

注意：puts()函数一次只能输出一个字符串，输出字符串后可以自动换行，也可以输出转义字符。

printf()函数可以同时输出多个字符串，以及灵活控制换行，所以 printf()函数比 puts()函数更为常用。例如：

```
char str1[ ] = "student", str2[ ] = "teacher";
puts(str1);
puts(str2);
printf("%s", str1);
printf("%s\n%s", str1, str2 );
```

输出：

student

teacher

studentstudent

teacher

例 4-8   从键盘输入一个英文字符串，将其中的小写字母转换成大写字母后输出。

```
#include <stdio.h>
int main()
{    char s[10];
     int i=0;
     printf("Please input a string:\n");
```

```
    gets(s);                    //从键盘输入字符串
    while (s[i]!='\0')
    {
        if (s[i]>='a' && s[i]<='z')
            s[i]=s[i]-32;       //小写字母转大写字母
        i++;
    }
    puts(s);                    //输出字符串
    system("pause");
}
```

程序运行结果如图 4.31 所示。

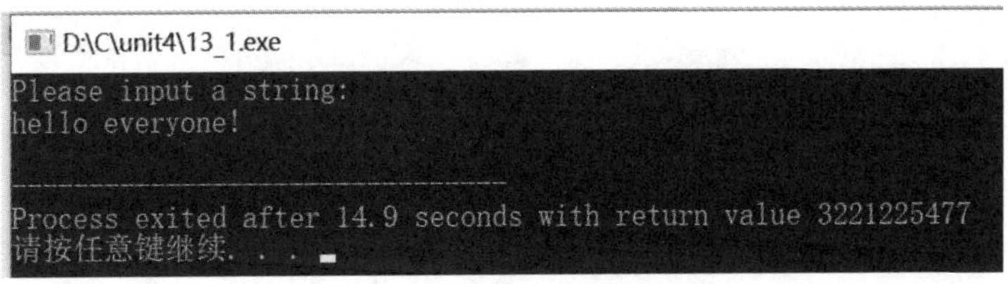

图 4.31　例 4-8 运行结果(使用 gets()函数输入字符串)

程序分析：

程序定义了一个长度为 10 的字符数组 s，用于存储从键盘输入的字符串。由于字符串需要以 '\0' 作为结束符，所以该数组最多能存储 9 个有效字符。使用 gets()函数从标准输入(键盘)读取一行字符串，并将其存储到字符数组 s 中。gets()函数会读取直到遇到换行符，并丢弃换行符。接着使用 while 循环遍历字符串，遇到字符串结束符 '\0' 停止遍历。在大小写字母转换时，根据 ASCII 码表，通过 s[i] = s[i] − 32；将小写字母转换为大写字母。转换后使用 puts()函数输出字符数组。输入的字符串 s 为 "Hello everyone!"，其长度为 15，超过了定义的字符数组 s 的大小 10，出现了缓冲区溢出情况，因此程序运行后没有输出转换后的结果。

注意：C 语言中有多种输入函数，如 gets、scanf 和 fgets。gets()函数由于存在缓冲区溢出风险，在 C11 标准中已被弃用，所以经常用 fgets 或限定宽度的 scanf。fgets(输入字符串，sizeof(字符串)，stdin)能控制输入的字符数量，避免溢出，还能读取包括空格在内的整行输入，而 scanf("%s")遇到空格就会停止。

为优化程序，使用 fgets(s, sizeof(s), stdin); 语句替代 gets(s)语句，可避免缓冲区溢出风险，其运行结果如图 4.32 所示。

图 4.32　例 4-8 运行结果(使用 fgets()函数输入字符串)

4.3.4　字符串处理函数

在应用系统中，常需要进行字符串比较、取子串、字符串复制等操作。例如，电子词典中需要将输入的词与词库中的单词进行比较；从身份证号中第 7 位开始取长度为 6 的子串可以获取出生年月信息。为了方便开发者实现上述操作，C 语言在 string.h 头文件中定义了许多字符串处理函数，要使用字符串处理函数，必须在程序前面用命令行指定包含头文件 string.h。下面介绍几个常用的字符串处理函数。

1. 字符串长度计算函数 strlen()

strlen()函数的一般格式如下：

        strlen(字符串 s) ;

其中 s 为字符串首地址。

作用：返回字符串中有效字符的个数，不包括结束符'\0'。

例如：

        char s[15] = "Hello World ";

        printf("%d\t ", strlen(s));

        prntf("%d\n ", sizeof(s));

输出结果：

        11   15

注意：字符串长度与数组大小是有区别的，本例中数组大小为 15，但字符串长度为 11。

2. 字符串复制函数 strcpy()

strcpy()函数的一般格式如下：

        strcpy(字符数组 1，字符串 2);

作用：将字符串 2 拷贝到字符数组 1 中。只复制第一个 '\0' 前的内容(含 '\0')。

例如：

        char str1[15] = "C Program";

        char str2[15] = "Hello";

        strcpy(str1,str2);

        puts(str1);

str	0	1	2	3	4	5	6	7	8	9	10	11	12	13	14
	H	e	l	l	o	\0	r	a	m	\0	\0	\0	\0	\0	\0

输出结果：

        Hello

注意：调用 strcpy()函数时，要确保目的串有足够的空间存储从源串复制来的字符串，否则将产生下标越界问题。

3. 字符串拼接函数 strcat()

strcat ()函数的一般格式如下：

        strcat(字符数组 1，字符数组 2);

作用：连接两个字符数组中的字符串，将字符串 2 连接到字符数组 1 的后面，结果放在字符数组 1 中(从字符数组 1 的字符串结束标识 '\0' 所在位置开始存放)。

例如：

```
char str1[20] = "Computer";

char str2[20] = " Science ";

strcat(str1,str2);

puts(str1);
```

str1	C	o	m	p	u	t	e	r	\0	\0	\0	\0	\0	\0	\0					
str2	␣	S	c	i	e	n	c	e	\0											
str1	C	o	m	p	u	t	e	r	␣	S	c	i	e	n	c	e	\0	\0	\0	\0

输出结果：

Computer Science

字符数组 str1 的 '\0' 将被字符串 str2 中的空格覆盖，连接后生成的新字符串的最后保留一个 '\0'。

注意：

(1) 字符数组 str1 的长度应大于字符数组 str1 和 str2 中的字符串长度之和。

(2) 两个字符数组中都必须以字符 '\0' 作为字符串的结尾，并且在执行该函数后，字符数组 str1 中作为字符串结尾的字符 '\0' 将被字符数组 str2 中的字符串的第 1 个字符所覆盖，而字符数组 str2 中的字符串结尾处的字符 '\0' 将被保留作为结果字符串的结尾。

4. 字符串比较函数 strcmp()

strcmp()函数的一般格式如下：

strcmp(字符串 1, 字符串 2);

作用：比较字符串 1 和字符串 2。

字符串 1 == 字符串 2，函数返回值为 0。

字符串 1>字符串 2，函数返回值为正数(1)。

字符串 1<字符串 2，函数返回值为负数(-1)。

注意：

(1) strcmp()函数根据两个字符串中第一次出现的不相等字符的 ASCII 值大小来判定字符串的大小，当且仅当它们长度相等且对应位置的字符全部相等时，两个字符串才相等。

(2) 数组名代表字符串起始地址，不能直接用 if(str1 == str2)来判断两字符串是否相等，if(str1 == str2)判断的是两数组的地址是否相等。需使用 if(strcmp(str1, str2) == 0)来判断两字符串是否相等，用 if(strcmp(str1, str2) > 0)来判断 str1 是否大于 str2，用 if(strcmp(str1, str2) < 0)来判断 str1 是否小于 str2。

例 4-9 输入两个字符串，编码实现字符串拼接、求长度、复制和比较的操作。

```
#include <stdio.h>

#include <string.h>

#define MAX_LENGTH 100
```

```c
int main()
{
    //定义字符数组用于存储字符串
    char str1[MAX_LENGTH];
    char str2[MAX_LENGTH];
    char copied_str[MAX_LENGTH];
    char concatenated_str[MAX_LENGTH];
    printf("请输入第一个字符串(长度不超过%d)：", MAX_LENGTH - 1);
    gets(str1);
    printf("请输入第二个字符串(长度不超过%d)：", MAX_LENGTH - 1);
    //scanf("%99s", str2);
    gets(str2);
    int len1 = strlen(str1);          //计算字符串长度
    int len2 = strlen(str2);
    printf("第一个字符串的长度是：%d\n", len1);
    printf("第二个字符串的长度是：%d\n", len2);
    strcpy(copied_str, str1);         //复制字符串
    printf("复制第一个字符串后的结果是：\n");
    puts(copied_str);                 //输出复制后的字符串
    strcpy(concatenated_str, str1);
    strcat(concatenated_str, str2);   //拼接字符串
    printf("拼接两个字符串后的结果是：\n");
    puts(concatenated_str);           //输出拼接后的字符串
    //printf("拼接两个字符串后的结果是：%s\n", concatenated_str);
    int compare_result = strcmp(str1, str2);   //比较字符串
    if (compare_result < 0)
    {
        printf("第一个字符串小于第二个字符串。\n");
    }
    else if (compare_result > 0)
    {
        printf("第一个字符串大于第二个字符串。\n");
    }
    else
    {
        printf("两个字符串相等。\n");
    }
    return 0;
}
```

程序运行结果如图 4.33 所示。

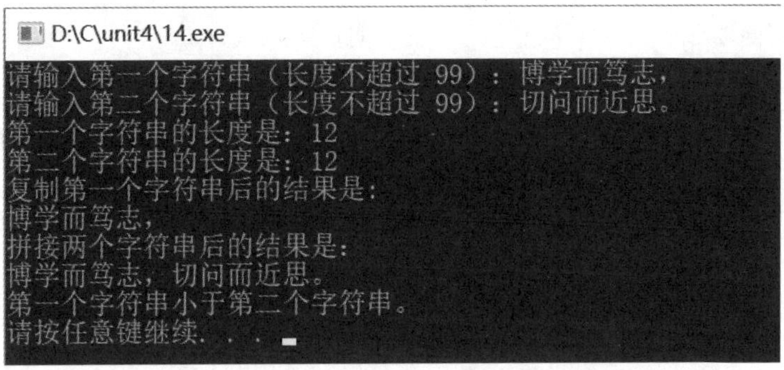

图 4.33　例 4-9 运行结果

程序分析：

要实现上述操作，可以直接调用字符串处理函数。在程序开始，需要使用头文件#include
<string.h>引入字符串处理函数库。具体操作如下：使用 strlen()函数计算每个字符串的长度；
使用 strcpy()函数将一个字符串复制到另一个字符数组中；使用 strcat()函数将两个字符串拼
接成一个新字符串；使用 strcmp()函数比较两个字符串的内容。定义字符数组存储相关操作
的字符串，字符串的长度使用宏来定义，便于代码的修改维护。

本小节只介绍了几种经常使用的字符串处理函数的用法，更多字符函数的和字符串函
数的使用方法可参考表 4.1 和表 4.2。

表 4.1　常用字符函数(<ctype.h>)

函数名	函数原型	说　明	返 回 值
isalnum	int isalnum(int c);	检查字符 c 是否为字母或数字	如果是字母或数字，返回非零值；否则返回 0
isalpha	int isalpha(int c);	检查字符 c 是否为字母	如果是字母，返回非零值；否则返回 0
isdigit	int isdigit(int c);	检查字符 c 是否为数字(0~9)	如果是数字，返回非零值；否则返回 0
islower	int islower(int c);	检查字符 c 是否为小写字母	如果是小写字母，返回非零值；否则返回 0
isupper	int isupper(int c);	检查字符 c 是否为大写字母	如果是大写字母，返回非零值；否则返回 0
isspace	int isspace(int c);	检查字符 c 是否为空白字符(空格、制表符、换行符等)	如果是空白字符，返回非零值；否则返回 0
tolower	int tolower(int c);	将大写字母转换为小写字母	如果 c 是大写字母，返回对应的小写字母；否则返回 c 本身
toupper	int toupper(int c);	将小写字母转换为大写字母	如果 c 是小写字母，返回对应的大写字母；否则返回 c 本身

表 4.2　常用字符串函数(<string.h>)

函数名	函数原型	说　明	返 回 值
strlen	strlen(const char *s);	计算字符串 s 的长度(不包括字符串结束符'\0')	返回字符串的长度，类型为 size_t(无符号整数)
strcpy	char *strcpy(char *dest, const char *src);	将字符串 src 复制到 dest 中	返回指向目标字符串 dest 的指针
strncpy	char *strncpy(char *dest, const char *src, size_t n);	将字符串 src 的最多 n 个字符复制到 dest 中	返回指向目标字符串 dest 的指针
strcat	char *strcat(char *dest, const char *src);	将字符串 src 追加到 dest 的末尾	返回指向目标字符串 dest 的指针
strncat	char *strncat(char *dest, const char *src, size_t n);	将字符串 src 的最多 n 个字符追加到 dest 的末尾	返回指向目标字符串 dest 的指针
strcmp	int strcmp(const char *s1, const char *s2);	比较字符串 s1 和 s2 的大小	如果 s1 小于 s2，返回负整数；如果 s1 等于 s2，返回 0；如果 s1 大于 s2，返回正整数
strncmp	int strncmp(const char *s1, const char *s2, size_t n);	比较字符串 s1 和 s2 的前 n 个字符的大小	如果 s1 的前 n 个字符小于 s2 的前 n 个字符，返回负整数；如果相等，返回 0；如果大于，返回正整数
strstr	char *strstr(const char *haystack, const char *needle);	在字符串 haystack 中查找子字符串 needle 第一次出现的位置	如果找到，返回指向该子字符串第一次出现位置的指针；否则返回 NULL
strtok	char *strtok(char *str, const char *delim);	将字符串 str 按分隔符 delim 进行分割	第一次调用时，返回指向 str 中第一个标记的指针；后续调用时，传入 NULL 以继续处理同一个字符串，直到没有更多标记，返回 NULL

任务 4-5　登录验证码验证

任务要求

为防止恶意软件的攻击，在登录网络系统时通常要求输入验证码。例如，登录智慧校园网，需要输入 4 位数字验证码，如图 4.34 所示。请设计一个由数字、字母混合的 5 位验证码，存储于 captcha 字符数组中，同时允许用户有 3 次试错机会，编写测试程序模拟验证码验证过程。

任务分析

输入账号和密码后，页面通常会出现验证码区域。

图 4.34　验证码示例

针对不同类型的验证码，进行相应的操作。本任务中，要求设计一个由数字、字母混合的 5 位验证码用于登录验证。生成验证码的方法很多，这里采用随机数函数生成验证码。该方法随机生成一个由数字、大写字母、小写字母混合的 5 位验证码，并在末尾添加字符串结束符 '\0'。定义 CAPTCHA_LENGTH 表示验证码的长度为 5，MAX_ATTEMPTS 表示用户最多可以尝试输入验证码的次数为 3。使用 while 循环控制用户的输入尝试次数，只要尝试次数小于 MAX_ATTEMPTS，用户就可以继续输入。

　　每次循环提示用户输入验证码，并告知剩余尝试次数。通过 strcmp 函数比较用户输入和生成的验证码：若相等，输出验证正确信息并使用 break 跳出循环；若不相等，尝试次数加 1；若还有剩余尝试机会，提示用户重新输入。当尝试次数达到 MAX_ATTEMPTS 时，输出验证码验证失败的信息。

源程序

```
#include <stdio.h>
#include <stdlib.h>
#include <time.h>
#include <string.h>
#define CAPTCHA_LENGTH 5
#define MAX_ATTEMPTS 3
int main()
{
    int i;
    unsigned int seed = (unsigned int)time(NULL);    //初始化随机数种子
    srand(seed);
    char captcha[CAPTCHA_LENGTH + 1];           //用于存储验证码数组
    char user_input[CAPTCHA_LENGTH + 1];        //用于存储用户输入的数组
    for (i = 0; i < CAPTCHA_LENGTH; i++)         //生成验证码
    {
        int random_type = rand() % 3;
        if (random_type == 0)
        {
            captcha[i] = '0' + rand() % 10;      //生成数字
        }
        else if (random_type == 1)
        {
            captcha[i] = 'A' + rand() % 26;      //生成大写字母
        }
        else
        {
            captcha[i] = 'a' + rand() % 26;      //生成小写字母
        }
```

```
    }
    captcha[CAPTCHA_LENGTH] = '\0';
    printf("生成的验证码是: %s\n", captcha);
    int attempts = 0;
    while (attempts < MAX_ATTEMPTS)
    {
        printf("请输入验证码(你还有%d 次尝试机会):", MAX_ATTEMPTS - attempts);
        scanf("%5s", user_input);
        if (strcmp(captcha, user_input) == 0)
        {
            printf("验证码输入正确！\n");
            break;
        }
        else
        {
            attempts++;
            if (attempts < MAX_ATTEMPTS)
            {
                printf("验证码输入错误，请重新输入。\n");
            }
        }
    }
    if (attempts == MAX_ATTEMPTS)
    {
        printf("你已用完所有尝试机会，验证码验证失败。\n");
    }
    return 0;
}
```

程序运行结果如图 4.35 所示。

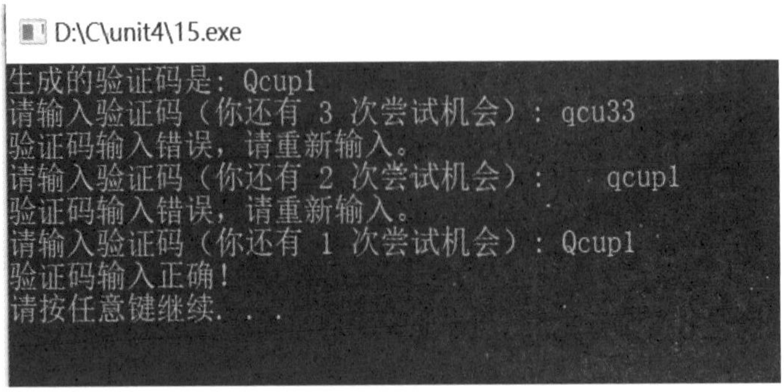

图 4.35   任务 4-5 运行结果

任务总结

该任务旨在生成一个 5 位的由数字和字母(包含大写和小写)混合组成的验证码,并允许用户输入验证码进行验证。用户在输入不正确的情况下有 3 次尝试机会,程序会根据用户输入情况给出相应提示,最终判定用户是否验证成功。通过宏定义 CAPTCHA_LENGTH、MAX_ATTEMPTS,分别确定验证码长度和用户输入验证码的最多尝试次数,便于后续根据需求进行修改和扩展。通过 srand((unsigned int)time(NULL)); 以当前时间作为随机数种子,确保每次运行程序时生成的验证码都具有随机性。在 for 循环中,利用 rand()%3 随机选择生成数字、大写字母或小写字母,将生成的字符依次存入 captcha 数组,最后添加字符串结束符 '\0'。在后续学习中,可以根据实际需求调整数组大小来存储验证码和用户输入,避免不必要的内存浪费。此外,还可以在此程序的基础上,实现忽略英文字母大小写的验证方式。

任务 4-6　传统文化节日热度统计

任务要求

传统文化节日承载着丰富的民族精神内涵,如春节象征团圆、清明饱含缅怀之情、端午彰显爱国精神等。本任务需统计一年中几个重要传统文化节日(春节、端午节、中秋节、清明节、元宵节)的热度。热度可通过搜索量、参与人数等指标进行衡量,使用一维数组存储每个节日的热度值。使用二维字符数组存储节日名称,计算节日的平均热度,并找出热度最高和最低的节日。最后输出统计结果及传统文化主题。

任务分析

根据任务要求,在设计时使用一维数组 heat 存储每个节日的热度值,二维字符数组 festivals 存储每个节日对应的名称,该数组的行数等于节日数量,列数要能容纳最长的节日名称。可以手动输入每个节日的热度值,通过循环输入并将这些值存储到 heat 数组中。同时计算热度值总和 sum,用于后续计算热度平均值。通过遍历数组 heat,查找热度最高的 max_heat 和最低的 min_heat,以及对应的数组下标 max_index 和 min_index,以此确定热度最高和最低的节日。

源程序

```c
#include <stdio.h>
#include <string.h>
#define NUM_FESTIVALS 5          //定义节日数量
int main()
{
    char festivals[NUM_FESTIVALS][20] = {"春节", "端午节", "中秋节", "清明节", "元宵节"};
    int heat[NUM_FESTIVALS];       //存储每个节日的热度值
    int i;
    int sum = 0;
    int max_heat = 0, min_heat = 0;
    int max_index = 0, min_index = 0;
```

```c
    printf("请输入每个传统文化节日的热度值(例如搜索量或参与人数)：\n");
    for (i = 0; i < NUM_FESTIVALS; i++)
    {
        printf("%s 的热度: ", festivals[i]);
        scanf("%d", &heat[i]);
        sum += heat[i];                 //累加热度值
    }
    max_heat = heat[0];
    min_heat = heat[0];
    for (i = 1; i < NUM_FESTIVALS; i++)     //查找热度最高和最低的节日
    {
        if (heat[i] > max_heat)
        {
            max_heat = heat[i];         //更新最大值
            max_index = i;              //记录最大值对应的节日索引
        }
        if (heat[i] < min_heat)
        {
            min_heat = heat[i];         //更新最小值
            min_index = i;              //记录最小值对应的节日索引
        }
    }
    float average_heat = (float)sum / NUM_FESTIVALS;        //计算平均热度
    printf("\n 传统文化节日热度统计结果：\n");
    printf("平均热度: %.2f\n", average_heat);
    printf("热度最高的节日是%s，热度为%d。\n", festivals[max_index], max_heat);
    printf("热度最低的节日是%s，热度为%d。\n", festivals[min_index], min_heat);
    printf("\n 传统文化小贴士：\n");
    printf("1. %s 是中华民族最重要的传统节日，象征着团圆和新的开始。\n", festivals[0]);
    printf("2. %s 是为了纪念屈原，有吃粽子、赛龙舟的习俗。\n", festivals[1]);
    printf("3. %s 是赏月和吃月饼的日子，寓意家庭团圆。\n", festivals[2]);
    printf("4. %s 是祭祖和扫墓的日子，表达对先人的怀念。\n", festivals[3]);
    printf("5. %s 是赏花灯、猜灯谜的节日，象征着光明和希望。\n", festivals[4]);
    printf("\n 传统文化是中华民族的瑰宝，让我们一起传承和弘扬！\n");
    return 0;
}
```

程序运行结果如图 4.36 所示。

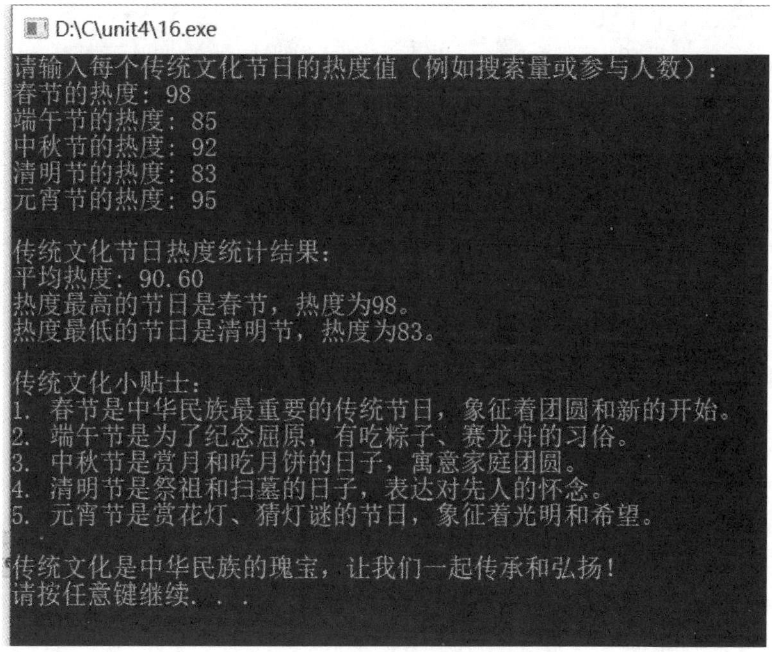

图 4.36　任务 4-6 运行结果

任务总结

通过使用一维数组和二维字符数组，成功实现了传统文化节日热度的统计。程序可以接收用户输入的每个节日的热度值，计算平均热度，找出热度最高和最低的节日，并输出统计结果和传统文化主题。目前热度值是手动输入的，实际应用中可以从网络爬虫、数据库等获取更具准确性和时效性的数据。

4.4　数组与指针

在 C 语言中，数组和指针有着紧密的联系，常相互配合使用。数组名表示数组在内存存放的首地址，其类型就是数组元素类型的指针。指针能直接访问内存地址。在处理数组时，通过指针可以精准定位数组元素所在的内存位置，避免了不必要的计算和间接访问。通过指针引用数组，可防止复制整个数组，从而减少内存开销。掌握指针的应用，可以使程序简洁、紧凑、高效。

4.4.1　指针变量的运算

指针作为特殊的数据类型，可以进行算术与关系运算，不过算术运算仅支持加法与减法。指针的算术运算与关系运算，有别于普通数据类型的运算，它是以其基类型为单位展开的。

1. 指针加上某正整数

当指针(常量或变量)p 与某正整数 x 相加时，会得到一个新的指针值(记为 q)，q 指向 p

所指单元后续的第 x 个单元。

例如，有 short int a[8], *p, *q, *r;，以下示例可说明指针的加法运算。

第一步：p=&a[3];，此时 p 指向 a[3]，如图 4.37 所示。

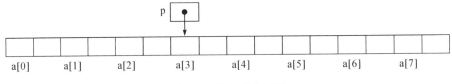

图 4.37　指针赋值运算

第二步：q=p+2;，这会使 q 指向 a[5]，如图 4.38 所示。

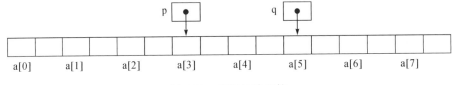

图 4.38　指针加法运算

第三步：q++;，q 会指向 a[6]，如图 4.39 所示。

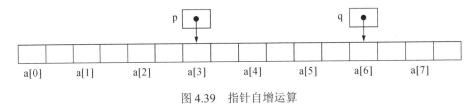

图 4.39　指针自增运算

2. 指针减去某正整数

当 x 为正整数时，指针 p－x 所得的值为内存中相对于 p 向前 x 单元的地址。例如：

第四步：r＝p-2;，r 会指向 a[1]，如图 4.40 所示。

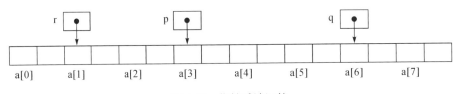

图 4.40　指针减法运算

第五步：r--;，r 会指向 a[0]，如图 4.41 所示。

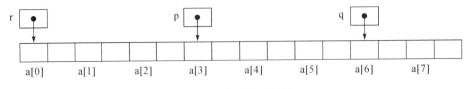

图 4.41　指针自减运算

指向同一个数组的两个指针相减，将得到两个指针间相差的单元个数。例如，在图 4.40 中，p－r 的值为 3；p－q 的值为 -3。

注意：在使用指针时，要区分*p++与以下几种表达式的差别。

(1) (*p)++：自增前表达式的值是*p，以后再对*p自增。

(2) *++p 或*(++p)：先对 p 自增，自增后表达式的值是*p。

(3) ++*p 或++(*p)：先对*p 自增，自增后表达式的值是*p。

3. 指针的关系运算

指针的关系运算用于比较两个指针指向单元地址的大小关系，一般只有指向同一个数组的指针进行关系运算才有意义。指针间有 4 种关系运算：

< 或 >：比较两指针所指向地址的大小。

== 或 !=：判断两指针是否指向同一地址，即是否指向同一数据。

例如，指针 p、q 指向数组中的第 i、j 元素，则下列表达式为真的含义如下：

(1) p<q(或 p>q)，表示 p 所指元素在 q 所指元素之前(或之后)。

(2) p == q(或 p! = q)，表示 p 和 q 指向同一个数组元素的地址(或不指向)。

在图 4.40 中，关系运算 r == p-3 的结果为逻辑真，r<q 的结果也为逻辑真。

指针不能与一般数值进行关系运算，但可以和零(NULL 字符)进行等于或不等于的关系运算，如：p == 0; p! = 0; 或 p == NULL; p! = NULL; 用于判断指针 p 是否为 NULL 指针。

4.4.2　一维数组与指针

若有 int a[5]，数组名 a 代表数组第一个元素的地址，即&a[0]，因此，a 等价于&a[0]，*a 等价于 a[0]。

在 C 语言中，访问数组元素有三种方法：下标法、地址法、指针法。

例 4-10　设数组 a 有 10 个元素，下面用这三种方法存取数组中的元素。

(1) 下标法：用 a[i]的形式存取数组元素。

```
#include <stdio.h>
void main()
{
    int a[5], i;
    for(i=0; i<5; i++)
        scanf(" %d", &a[i]);  //下标法存数组元素
    for(i=0; i<5; i++)
        printf(" %d ", a[i]);  //下标法取数组元素
    printf(" \n");
}
```

(2) 地址法：用*(a + i)或*(p + i)的形式存取数组元素(数组名+偏移量)。

```
#include <stdio.h>
void main()
{
    int a[5], i;
    for(i=0; i<5; i++)
```

```
        scanf(" %d", a+i);           //地址法存数组元素
        for(i=0; i<5; i++)
            printf(" %d ", *(a+i));     //地址法取数组元素
        printf(" \n");
    }
```

(3) 指针法：用指针变量指向数组的首地址，然后通过移动指针*p++存取数组元素。

```
    #include <stdio.h>
    void main( )
    {
        int a[5], i, *p;
        for(p=a;   p<a+5;p++)
            scanf(" %d", p );
        for( p=a; p<(a+5);p++ )
            printf(" %d", *p ) ;
        printf(" \n");
    }
```

执行上述三种方法对应的代码，假设输入数据为 1，3，5，7，9，则程序运行结果如图 4.42 所示。

图 4.42　例 4-10 运行结果

程序分析：

这三种方法中，下标法比较直观易读。前两种方法的程序运行效率相同，因为[ ]实际上是变址运算符，编译时，编译系统是将数组元素 a[i]转换为*(a + i)处理的。第三种指针移动法，利用指针变量的自加操作，使指针依次指向下一元素，不必每次重新计算地址，执行效率高于前两种方法，且编程更方便。在进行数组元素访问时，数组和指针在某些情况下可以互换使用，但需要注意以下问题：

(1) 数组名是常量指针，不允许重新赋值。

　　　a+=1;   a++; //错误

(2) 指针变量是变量，可以重新赋值。

a + I ↔ p + i 均表示 a[i]的地址，均指向 a[i]。

*(a + i) ↔ *(p + i)均表示 p + i 和 a + i 所指对象的内容，即 a[i]。

例 4-11　利用指针输出一维数组的内容。

```c
#include <stdio.h>
int main( )
{
    int arr[10], in;
    int *p= arr;
    printf("请输入 10 个整数: \n");
    for(in=0; in <10; in ++)
        scanf("%d",p++);
    printf("输出: \n");
    p= arr;
    for(in =0; in <10; in ++)
        printf(" %2d",*p++);
    printf("\n");
}
```

程序运行结果如图 4.43 所示。

图 4.43　例 4-11 运行结果

程序分析:

(1) 由于 p 是指针变量,本身就表示地址,因此在使用 scanf 函数输入时可以直接使用,例如 "scanf("%d",p);"。例 4-11 中采用了 "scanf("%d",p++);" 语句,表示将输入的数据存入 p 表示的地址中,然后将 p 指向下一个数组元素。这里, "scanf("%d",p++);" 语句也可以用 "scanf("%d",& arr[i]);" 来代替。

(2) 使用指针变量时要注意它当前的值。例如,通过 "scanf("%d", p++);" 语句循环为数组赋值后,p 已经超出了数组的存储范围,因此再次使用 p 输出数组元素时,需要再次执行 "p= arr ;",使其重新指向数组首地址。

4.4.3　二维数组与指针

一个 m 行 n 列的二维数组 a,可以看成是由 m 个长度为 n 的一维数组构成的,这 m 个一维数组分别是 a[0]~a[n−1]。在二维数组中,a[i]代表一维数组名,也代表第 i+1 行的起始地址,这个地址称为列地址,即列指针。一个 3 行 4 列的二维数组 a,共包含 3 个一维数组:a[0]、a[1]和 a[2],如图 4.44 所示。

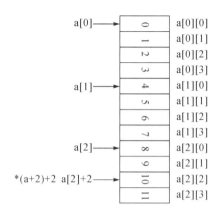

图 4.44　二维数组列指针

例 4-12　利用指针输出二维数组内容。

```c
#include <stdio.h>
int main()
{
    int a[3][4]={0,1,2,3,4,5,6,7,8,9,10,11};
    int *p,i,j;
    p=a[0];
    for (i=0;i<3;i++)
    {
        for (j=0;j<4;j++)
            printf("%4d", *p++ );
        printf("\n");
    }
    return 0;
}
```

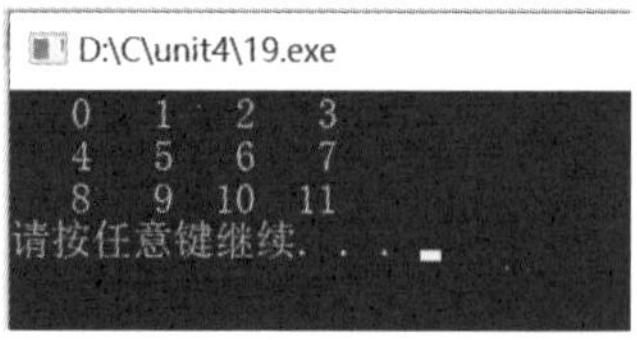

程序运行结果如图 4.45 所示。

程序分析：

因为 a[i]代表第 i + 1 行的首地址，所以 a[i]+j 代表 a[i][j] 的地址，即 a[i] + j = = &a[i][j] = *(a + i) + j。代码中的 p = a[0];，其中 a[0]代表二维数组中第 1 行的起始地址。p = a[0]等价于 p = &a[0][0]或 p = *(a + 0) + 0 或 p = *a。相应地，与 a[i][j]等价的表达形式有*(a[i] + j) = *(*(a + i) + j)。例如，a[2][2]可表示为*(a[2] + 2)或*(*(a + 2) + 2)。由于二维数组在内存中连续存放，所以可以定义一个指针变量，由 a[0][0]开始，按照从低地址到高地址的顺序依次访问二维数组。printf("%4d", *p ++); 语句中*p ++表示每输出一个数据，p 向后移动一个存储单元。

图 4.45　例 4-12 运行结果

任务 4-7　求解某天是星期几

任务要求

本任务旨在使用指向一维数组的指针变量，依据蔡氏公式(Zeller's congruence)求解某年中的某天是星期几。蔡氏公式也称蔡勒(Zeller)公式，由德国数学家克里斯蒂安·蔡勒(Christian Zeller)在 1886 年推导得出。当时，在天文学、日常事务安排以及历史研究等领域，人们经常需要根据给定的日期来确定是星期几。然而，传统的日历推算方法对于跨度较大的日期往往较为繁琐。蔡勒深入研究公历历法的规则，包括平年和闰年的设置、月份天数的差异等，经过复杂的数学推导得出了这个公式。该公式的出现，极大地简化了日期和星期之间的换算过程，为人们提供了一种便捷、高效的计算方式。此后，蔡氏公式在各个领域得到了广泛应用，并成为计算星期几的经典算法之一。本任务要求编写 C 程序，从键盘输入年月日，运用蔡氏公式计算并输出该天是星期几。

任务分析

根据上述任务要求，我们使用字符指针数组 const char*weekdata[]存储星期名称，将 12 个月对应的天数存放到一维数组 days 中，通过指针操作一维数组 days[]获取每月最大天数，然后根据蔡氏公式进行相应的计算。

在 C 语言中，使用数组索引形式访问数组元素时，需通过数组地址加上元素偏移量计算地址。例如，访问 arr[5]时，要通过 arr 数组地址加上 5 个数组元素所占内存大小来计算得到 arr[5]的地址。因此，程序设计中采用指针变量来提高数组访问效率和程序灵活性。首先通过指针 int *p_days = days 访问数组元素。因为存在闰年的情况，在程序设计中要根据输入的年份进行闰年判断，若年份满足闰年条件(year % 4 == 0 && year % 100 != 0) || (year % 400 == 0)，则通过*(p_days + 1) = 29 动态修改 2 月天数。同时，根据蔡氏公式要进行月份调整，1 月和 2 月视为上一年的 13 月和 14 月，将年份分解为世纪数(century)和年份后两位(year_part)，再用公式计算星期值 h，最后通过字符指针数组 weekdata 的索引 h 获取对应的星期几。

源程序

```
#include <stdio.h>
int main()
{
    int year, month, day;
    printf("请输入日期(格式：年 月 日)：");
    scanf("%d%d%d", &year, &month, &day);
    int valid = 1;
    if (year < 1 || month < 1 || month > 12 || day < 1)
    {
        valid = 0;
    }
    else
    {
        int days[] = {31,28,31,30,31,30,31,31,30,31,30,31};        //月份天数数组
        int *p_days = days;        //指针指向数组
        if ((year % 4 == 0 && year % 100 != 0) || (year % 400 == 0))        //闰年处理
        {
```

```
            *(p_days + 1) = 29;              //修改 2 月天数
        }
        if (day > *(p_days + month - 1))     //指针访问当月天数
         {
            valid = 0;
        }
    }
    if (!valid)
    {
        printf("错误：无效日期！\n");
        return 1;
    }
    int m = month, y = year;
    if (m < 3)
    {
        m += 12;
        y--;
    }
    int century = y / 100;
    int year_part = y % 100;
    int h = day + 13 * (m + 1) / 5 + year_part + year_part/4 + century/4 - 2 * century;
    h %= 7;
    if (h < 0) h += 7;
    h = (h + 6) % 7;                //结果修正
    const char *weekdata[] = {"星期日", "星期一", "星期二","星期三","星期四","星期五","星期六"};
    printf("%d 年%d 月%d 日是%s\n", year, month, day, weekdata[h]);
    printf("\n");
    return 0;
}
```

程序运行结果如图 4.46 所示。

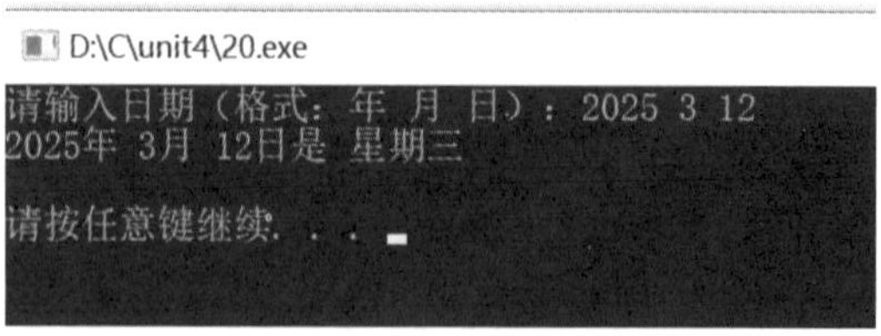

图 4.46   任务 4-7 运行结果

任务总结

(1) 通过指针可以方便地访问和修改数组元素，利用指针运算可以实现对数组的灵活操作。同时，指针数组也为存储和访问字符串常量提供了简洁有效的途径。掌握指针与一维数组指针的相关知识，有助于编写出更高效、灵活的 C 语言程序。"int days[] = {31, 28, 31, 30, 31, 30, 31, 31, 30, 31, 30, 31}; int *p_days = days;" 定义了一维数组 days 来存储平年每个月的天数，同时定义了整型指针 p_days，并将其初始化为数组 days 的首地址。通过指针 p_days 可以方便地访问数组中的元素。

(2) 指针偏移量是由指针所指向的数据类型大小确定的。例如整型指针偏移 1 个单位，实际地址会增加 sizeof(int)个字节。解引用(*)操作用于获取指针指向地址存储的值，可以对数组元素进行读写。程序中判断为闰年时，通过指针偏移运算 p_days + 1 得到 2 月对应的数组元素地址，再使用解引用操作*(p_days + 1)将 2 月的天数修改为 29 天。在日期有效性验证部分，利用指针偏移运算 p_days + month − 1 得到当前月份对应的数组元素地址，通过解引用操作*(p_days + month − 1)获取该月的天数，然后与用户输入的日期进行比较，判断日期是否超出范围。

任务 4-8　历史朝代知识问答与互动

任务要求

每个历史朝代都有其独特的文化成就，涵盖诗词、绘画、建筑、科技等领域。了解历史朝代能让我们清晰地看到中华文化是如何一脉相承又不断发展创新的，从先秦诸子百家到唐诗宋词，从秦汉的长城到明清的故宫，这些都是中华文化的瑰宝。通过了解朝代的更迭，我们能更好地理解文化成果产生的背景和意义，使文化得以传承和延续。本任务通过历史朝代知识问答，引导学生主动了解中国历史脉络，强化对中华文明五千年连续性的认知，增强民族自豪感。任务要求设计实现一个简单的交互式历史朝代知识问答系统：用户从给出题目的 A、B、C、D 四个选项中选择答案进行作答，在所有问题回答完毕后，显示最终的得分结果并给出不同的评价。

任务分析

根据上述任务要求，可以使用字符指针数组 char *questions[]存储问题列表，二维数组 char *options[][4]存储每个问题对应的 A、B、C、D 四个选项。编码时，外层数组的每个元素对应一个问题，内层数组包含该问题的四个选项，便于按问题顺序显示选项。使用一维整数数组 int answers[]存储每个问题的正确答案索引，索引 0 代表选项 A，1 代表选项 B，以此类推，方便后续验证用户的回答。用户在输入选项(A~D)时会出现大小写不一致的情况，使用 toupper()函数将用户输入的选项转换为大写，确保无论用户输入的是大写还是小写字母都能正确处理。使用一维字符指针数组 char*comments[]存储不同得分水平对应的个性化评价，根据用户的最终得分选择合适的评价。将用户输入的选项转换为对应的索引，与 answers 数组中的正确答案索引进行比较，回答正确则得分加 10 分并输出正确提示，否则输出错误提示并显示正确答案。

源程序

```c
#include <stdio.h>
#include <ctype.h>
int main()
{
```

```c
//问题列表(每个问题包含题目和 4 个选项)
char *questions[] = {
    "1. 中国历史上第一个封建王朝是？ ",
    "2. '贞观之治'出现在哪个朝代？ ",
    "3. 推行'罢黜百家，独尊儒术'的是哪个朝代？ "
};
char *options[][4] = {
    {"A. 夏朝", "B. 商朝", "C. 周朝", "D. 秦朝"},
    {"A. 隋朝", "B. 唐朝", "C. 宋朝", "D. 元朝"},
    {"A. 秦朝", "B. 汉朝", "C. 唐朝", "D. 宋朝"}
};
int answers[] = {0, 1, 1};
int i,j,score = 0;
char input;
printf("======= 中国历史朝代知识问答  =======\n");
for(i = 0; i < sizeof(questions)/sizeof(char*); i++)     //通过数组索引遍历问题
{
    printf("\n%s\n", questions[i]);    //显示问题
    for(j = 0; j < 4; j++)             //显示选项(直接通过二维数组索引访问)
    {
        printf("   %s\n", options[i][j]);
    }
    int valid = 0;
    do
    {
        printf("请输入选项(A/B/C/D): ");
        scanf(" %c", &input);
        while(getchar() != '\n');    //清空输入缓冲区
        input = toupper(input);
        if(input >= 'A' && input <= 'D')
        {
            valid = 1;
        }
        else
        {
            printf("错误：请输入 A-D 之间的选项!\n");
        }
    } while(!valid);
    int choice = input - 'A';
```

```
        if(choice == answers[i])    //验证答案(直接通过数组索引访问)
        {
            printf("√ 回答正确！\n");
            score += 10;
        }
        else
        {
            printf("回答错误！正确答案是：%c \n", 'A' + answers[i]);
        }
    }
    printf("\n======= 答题结束 =======\n");
    printf("您的最终得分：%d \n", score);
    char *comments[] = {
        "需要加强历史学习哦！ ",
        "不错，继续努力！ ",
        "太棒了，历史达人！ "
    };
    int level = (score >= 30) ? 2 : (score >= 20) ? 1 : 0;
    printf("评价：%s\n", comments[level]);
    return 0;
}
```

程序运行结果如图 4.47 所示。

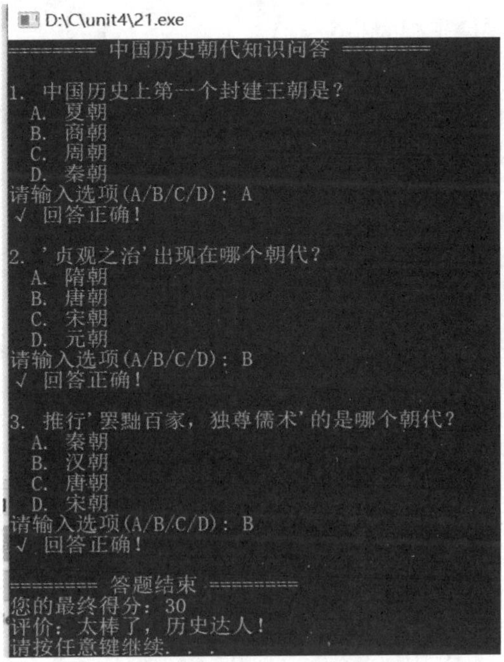

图 4.47　任务 4-8 运行结果

任务总结

该程序通过灵活使用指针数组实现了一个简单的问答系统。在使用 scanf 读取字符输入后，需要及时清理输入缓冲区，代码中使用 while(getchar() != '\n'); 来避免多余的字符。在访问数组元素时，要确保索引不越界。例如，在遍历 questions、options、answers 等数组时，要保证索引在合法范围内，避免出现未定义行为。使用 toupper()函数统一输入选项的大小写字母，使用该函数时需注意必须添加#include <ctype.h>头文件，否则函数无法调用。如果需要增加或修改问题、选项、答案等信息，涉及同时修改多个数组，这可能会导致代码维护困难。在后续章节学习了文件相关知识后，可以考虑将数据存储在文件中，通过文件读取的方式动态加载问题和答案，从而提高代码的可扩展性。

习　题

一、选择题

1. 以下关于数组初始化的代码，错误的是(　　)。

A. int a[3] = {1,2,3};　　　　　　　　B. int b[] = {0};

C. int c[5] = {5,4};　　　　　　　　　D. int d[2] = {1,2,3};

2. 若有 int *p;，则表达式 p + 1 的地址比 p 大(　　)个字节。

A. 1　　　　　　B. 2　　　　　　C. 4　　　　　　D. 不确定

3. 以下代码的输出是(　　)。

```
char str[] = "Hello";
printf("%d", sizeof(str));
```

A. 5　　　　　　B. 6　　　　　　C. 7　　　　　　D. 编译错误

4. 以下关于指针的表述正确的是(　　)。

A. 指针变量只能存储变量的地址　　　　B. 指针变量可以直接赋值为整数

C. NULL 指针指向内存地址 0　　　　　D. 指针的算术运算仅支持加法

5. 以下代码的输出是(　　)。

```
int arr[] = {10,20,30};
int *p = arr;
printf("%d", *(p+2));
```

A. 10　　　　　　B. 20　　　　　　C. 30　　　　　　D. 随机值

6. 若 char *str = "ABCD";，以下操作正确的是(　　)。

A. str[0] = 'a';　　　　　　　　　　B. str = "XYZ";

C. strcpy(str, "XYZ");　　　　　　　D. scanf("%s", str);

7. 以下代码的输出是(　　)。

```
int a = 5, *p = &a;
*p = *p * 2;
printf("%d", a);
```

A. 5　　　　　　B. 10　　　　　　C. 编译错误　　　　D. 运行错误

8. 关于二维数组 int a[2][3];，以下表述正确的是：(　　　)。

A. a 和&a[0][0]的值相同　　　　　　B. a[1]表示第二行的首地址

C. a + 1 的地址比 a 大 12 字节　　　　D. 以上全对

9. 以下一维数组初始化正确的是(　　　)。

A. int arr[5] = {1, 2, 3, 4, 5, 6};　　　　B. int arr[] = {1, 2, 3};

C. int arr[5] = [1, 2, 3, 4, 5];　　　　D. int arr(5) = {1, 2, 3, 4, 5};

10. 二维数组 int arr[2][3]中，arr[1]的类型是(　　　)。

A. int　　　　　B. int*　　　　　C. int(*)[3]　　　D. int[3]

11. 以下能正确定义指针数组的是(　　　)。

A. int *arr[5];　　　　　　　　　　B. int (*arr)[5];

C. int arr*[5];　　　　　　　　　　D. int arr[5]*;

12. 若 int *p, a=10; p=&a;，则*&*p 的值是(　　　)。

A. 10　　　　　B. &a　　　　　C. &p　　　　　D. 编译错误

13. 若 char str[10] = "hello";，则 sizeof(str)的值是(　　　)。

A. 5　　　　　B. 6　　　　　C. 10　　　　　D. 11

二、填空题

1. 定义指针变量 p 指向一维数组 arr 的首元素：int arr[5]; _____p = arr;。

2. 二维数组 int arr[3][4]中，元素 arr[2][3]的地址表达式是_____。

3. 字符数组初始化：char str[] = "world";，数组长度为_____。

4. 指针运算：int *p = &arr[0]; p += n; 后，p 指向第_____个元素(从 0 开始)。

5. 字符串拼接函数是_____，比较函数是_____。

6. 定义一个指向指针的指针 pp，指向 int 类型：_____pp。

7. 数组作为函数参数时，退化为_____。

8. 初始化二维数组 3x2，所有元素为 0：int arr[][2] =_____;。

9. 若 char *s = "test";，则 s 指向的内存区域是否可修改？_____ (是/否)。

10. 计算数组长度的通用表达式：sizeof(arr) /_____。

三、程序分析题

1. 以下代码的输出是_____。

```
int main()
{
    int a[] = {1,2,3,4,5};
    int *p = a + 3;
    printf("%d", p[-1]);
}
```

2. 以下代码的输出是_____。

```
char *s = "abcd";
printf("%c", *(s + strlen(s) - 1));
```

3. 以下代码是否存在问题？若有，请指出。

```
int *func()
{
    int x = 5;
    return &x;
}
```

4. 以下代码的输出是 _____。

```
int arr[2][2] = {{1,2}, {3,4}};
printf("%d", *(*(arr + 1) + 0));
```

5. 以下代码的功能是交换两个变量的值，请补充完整。

```
void swap(int *a, int *b)
{
    int temp =_____;
    _____= *b;
    *b = temp;
}
```

四、编程题

1. 定义一个大小为 10 的数组，从键盘随机输入 10 个整数，求出这些数据中的最大值和最小值。

2. 使用指针数组存储多个字符串，并按字典序排序。

3. 使用二维数组存储学生成绩(3 个学生、4 门课程)，计算每个学生的总分。

4. 从键盘输入一段英文，单词用空格隔开，统计问题单词个数。

5. 从键盘输入 6 个整数，使用冒泡排序法将这 6 个数从小到大排序输出。

6. 编写程序，实现输入一个 3 行 4 列的矩阵，将矩阵转置输出。

<CODE> 第 5 章 函数与指针

学习目标

1. 知识目标

(1) 理解函数的概念与分类;

(2) 熟练掌握 C 语言函数的定义、调用、参数传递和返回值相关知识;

(3) 掌握利用指针进行参数传递的方法,了解函数指针。

2. 能力目标

(1) 具有阅读模块化程序的能力;

(2) 能够调试和优化模块化程序;

(3) 能运用函数和指针实现代码的模块化设计。

3. 素质目标

(1) 培养解决复杂问题时将其拆分为简单子问题的意识;

(2) 培养严谨的编程思维和逻辑能力;

(3) 培养严谨的工作态度和良好的编程风格。

本章主要介绍 C 语言函数的基础概念与编程应用,系统讲解函数的定义规则、调用方法、参数传递方式以及函数返回值,帮助读者理解函数在模块化编程中的核心作用;讲解指针作为参数传递的原理、应用场景,以及函数指针的基本概念与使用方式,为编写高效、灵活的 C 语言程序奠定坚实基础。

5.1 认识函数

在编写代码解决实际问题时,会发现有很多操作在多个程序中都会用到,比如求一组变量的最大值、对一组变量进行顺序或逆序排序等。如果每次都重复编写相关代码,程序会越来越复杂。为了解决上述问题,C 语言通过函数实现模块化程序设计,即将程序按照功能划分为小模块,每个模块(即"函数")可视为完成特定功能的工具。函数是 C 语言模块化程序设计的最小单位。

5.1.1　函数的由来

"函数"一词源于英文"function"，既有"函数"之意，也表示"功能"，因此函数就是用来完成特定功能的工具。

例 5-1　输入一个整数，求其绝对值并输出。

```c
#include"stdio.h"
void main()
{
    int x;
    scanf("%d",&x);
    if(x<0){
        x = -x;
    }
    else{
        x = x;
    }
    printf("|x|=%d",x);
}
```

运行结果如图 5.1 所示。

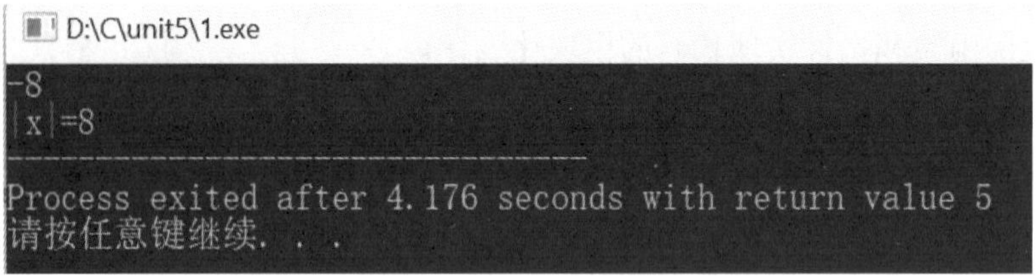

图 5.1　例 5-1 运行结果

例 5-2　输入一个整数，求其绝对值并输出。

```c
#include"stdio.h"        //引入标准输入输出头文件
#include"math.h"         //引入数学函数头文件
void main()
{
    int x;
    scanf("%d",&x);
    //函数 abs()的作用是返回整数 x 的绝对值
    x = abs(x);
    printf("|x|=%d",x);
}
```

运行结果如图 5.2 所示。

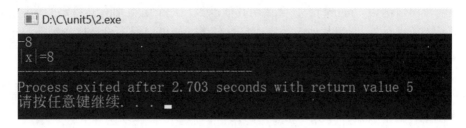

图 5.2　例 5-2 运行结果

程序分析：

(1) 例 5-1 和例 5-2 的功能是一样的，但是例 5-2 更简洁，它使用数学库函数 abs() 来求取整数的绝对值，由此可见函数是完成特定功能的代码集合。

(2) 例 5-1 的 else 中包含了 0 和正数两种情况，由于 0 的特殊性，在 if 条件中也可以写为 x<= 0。

在实际应用中，典型的应用软件代码通常达数万行，如果所有代码都放在主函数中，程序员编写、阅读、修改的工作量都十分巨大。针对以上问题，程序员需要采用"分而治之"的方法开发软件，即将大问题分解为若干小而简单的任务，并提炼出公用任务。C 语言在实现模块化程序设计时就体现了这种思想，主要采用"功能分解"的方法，是一个自顶向下、逐步求精的过程。模块化程序设计让程序更容易阅读、编写、调试。

以"学生成绩信息管理系统"为例，其功能可以划分为以下三个模块：

(1) 成绩录入与输出；

(2) 成绩编辑；

(3) 成绩统计。

每个功能模块还可进一步细化。将学生成绩信息管理系统分解为 3 个一级子模块，各个子模块继续分解为二级子模块，即将复杂任务分解为更加简单的任务，如图 5.3 所示。

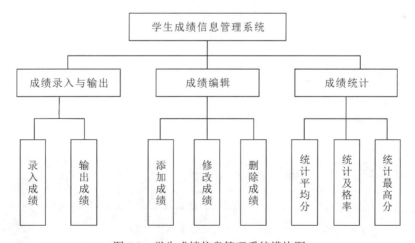

图 5.3　学生成绩信息管理系统模块图

5.1.2　函数的分类

在 C 语言中，函数是模块化程序设计的最小单位。程序从 main() 函数入口开始执行，到 main()函数出口结束，main()函数会调用其他函数，每个函数都有其特定的功能，main()函数就像是"管理员"，调配其他函数完成目标任务。如果把程序设计比作制造汽车，那么函数就是汽车的零部件，这些零部件可以由多人协同负责设计与调试，也可以是现成品，最终进行装配与总体测试。

从用户使用角度划分，C 语言中的函数可分为两类：一类是由系统定义的标准函数，又称为库函数；另一类是程序员根据特定功能自行编写的自定义函数。

1. 标准库函数

标准库函数是 C 语言编程中不可或缺的一部分，它提供了一系列功能，使得程序员能够更加高效地编写代码。这些函数被组织在不同的头文件中，每个头文件都包含了一组特定功能。比如使用标准的输入 scanf()、输出 printf()函数时，需在程序的开头引入头文件 stdio.h。此外，还有第三方函数库可供用户使用，它是其他开发者自行开发的 C 语言函数库，能够扩充 C 语言在图形、数据库等方面的功能，用于实现 ANSI C 未提供的功能。

例 5-3　使用数学函数进行数学运算。

```c
#include"stdio.h"          //引入标准输入输出头文件
#include"math.h"           //引入数学函数头文件
void main()
{
    int x = 4;
    double y = 6.6;
    //使用 pow()函数计算 x 的平方
    printf("x 的平方：%f\n", pow(x,2));
    //使用 sqrt()函数计算 x 的平方根
    printf("x 的平方根：%f\n", sqrt(x));
    //使用 ceil()函数对 y 向上取整
    printf("y 的向上取整：%f\n", ceil(y));
    //使用 floor()函数对 y 向下取整
    printf("y 的向下取整：%f\n", floor(y));
}
```

运行结果如图 5.4 所示。

```
D:\C\unit5\3.exe

x的平方: 16.000000
x的平方根: 2.000000
y的向上取整: 7.000000
y的向下取整: 6.000000

_____
Process exited after 0.008306 seconds with return value 22
请按任意键继续. . . _
```

图 5.4　例 5-3 运行结果

程序分析：

(1) 本例中使用了数学库函数中的 pow()函数(幂函数)、sqrt()函数(平方根函数)、ceil()函数(向上取整函数)、floor()函数(向下取整函数)，因此在程序的开头引入了数学函数头文件。在编程中，借助第三方库函数能够显著简化代码编写，但这需以深入了解这些库函数为前提。

(2) 数学函数的返回值类型大多数为 double 类型，所以在使用 printf 函数输出时，应注意选择%d 还是%f 格式控制符。

2. 自定义函数

自定义函数是根据问题的特殊要求而设计的，它为程序的模块化设计提供了有力的支撑，便于程序的维护与扩充。C 语言程序设计的核心在于自定义函数设计，每个函数都是具备独立功能的模块，通过模块之间的协调工作可以实现复杂的程序功能。

例 5-4　使用自定义函数求解 5！。

```c
#include"stdio.h"//引入标准输入输出头文件
int factorial(int a)//自定义 factorial()函数
{
    int i=1,sum = 1;
    for(i=1;i<=a;i++)
    {
        sum = sum * i;
    }
    return sum;          //将计算值返回
}
void main()              //主函数
{
    int x;
    scanf("%d",&x);
    if (x<0){
        printf("输入错误! ");
    }
    else if(x==0||x==1){
        printf("%d!=1",x);
    }
    else{
        //调用 factorial()函数求阶乘，并返回阶乘值
        printf("%d!=%d",x,factorial(x));
    }
}
```

运行结果如图 5.5 所示。

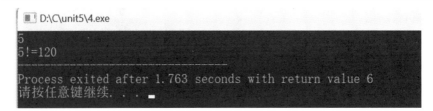

图 5.5   例 5-4 运行结果

程序分析：

(1) 本例编写了一个主函数一个自定义函数，自定义函数 factorial()的功能是求解阶乘。将求解阶乘的过程放在 factorial()中，可使主函数更加简洁明了。

(2) 在求解阶乘时，需要考虑小于 0(负数没有阶乘)、0 和 1(两者的阶乘为 1)、大于 0 这三种情况，因此使用 if…else if…else 语句进行分段计算。

(3) 在计算阶乘时，初始值 sum = 1，i = 1，因为 1 乘以任何数字都是数字本身，若 sum 或 i 的初始值为 0，最终结果会为 0。

5.2   函数的定义与调用

5.2.1   函数的定义

前面的章节已经使用过 scanf()、printf()、abs()等系统提供的函数。函数就是一些语句的集合，这些语句协同完成一项操作或返回所需结果。

和变量使用前需先定义一样，函数在使用前也必须先定义。函数定义的基本格式如下：

```
[返回值类型]函数名([形式参数])
{
    函数语句体
}
```

(1) [返回值类型]：函数体语句执行完毕，函数返回值的类型，如 int、float、char 等。若函数无返回值，则用空类型 void 来定义函数的返回值。如果在函数定义时没有注明返回类型，则默认为 int 类型。

(2) 函数名：用于标识函数，由合法的标识符构成。为了增强程序的可读性，建议函数名与函数内容相关，养成良好的编程习惯。

(3) [形式参数]：一系列用逗号分隔的形参变量数据类型声明，可以有 0 个到多个，0 个表示函数无参数，但圆括号不能省略，基本形式如下：

类型 变量名 1，类型 变量名 2，类型 变量名 3，…

每个参数都要指明变量名和类型。比如 "void area(int x, double y)" 表示有 2 个形参变量，x 是 int 类型，y 是 double 类型。

(4) 函数语句体：用于实现特定功能的代码块。函数语句体放在花括号{}中，包括说明部分和功能实现部分。说明部分主要用来说明函数中所使用变量的类型。功能实现部分是函数主体，主要由顺序语句、分支语句、循环语句等构成。需要注意，在函数体内声明的变量不能和参数列表中的变量同名。

函数返回语句的格式有以下两种。

(1) 函数有返回值类型，则函数返回语句的格式如下：

　　return(表达式的值);

其中，"表达式的值"的数据类型需和函数返回值类型一致。

(2) 函数返回值为 void(即函数无返回值)，则函数返回语句的格式如下：

　　return;

此时 return 语句可以省略不写。

说明：return 语句中表达式的值的类型应与函数返回值的类型一致，如果不一致，则以函数返回值的类型为准；若函数中有多个 return 语句，则函数返回第一个 return 语句中表达式的值，且第一个 return 语句后的语句不再执行。

当函数语句体完整执行结束或者执行到 return 语句后，程序会自动返回函数调用处，继续执行函数调用处的后续语句。

例 5-5　定义一个计算长方体体积的 cuboidVolume()函数，并返回计算结果。

```c
#include <stdio.h>
// 函数定义，计算长方体体积，函数返回值类型为 float 类型
float cuboidVolume(float length1, float width1, float height1) {
    float vol;          //定义体积变量
    ol = length1 * width1 * height1;
    return vol;         //返回计算值
}
int main() {
    float length, width, height;
    printf("请输入长方体的长、宽、高: ");
    scanf("%f %f %f", &length, &width, &height);
    //调用函数计算体积
    float volume = cuboidVolume(length, width, height);
    //输出结果
    printf("长方体的体积为: %.2f\n", volume);
    return 0;
}
```

运行结果如图 5.6 所示。

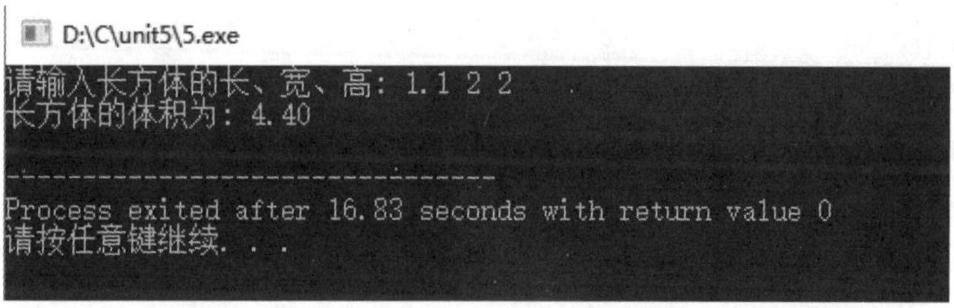

图 5.6　例 5-5 运行结果

程序分析:

(1) 本例中的自定义函数名为 cuboidVolume，用于计算长方体的体积，形参有 3 个，均为 float 类型。注意 cuboidVolume 函数的形参和返回值也均为 float 类型。

(2) 在程序设计过程中，必须明确形参、实参以及函数返回值的类型，才能确保结果正确。若在主函数中将变量 volume 定义为 int 类型，printf()语句中使用%d 格式控制符，体积计算结果就会为整数。运行结果如图 5.7 所示。

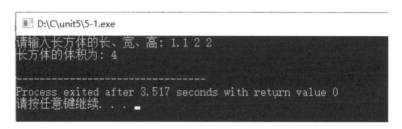

图 5.7　例 5-5 修改变量类型后的运行结果

5.2.2　函数的调用

1. 函数调用的形式

函数定义完毕，若不调用则不会发挥任何作用。C 语言中，除主函数 main 外，其他函数都必须通过函数调用才能起作用。一个函数可以被其他函数多次调用，而 main 函数不能被任何函数调用。调用函数的函数称为主调函数，被调用的函数称为被调函数。函数调用按照有无返回值分为以下两种形式。

(1) 函数无返回值的函数调用语句，格式如下:

函数名([实参表]);

例 5-6　编写自定义函数 blessing()祝福祖国生日快乐,调用函数将祝福语打印在控制台上。

```c
#include <stdio.h>
void blessing()
{
    printf("***********************************\n");
    printf("祝福祖国生日快乐，繁荣昌盛，国泰民安！\n");
    printf("***********************************\n");
}
int main()
{
    blessing();          //调用 blessing 函数
    return 0;
}
```

运行结果如图 5.8 所示。

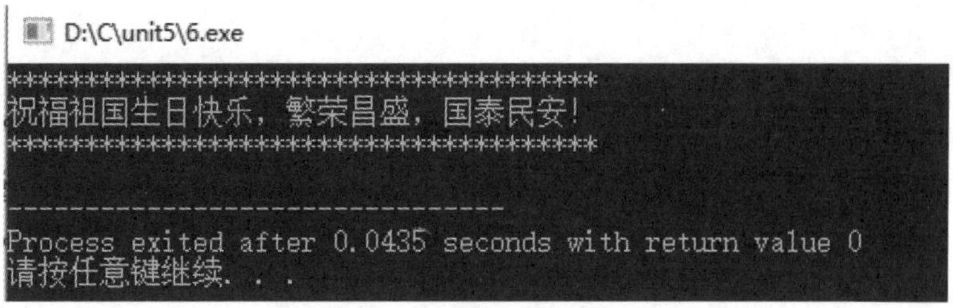

图 5.8　例 5-6 运行结果

程序分析：本例的自定义函数中没有返回值，在主函数内直接调用 blessing()函数，便可输出三行语句。

(2) 函数有返回值的函数调用语句，格式如下：

　　　变量名=函数名([实参表]);

需注意，变量名的类型必须与函数返回值的类型一致，实参用逗号分隔。实参应与形参保持个数一致、类型一致、顺序一致，二者是一一对应的关系。实参可以是表达式或值，若无参数，则为空。比如例题 5-5 中，cuboidVolume(length、width、height)语句为调用函数，length、width、height 为实参，在自定义函数 cuboidVolume()中，length1、width1、height1 为形参，它们均为 float 类型，按照顺序进行传值。

以上两种函数调用情况，程序都会执行被调函数中的语句，被调函数执行完后，回到主调函数的调用处，继续执行后面的语句。

2. 函数调用的方式

函数可以在 main()函数中被调用，也可以被其他函数调用。根据函数在程序中出现的位置，其调用方式有以下 3 种：

(1) 将函数调用作为一条语句，此时不要求函数有返回值，函数能实现一定功能即可，示例代码如下(例 5-6 中的语句)：

　　　blessing();

(2) 将函数作为表达式调用时，函数的返回值参与表达式的运算，此时函数必须有返回值。示例代码如下：

　　　int a;

　　　float b=3.14;

　　　a = floor(b);　　　　　　　　　//floor()函数将 b 向下取整的值传递给 a

(3) 将函数作为实参调用，其实就是将函数返回值作为函数参数使用，此时函数必须有返回值。示例代码如下：

　　　int x;

　　　x = floor(pow(2,3));　　　//pow()函数的返回值作为 floor()函数的实参

3. 函数的声明

在函数调用过程中，如果被调函数的定义出现在主调函数之后，则在主调函数中必须对该被调函数进行原型声明。声明就是告知编译系统将调用函数的相关信息。如果在调用函数之前未进行声明，则编译系统认为此函数不存在，从而报错。调用库函数不需要再作声明，但要用#include 命令引入其头文件。

函数声明的一般格式如下：

　　　返回值类型　函数名(参数类型 1 参数名 1，参数类型 2 参数名 2，…)；

其中，参数名可以省略。

例 5-7　函数声明举例，计算形参变量的和。

```c
#include<stdio.h>
void main()
{
    float sum(float a,float b);          //函数声明语句
    float x,y,z;
    printf("请输入 x,y 的值\n");
    scanf("%f,%f",&x,&y);
    z = sum(x,y);
    printf("x 和 y 的值为%.2f\n",z);
}
float sum(float a,float b)
{
    return(a+b);
}
```

运行结果如图 5.9 所示。

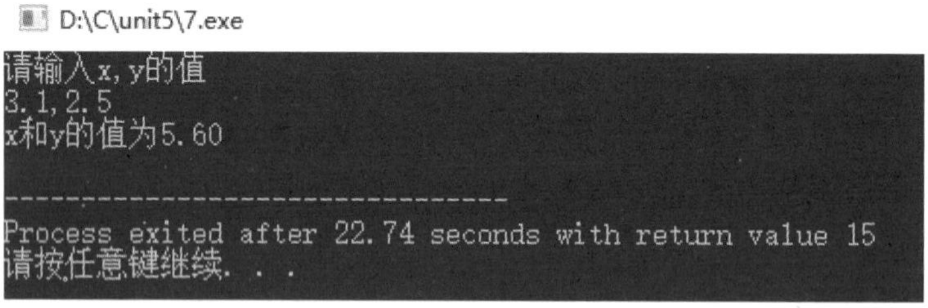

图 5.9　例 5-7 运行结果

程序分析：

(1) 在本例中，函数 float sum(float a, float b)的功能是求参数 a 与 b 的和。函数的声明语句"float sum(float a, float b);"写在主调用函数 main()的开始处。如果省略此声明语句，那么在编译程序时将报错，因为编译系统在编译到语句"z = sum(x,y);"时会认为 sum 未定义。

(2) 函数的定义出现在主调用函数之前，编译器能够识别函数的相关信息，可以省略函数声明。例如，先前编写的例 5-5 和例 5-6 均未包含函数声明。

(3) 函数声明语句中的参数名可以省略。在本例中，以下两种都是正确的函数声明语句：

　　　float sum(float a, float b);

　　　float sum(float,float);

(4) 在主调用函数中，函数声明语句必须写在调用函数语句之前，就像本例主函数中的函数声明和函数调用那样。

(5) 函数声明语句也可以写在主调用函数外，以例 5-7 改写后的代码为例：

```
#include <stdio.h>
float sum(float a,float b);        //函数声明
void main()
```

在此程序中，任何地方调用 sum 函数，都无须再进行声明。

4．函数的调用过程

在 C 语言程序运行机制中，可将主调函数比作工厂的总调度室，函数调用则类似于总调度室向各个车间(即被调用函数)下达生产任务。当总调度室发出指令(即执行函数调用语句)时，首先会记录当下的工作进度(保存主调函数执行状态)，随后将生产所需的原材料(即函数参数)传递至对应的车间。车间(被调用函数)依据既定流程(即函数体代码)开展生产作业，在完成生产任务(即执行完函数体指令)后，若存函数返回值，则将生产成果反馈给总调度室。总调度室接收成果后，依据先前记录的进度，继续推进后续工作(即恢复主调函数执行)。以计算学生成绩综合评定的程序为例，主调函数承担统筹整个评定流程的职责，调用不同函数分别计算平时成绩、考试成绩权重等，每个被调用函数好比一个专门负责某类生产任务的车间，众多车间协同合作，共同完成复杂的成绩评定任务。

例 5-8　自定义 max 函数，输出两个变量中的最大值。

```
#include<stdio.h>
int max(int x,int y)
{
    int z;
    z = x>y?x:y;
    return (z);
}
void main()
{
    int a,b;
    int c;
    printf("请输入 a 和 b 的值\n");
    scanf("%d%d",&a,&b);
    c = max(a,b);              //函数调用
    printf("最大值为：%d",c);
}
```

运行结果如图 5.10 所示。

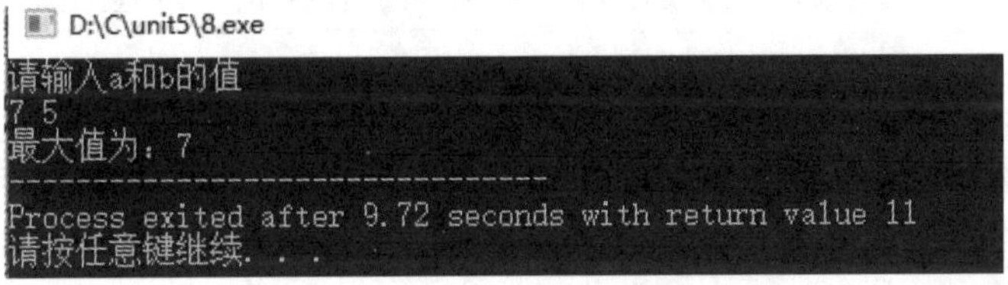

图 5.10　例 5-8 运行结果

该程序由两个函数组成：main 函数和 max 函数，执行过程如图 5.11 所示。

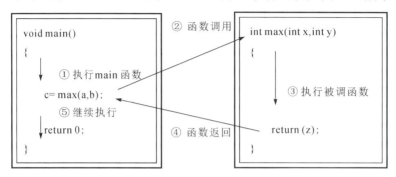

图 5.11   函数调用的执行过程

程序分析：

(1) 执行 main 函数，用户从键盘上输入两个整数，并将其赋值给变量 a、b。

(2) main 函数以 a、b 作为实参，调用 max 函数。

(3) 程序执行到 max 函数时，实参 a、b 的值传递给形参 x、y，使形参 x、y 获得初始值并参与函数体的运算，判断出两数中的最大值，直至执行语句"return(z)"。

(4) 执行 return 语句后，计算结果会返回到 main 函数。

(5) 转回 main 函数继续执行赋值操作，将 max 函数返回的计算结果赋值给 c 变量，最后输出计算结果。

任务 5-1   四 则 运 算 器

任务要求

在科技飞速发展的今天，计算器已成为我们生活和学习中不可或缺的工具。然而，你可曾了解过计算器那漫长而又充满智慧的发展历程？

早在古代，人们为了满足计数和计算的需求，就开始探索各种计算工具。中国古代的算筹，是一根根长短粗细一致的小棍子，通过不同的排列方式表示不同的数目，进行加、减、乘、除等运算。算筹的出现，是人类智慧的伟大结晶，体现了古人对数学规律的深刻理解和运用，也展现出中华民族勤劳、智慧和勇于创新的精神。

随着时间的推移，算盘应运而生。算盘以其独特的结构和便捷的计算方法，在商业和数学领域发挥重要作用。它不仅在中国被广泛使用，还传播到了周边国家，成为东方文化的重要象征之一。算盘的发明，再次证明了人类在追求高效计算方法上的不懈努力，也体现了不同文化之间的交流与融合。

直到 17 世纪，机械计算器诞生，这是计算器发展史上的重要里程碑。机械计算器通过齿轮、杠杆等机械结构实现计算功能，虽体积庞大、操作复杂，但它为现代计算器的发展奠定了基础。此后，电子技术飞速发展，计算器不断升级完善，逐渐演变成了如今小巧、便捷的电子计算器。

在这个任务中，我们将通过编写一个简易计算器程序，来深入理解函数在 C 语言中的应用。就像古代数学家们不断探索新的计算方法那样，我们也将运用所学的知识，发挥自己的智慧，去实现一个具备基本计算功能的程序。这不仅是对我们编程能力的一次考验，更是对人类追求科学、勇于创新精神的传承和发扬。

该四则运算器程序可使用函数来实现加、减、乘、除四种基本运算，即输入两个操作数和一个运算符，程序将根据运算符调用相应的函数进行计算，并输出结果。

任务分析

(1) 根据任务要求，需从键盘输入两个操作数和一个运算符。将操作数定义为 float 类型，运算符定义为 char 类型，在主函数中需提示用户输入操作数和操作符。

(2) 为了实现加、减、乘、除四种基本运算功能，可以将每个计算功能都封装成独立的函数，除法运算时还需要检查除数是否为零。

源程序

```c
#include <stdio.h>
//加法函数
float add(float a, float b) {
    return a + b;
}
//减法函数
float subtract(float a, float b) {
    return a - b;
}
//乘法函数
float multiply(float a, float b) {
    return a * b;
}
//除法函数
float divide(float a, float b) {
    if (b == 0) {
        printf("错误：除数不能为零！\n");
        return 0;
    }
    return a / b;
}
int main() {
    float num1, num2, result;
    char operator;
    printf("欢迎使用四则运算器！\n");
    printf("请输入第一个操作数：");
    scanf("%f", &num1);
    printf("请输入运算符(+、-、*、/)：");
    scanf(" %c", &operator);
    printf("请输入第二个操作数：");
    scanf("%f", &num2);
```

```
switch (operator) {
    case '+':
        result = add(num1, num2);
        break;
    case '-':
        result = subtract(num1, num2);
        break;
    case '*':
        result = multiply(num1, num2);
        break;
    case '/':
        result = divide(num1, num2);
        break;
    default:
        printf("错误：无效的运算符！\n");
        return 1;
}
printf("计算结果：%.2f %c %.2f = %.2f\n", num1, operator, num2, result);
return 0;
}
```

程序运行结果如图 5.12 所示。

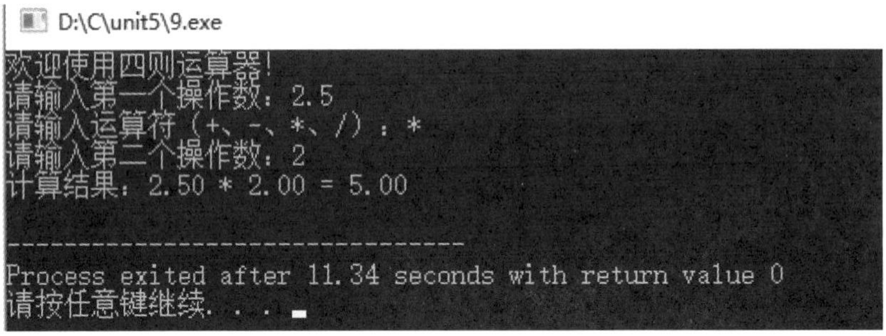

图 5.12   任务 5-1 运行结果

任务总结

(1) 数据类型应使用实型变量，若使用整型变量，在使用除法运算时会出现 5/2 = 2 的情况。

(2) 函数名应遵循命名规范，力求简洁明了、易于理解，方便其他开发者阅读程序。

(3) 如果需要对计算器功能进行扩展，比如增加开方、三角函数等运算，可仿照现有代码结构，定义新的计算函数，并在主函数的 switch 语句中添加相应的分支来调用新函数。在扩展过程中，要注意新函数的参数类型和返回值类型应与整体代码风格保持一致，同时要对新功能进行充分测试，确保其正确性和稳定性。

5.3　函数的参数传递

C 语言中函数参数的传递方式是单向值传递。在值传递过程中，实参变量的值传递给形参变量，形参变量另外申请一段内存空间。此时，实参变量和形参变量分别占用不同的内存空间，因此改变形参变量的值不会影响实参变量。按照参数形式的不同，函数间的参数传递分为两种传递形式：值传递和址传递。

5.3.1　值传递

值传递是程序设计中一种关键的参数传递方式。其原理是：在函数被调用时，系统会为函数的形参专门开辟全新的存储单元，然后将调用函数时传入的实参值，完整复制一份存放到这些新开辟的形参存储单元中。在被调用函数执行运算的过程中，操作对象是形参的值，而调用函数中的实参，其值自始至终都不会发生任何改变。

值传递具备隔离保护的特性。在函数调用期间，它能确保实参的值不被意外修改，有效规避了因函数内部操作不当而引发的副作用。这就好比参加重要会议需要准备报告文档(实参)，为保险起见，不会直接将原始文档交给会议组织者，而是重新复印一份(形参)提供给他们。在会议过程中，组织者或其他参会人员对这份复印文档进行批注、调整格式，甚至不小心弄丢，都不会对原始报告文档造成任何影响。

例 5-9　编写程序，自定义函数 swap()，交换两个整型变量中的值。

```
#include "stdio.h"
void swap(int x,int y)   //交换 x 和 y 的值
{
    int temp;
    temp=x;   x=y;   y=temp;
    printf("x=%d,y=%d\n",x,y);
}
void main( )
{
    int a,b;
    printf("请输入 a,b:");
    scanf("%d,%d",&a,&b);
    printf("交换前 a=%d,b=%d\n",a,b);
    swap(a,b);
    printf("交换后：a=%d,b=%d\n",a,b);
}
```

运行结果如图 5.13 所示。

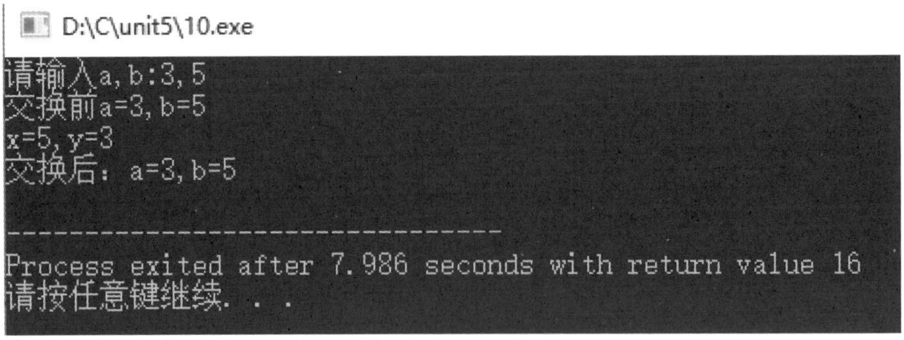

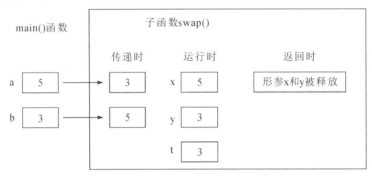

图 5.13　例 5-9 运行结果

程序分析：

(1) 程序执行过程中，实参与形参的变化如图 5.14 所示。

图 5.14　例 5-9 程序执行中的参数传递

(2) 由程序的运行结果可知，main()函数中 a 和 b 的值已经传递给 swap()函数，swap() 函数的值 x 和 y 进行了交换，但在返回 main()函数时，形参变量被释放，main()函数中 a 和 b 的值并未发生变化。

例 5-10　输入一个字符串，计算出其中字母的个数。

```c
#include <stdio.h>
int isalp(char c)    //判断是否是字符
{
    if(c>='a'&&c<='z'||c>='A'&&c<='Z')
        return 1;
    else
        return 0 ;
}
int main()
{
    int i,num=0;
    char str[30];
    printf("请输入一串字符:");
    gets(str);
```

```
    for(i=0;str[i]!='\0';i++){
        if(isalp(str[i]))num++;
    }
    printf("num=%d\n",num);
    return 0;
}
```

运行结果如图 5.15 所示。

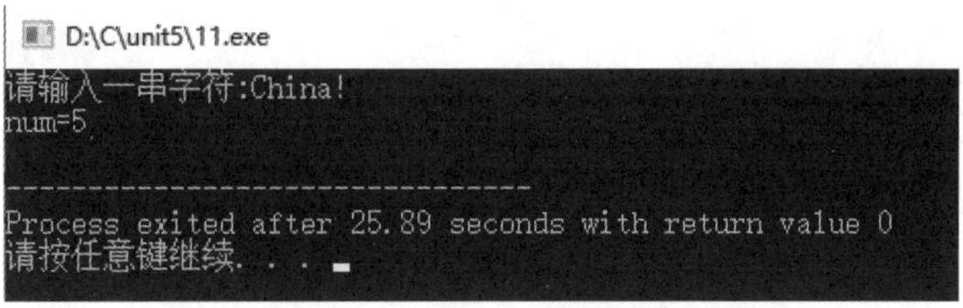

图 5.15　例 5-10 运行结果

程序分析：

(1) 用数组元素作为实参时，只要数组类型和函数的实参类型一致即可，并不要求函数的形参也是下标变量。在传值的过程中，仍然采用单向值传递。

(2) 字符数组 str 的大小定义为 30，这意味着用户输入的字符串长度不能超过 29 个字符(因为字符串结束符'\0'还需占用一个位置)。如果用户输入的字符串过长，可能导致数组越界，引发未定义行为，如程序崩溃或计算结果出错。

从例 5-9 和例 5-10 中可以看出，数据只能从实参单向传递给形参，形参数据的变化并不影响实参。形参和实参是不同的变量，彼此独立，因此形参的改变对实参没有任何影响。值传递的要求与结果如表 5.1 所示。

表 5.1　值传递的要求与结果

要　　求	结　　果
形参类型	简单变量
实参类型	简单变量、表达式、常量、数组元素
传递的信息	实参的值
通过调用能否改变实参的值	不能

5.3.2　址传递

如果实参为指针类型，即变量的内存地址，那么在将实参传递给形参时，被调用函数接收的是该变量的内存地址。通过这个地址，函数内部可以修改实参所指向的数据。这种函数的参数传递方式被称为址传递。

1. 指针作为实参传递

例 5-11　在例 5-9 的基础上修改代码，通过调用函数 swap()交换主调函数中两个整型变量的值。

```
#include "stdio.h"
void swap(int *x,int *y)    //交换 x 和 y 的值
{
    int temp;
    temp=*x;    *x=*y;    *y=temp;
    printf("x=%d,y=%d\n",*x,*y);
}
void main( )
{
    int a,b,*p,*q;
    printf("请输入 a,b:");
    scanf("%d,%d",&a,&b);
    p=&a; q=&b;
    printf("交换前 a=%d,b=%d\n",a,b);
    swap(p,q);
    printf("交换后：a=%d,b=%d\n",a,b);
}
```

运行结果如图 5.16 所示。

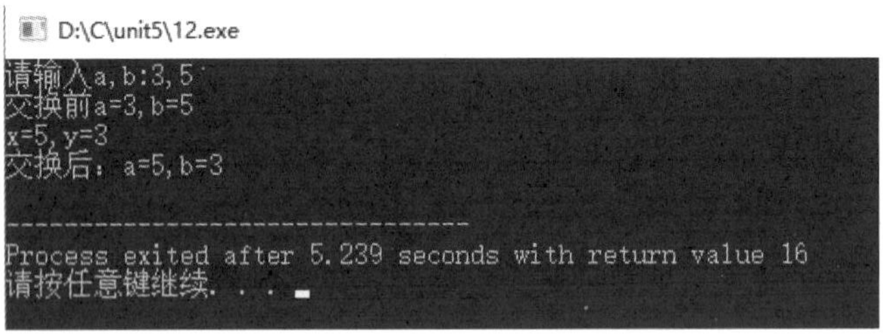

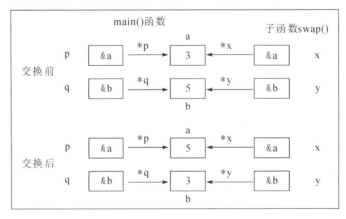

图 5.16   例 5-11 运行结果

程序分析：

(1) 程序执行过程中实参与形参的变化如图 5.17 所示。

图 5.17   例 5-11 变量值转态

(2) 利用指针作为函数参数，可以在被调函数中改变主调函数实参所指存储单元的值。注意，这不是靠改变被调函数形参来改变主调函数实参。指针传递是把实参地址给形参，在被调函数里操作形参指针指向的存储单元，从而影响主调函数实参所指存储单元的值，所以并非直接改变实参。

2. 数组名作为实参传递

当数组名作为函数参数时，它既可以作为形参，也可以作为实参。使用数组名作为函数参数时，要求形参和对应的实参必须是类型相同的数组或指向数组的指针变量。特别地，当使用一维数组作为形参时，可以不指定数组元素的个数。

例 5-12　输入一组整型数据并将其按逆序存放在数组中。要求使用自定义函数 reverse() 编写程序，且以数组名作为函数的参数。

```c
#include <stdio.h>
void reverse(int p[],int n)          //实现数组元素位置的交换
{
    int i,j,t;
    for(i=0,j=n-1;i<j;i++,j--)
    {
        t=p[i];p[i]=p[j];p[j]=t;
    }
}
int main()
{
    int i,a[10],n;
    printf("输入数字数量为:");
    scanf("%d",&n);
    printf("请输入%d 个数字:\n",n);
    for(i=0;i<n;i++)
        scanf("%d",&a[i]);
    reverse(a,n);                    //调用函数
    for(i=0;i<n;i++)
        printf("%d ",a[i]);
    return 0;
}
```

运行结果如图 5.18 所示。

图 5.18　例 5-12 运行结果

程序分析：

(1) 定义函数 reverse()，以数组名 p 和数组长度 n 为形参，本例中数组最大长度设定为 10，可根据任务需求自行扩展。

(2) 用数组名作为函数参数时，并不是将数组中的全部元素传递给对应的形参。由于数组名代表数组的首地址，因此只需将数组首个元素的地址传递给对应的形参。

(3) 当使用数组名作为函数参数时，应在主调函数和被调函数中分别定义数组，且类型必须一致，否则会出错。

(4) 因为指针可以指向数组，所以为了传递数组起始地址，实参与形参不仅能用数组形式表示，也能用指针代替。

任务 5-2　最高分与最低分

任务要求

使用函数实现以下功能：某同学一学期有 5 门课程，根据每门课程的得分情况，找出最高分和最低分。

任务分析

(1) 定义 max() 函数用于求出最高分，定义 min() 函数用于求出最低分，定义数组 score[5] 用于存取学生成绩。

(2) 在 max() 函数中定义变量 maxnum 并将数组的首元素值赋值给该变量，循环 4 次比较大小找出最大值；在 min() 函数中定义变量 minnum 并将数组的首元素值赋值给该变量，循环 4 次比较大小找出最小值。

源程序

```c
#include <stdio.h>
int min(int array[5])      //求出最低分
{
    int i,minnum = array[0];
    for(i=1;i<5;i++)
    {
        if (array[i]<minnum)
            minnum=array[i];
    }
    return minnum;
}
int max(int array[5])      //求出最高分
{
    int i,maxnum=array[0];
    for(i=1;i<5;i++)
    {
        if(array[i]>maxnum)
            maxnum=array[i];
```

```
    }
        return maxnum;
    }
    int main ()
    {
        int i,score[5],minresult,maxresult;
        printf("请输入 5 门课程的得分:\n");
        for(i=0;i<5;i++)
            scanf("%d",&score[i]);
        minresult=min(score);          //调用 min()函数
        maxresult=max(score);          //调用 max()函数
        printf("成绩最低分是%d\n",minresult);
        printf("成绩最高分是%d\n",maxresult);
        return 0;
    }
```

程序运行结果如图 5.19 所示。

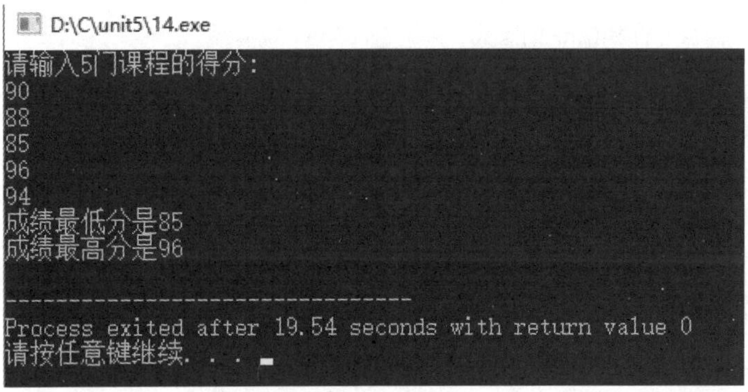

图 5.19　任务 5-2 运行结果

任务总结

(1) 实参数组 score 的首元素地址传递给形参数组 array，这两个数组在内存中指向同一个地址，对数组 array 的访问，等同于对数组 score 的访问。

(2) 参数传递的是数组首地址，形参数组的大小可以不指定，例如本任务中函数声明可以修改为 int min(int array[])。

(3) 当前程序将成绩定义为整型。若实际应用中成绩有小数，则将数组类型和函数返回值类型修改为浮点型(如 float 或 double)，同时要注意浮点运算可能带来的精度问题。

▷5.4　嵌套函数和递归函数

在程序设计的函数体系中，嵌套函数与递归函数以其独特的结构和功能特性，为解决复杂的编程问题提供了强大的工具支持。深入理解和掌握这两种函数类型，对于提升编程能力、优化算法设计以及实现高效的程序逻辑具有至关重要的意义。

5.4.1　嵌套函数

在 C 语言程序中，函数之间除了调用与被调用，都是平等关系。C 语言中的函数不支持嵌套定义，即不允许在一个函数内部再定义函数。但是，C 语言中的函数允许嵌套调用，即主函数调用 A 函数，A 函数调用 B 函数，B 函数调用 C 函数等，且这种嵌套调用层数不受限制。

例 5-13　编译、运行下列程序，分析程序的运行结果。

```c
#include"stdio.h"
void fun2()
{
    printf("调用 fun2()函数\n");
}
void fun1()
{
    printf("调用 fun1()函数\n");
    fun2();          //调用 fun2()函数
}
void main()
{
    fun1();          //调用 fun1()函数
}
```

运行结果如图 5.20 所示。

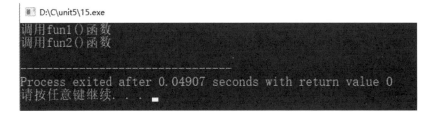

图 5.20　例 5-13 运行结果

程序分析：

(1) 函数的嵌套调用过程如图 5.21 所示。

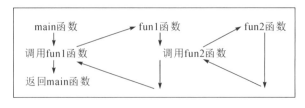

图 5.21　函数嵌套调用

(2) 程序的执行过程是：执行 main 函数中调用 fun1 函数的语句时，转去执行 fun1 函数；在 fun1 函数的执行过程中，输出"调用 fun1()函数"语句后，遇到调用 fun2 函数的语句，又转去执行 fun2 函数；fun2 函数输出"调用 fun2()函数"后，返回 fun1 函数的调用点继续执行，fun1 函数执行完毕后返回 main 函数的调用点继续执行，直到整个程序结束。

5.4.2　递归函数

递归是一种描述问题的方法，也可称为算法。以下是定义阶乘的一种方法：

$$n = \begin{cases} 1 & n = 0 \\ 1 & n = 1 \\ n \times (n-1)! & n > 1 \end{cases}$$

这是用阶乘来定义阶乘，即"自己定义自己"，这种定义方法称为递归定义。

在函数调用中，存在两种情况：一种是在函数 A 的定义中有调用函数 A 的语句，即自己调用自己；另一种是在函数 A 中出现调用函数 B 的语句，而在函数 B 的定义中又出现调用函数 A 的语句，即两个函数相互调用。前者称为直接递归，后者称为间接递归。

例 5-14　有 5 个人，第 5 个人说自己比第 4 个人大 2 岁，第 4 个人说自己比第 3 个人大 2 岁，第 3 个人说自己比第 2 个人大 2 岁，第 2 个人说自己比第 1 个人大 2 岁，第 1 个人说自己 10 岁。编写程序求第 5 个人的年龄。

```c
#include <stdio.h>
int age(int n)
{
    int c;
    if (n==1)
        c=10;
    else
        c=age(n-1)+2;              //执行 age(n-1)
    return c;
}
void main ()
{
    printf("第五个人的年龄为:%d\n",age (5));
}
```

运行结果如图 5.22 所示。

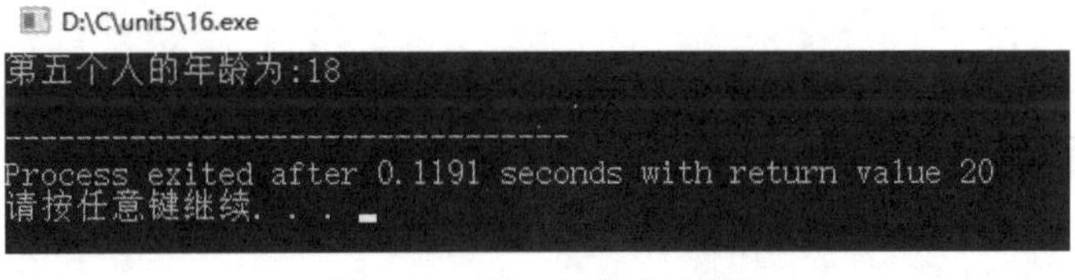

图 5.22　例 5-14 运行结果

程序分析：

(1) 要计算第 5 个人的年龄，就必须知道第 4 个人的年龄；要计算第 4 个人的年龄，又得先知道第 3 个人的年龄……要计算第 2 个人的年龄，得先知道第 1 个人的年龄，而第 1 个人的年龄是已知的，这样可以反向计算第 2 个人、第 3 个人、第 4 个人、第 5 个人的年龄。其计算公式如下：

$$age(n) = \begin{cases} 10 & n = 1 \\ age(n-1) + 2 & n > 1 \end{cases}$$

(2) main 函数中实际上只有一条语句。整个问题的求解完全依赖于 age(5)函数调用。age 函数的递归调用过程如图 5.23 所示。

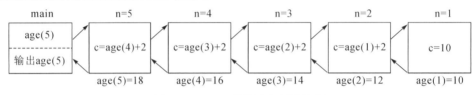

图 5.23   age 函数的递归调用过程

(3) 为了防止递归调用无终止地进行，必须在函数内部设置终止递归的条件判断语句。一旦满足条件，便不再继续递归调用，然后逐层返回。在本例中使用的是 if(n == 1)，当条件满足时，将 c = 10 的值返回。

例 5-15   用递归方法求 n!。

```c
#include <stdio.h>
int fac(int n)                 //定义 fac 函数
{
    if(n<0) {                  //n 不能小于 0
        printf("n<0,data error!");
        return 0;
    }
    else if(n==0||n==1)            return    1;
    else return(fac(n-1)*n);
}
void main()
{   int n;
    int y;
    printf("请输入 n=");
    scanf("%d",&n);
    y=fac(n);
    printf("%d!=%d",n,y);
}
```

运行结果如图 5.24 所示。

图 5.24 例 5-15 运行结果

程序分析：

(1) 递归是从最复杂的结果出发，按照一定规律将结果分解成较为简单的解决方法，再将这些较为简单的解决方法按照同样规律进一步细分，直到分解出的操作可以直接实现为止。在本例中，6! 被分解为 6*5!，最后分解得到 1! =1，分解过程终止。

(2) 在设计递归程序时必须确定好递归终止条件，也就是递归出口。程序中不应存在无终止的递归调用，而只能出现有限次数、有终止的递归调用。解决方法是利用 if 语句来控制循环调用自身的过程，让递归调用过程仅在某一条件成立时执行，否则不再执行递归调用过程。在本例中，递归出口为 if(n == 0||n == 1)，此时将结果 1 返回。

任务 5-3 平方数的阶乘和

任务要求

在数学领域，阶乘是一个古老且富有魅力的概念，其起源可以追溯到 18 世纪的数学研究热潮。当时，数学家们在探索排列组合问题时，发现了阶乘这一简洁而强大的数学工具。例如，在研究 n 个不同元素的全排列问题时，其排列的总数恰好是 n 的阶乘(n!)。这一发现极大地推动了组合数学的发展，也为后续众多领域的研究奠定了基础。

阶乘的诞生，不仅是数学智慧的结晶，更蕴含着深刻的哲理。它体现了人类对规律的不懈追求和对未知的勇敢探索精神。每个阶乘的计算，都是从 1 开始逐步累积，如同我们在学习和成长的道路上，一步一个脚印，不断积累知识和经验，最终实现从量变到质变的飞跃。通过完成这个任务，我们可以感受到数学与编程的紧密结合，体会到人类智慧在不同领域的传承和创新。

任务要求

本任务要求运用 C 语言的函数知识，计算从 1 到 n 的每个数的平方的阶乘之和 $(1^2!+2^2!+\cdots+n^2!)$。

任务分析

(1) 在 main 函数中，提示用户输入一个正整数 n，然后调用相关函数计算结果并输出。

(2) 定义 factorial 函数，用于计算一个数的阶乘。

(3) 定义 sumFactorials 函数，用于计算平方数的阶乘和。

源程序

```
#include <stdio.h>
long long factorial(int num) {        //计算一个数的阶乘
    int i;
    if(num==0||num==1)     return 1;
    else return num*factorial(num-1);
}
```

```
long long sumFactorials(int n) {    //计算平方数的阶乘和
    int i;
    long long sum = 0;
    for (i = 1; i <= n; i++) {
        int square = i * i;
        sum += factorial(square);
    }
    return sum;
}
int main() {
    int n;
    long long result;
    printf("请输入一个正整数 n: ");
    scanf("%d", &n);
    result = sumFactorials(n);
    printf("从 1 到%d 的每个数的平方的阶乘之和为: %lld\n", n, result);
    return 0;
}
```

程序运行结果如图 5.25 所示。

图 5.25   任务 5-3 运行结果

任务总结

(1) factorial 函数使用递归方式来计算一个数的阶乘，当 num 为 0 或 1 时，直接返回 1；否则，返回 num 乘以 factorial(num-1)的结果。

(2) sumFactorials 函数接收整数参数 n，用于计算从 1 到 n 每个数的平方的阶乘之和。在函数内部，使用 for 循环遍历 1 到 n 的每个数，计算其平方，然后调用 factorial 函数计算平方的阶乘，并将结果累加到 sum 中。

(3) 程序提示用户输入一个正整数 n，调用 sumFactorials 函数计算结果并输出。

(4) 由于阶乘的结果可能会非常大，因此使用 long long 类型来存储阶乘和结果，以防溢出。

▶5.5　变量的作用域与存储类别

在 C 语言中，变量的作用域与存储类别是两个重要的概念，它们决定了变量的可见性、生命周期以及存储位置。

5.5.1　变量的作用域

变量能被访问的范围称为变量的作用域。由于变量定义的位置不同，其作用域也有所区别。在编程中，我们通常将变量划分为局部变量和全局变量。

1. 局部变量

局部变量的作用域仅限于函数或复合语句内部，即只能在声明它们的函数或复合语句中使用，超出此范围则无法访问。此外，如果局部变量的声明位置不在函数或复合语句的开头，那么只能在声明变量的语句之后引用该局部变量。关于局部变量有如下几点说明：

(1) 在函数内部定义的形参、变量为局部变量，只能在本函数内部使用，而不能被其他函数调用。

(2) 不同函数内部的变量、形参可同名，相互之间并不干扰。

(3) 复合语句中的变量仅在复合语句内部有效，离开复合语句后该变量所占存储空间将被释放，复合语句外部不能使用该变量。

(4) 形参是被调函数的局部变量，实参是主调函数的局部变量。

下面分析变量的作用域范围，如图 5.26 所示。

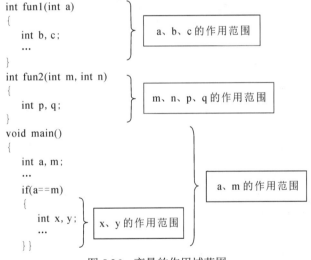

图 5.26　变量的作用域范围

在函数 fun1 内定义了三个变量，其中 a 为形参，b、c 为普通变量。a 在函数开头被声明，因此在 fun1 的整个范围内 a、b、c 有效，即 a、b、c 变量的作用域限于 fun1 内。同理，m、n、p、q 的作用域限于 fun2 内。main 函数中定义的 a、m 的作用域仅限于 main 函数内。值得注意的是，main 函数中 if 语句声明的变量 x、y，只在 if 循环语句中有效，在 if 语句之后的范围不能使用。

例 5-16　写出下面程序的运行结果。

```
#include"stdio.h"
void main(){
    int i,num;
```

```
num = 20;
printf("num=%d\n",num);
for(i=1;i<5;i++){
        int num = 7;
    num++;
    printf("num=%d\n",num);
}
printf("num=%d\n",num);
}
```

运行结果如图 5.27 所示。

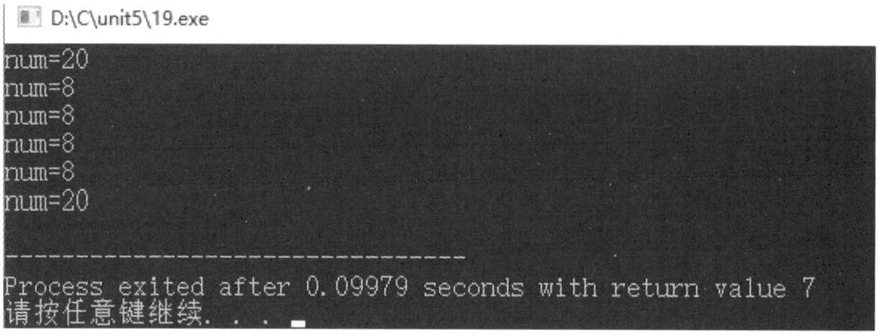

图 5.27   例 5-16 运行结果

程序分析：

(1) 观察程序运行结果可知，外层的变量 num 和 for 循环内的变量 num 是两个不同的变量。

(2) 程序在执行时，先给外层的局部变量 num 赋初值 20。在 for 循环中定义了一个局部变量 num 并赋初值 7，执行 num++ 操作后，num 变为 8。

(3) 在进入下一轮循环时，for 循环中的 num 重新定义和赋值，再次执行 num++ 操作后，num 的值还是 8。

(4) 循环结束后，for 循环中的局部变量超出其作用域，不再生效，此处输出 num 的值为外层的局部变量 num 的值，即 20。

2. 全局变量

局部变量保证了函数的独立性，但设计程序有时需要考虑不同函数之间的数据交流。当一些变量需要被多个函数使用时，参数传递虽然可行，但是必须通过函数调用才能实现，且函数返回值只有一个。为了解决多个函数间的变量共用需求，可以使用全局变量。

定义在所有函数之外的变量称为全局变量，它不属于某个函数，而是属于一个源程序文件。全局变量的作用范围从定义位置开始，到源文件结束。关于全局变量有如下几点说明：

(1) 全局变量与局部变量同名时，优先使用局部变量。

(2) 全局变量与局部变量一样，遵循"先定义后使用"原则。每个全局变量只能被定义一次，否则在编译程序时将会出现错误。此外，最好在所有需要使用该全局变量的函数之前定义该全局变量。如果某个函数需要在全局变量定义之前使用它，则只能对该全局变量进行声明，而不能再次定义。

(3) 全局变量减少了函数参数的个数和数据传递的时间消耗，但要避免随意过量使用。局部变量在函数结束时会释放存储空间，而全局变量在程序执行的全过程中都占用存储空间，存在空间浪费问题。函数之间除了通过参数进行联系，基本上都是封闭的个体，这样程序具有较高的可移植性和可读性，而使用全局变量则会降低函数的通用性。

全局变量的作用域范围如图 5.28 所示。

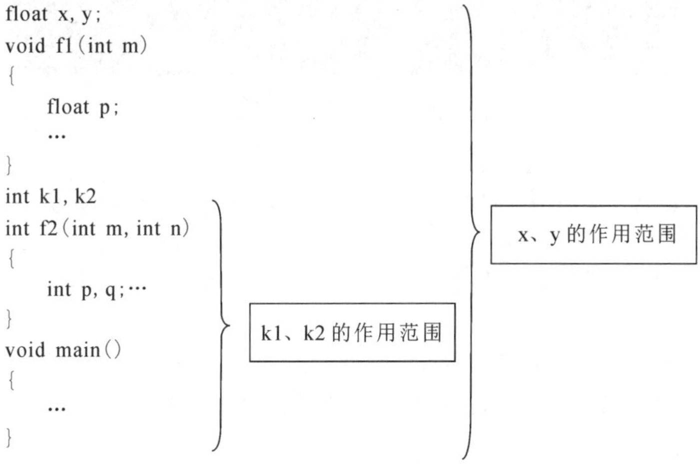

图 5.28　全局变量的作用域范围

上述代码包含四个全局变量，分别为 x、y、k1 和 k2。其中，x 和 y 被定义为 float 类型，k1 和 k2 被定义为 int 类型。x 和 y 的作用域为整个程序，即在程序的任何位置都可以访问和修改这两个变量；k1 和 k2 的作用域从其定义位置开始，直至程序结束，在这个范围内可以对它们进行访问和修改。

例 5-17　编写函数，计算和、差、积。

```
#include"stdio.h"
int add,sub,mul;              //定义全局变量
void fun(int num1,int num2)  //定义求和、差、积函数
{
    add = num1 + num2;
    sub = num1 - num2;
    mul = num1 * num2;
}
void main()
{
    int x,y;
    printf("请输入两个数：");
    scanf("%d%d", &x, &y);
    fun(x,y);                //调用函数
    printf("两数之和为：%d,差为：%d，积为：%d\n", add, sub, mul);
}
```

运行结果如图 5.29 所示。

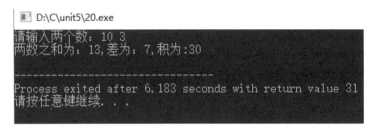

图 5.29   例 5-17 运行结果

程序分析:

(1) 在本例中定义了三个全局变量:add、sub、mul。程序从 main 函数开始执行,main 函数中定义了两个局部变量,调用 fun 函数时,将局部变量 x 和 y 传递给 fun 函数中的 num1 和 num2。在执行 fun 函数时,全局变量值发生改变,因此在 main 函数中输出的是全局变量改变后的值。

(2) 编写程序时,可以利用全局变量传递数据,比如本例中的全局变量。对于带有自定义函数的程序,必须考虑主调函数和被调函数之间的数据传递,引入全局变量可提供一种新的数据传递途径。

(3) 引入全局变量的目的是实现函数间的数据传递,但也极易导致程序逻辑混乱,因此要慎用全局变量。

5.5.2   变量的存储类别

在程序执行过程中,变量占据存储单元的时长称为变量的生存期。依据生存期的不同,变量可分为动态变量与静态变量。

动态变量存储于动态存储区。当函数被调用时,系统自动为该函数内部定义的变量及形参分配相应的动态存储单元。一旦函数调用结束,这些为函数变量分配的动态存储单元便会被系统释放,以作他用。也就是说,动态变量的生命周期始于函数调用时的存储单元分配,结束于函数调用结束时的存储单元释放。

静态变量则存储在静态存储区。这类变量在程序启动运行的初始阶段,就已被系统分配好了存储空间,并且会一直占据该空间,直至整个程序执行完毕才会释放该空间。静态变量主要涵盖全局变量,以及使用"static"关键字定义的局部变量。特别需要注意的是,静态存储变量在未被显式初始化时,其默认初值为 0。

在定义变量时,可以使用以下关键字定义其存储方式:自动的(auto)、静态的(static)、寄存器的(register)、外部的(extern)。

1. 局部变量的存储方式

(1) 自动(auto)变量。自动变量采用动态存储方式存储,函数中的形参和局部变量都属于此类变量。在调用函数时,系统为这些变量分配存储空间,函数调用结束时就自动释放这些空间。如果变量定义时没有指定存储类别,系统默认其为 auto。

(2) 静态局部(static)变量。如果在定义局部变量时使用关键字 static,则该变量为静态变量。静态变量在程序执行期间会一直占用存储单元,它只能被初始化一次。在每次调用其所在进程时，变量并不会重新初始化，而是继续使用上次调用结束时保存的值。需注意，形参不允许被定义为静态存储类型。

(3) 寄存器(register)变量。为了提高效率，让变量不占内存，将 CPU 的寄存器分配给变量。CPU 从寄存器中读取数据比从内存中读取数据要快，因此对于频繁使用的变量可以将其定义为 register 变量。需注意，变量不能既放在静态存储区又放在寄存器中，二者只能选其一。

例 5-18　阅读下面的程序，观察 auto 变量和 static 变量的区别。

```c
#include <stdio.h>
//定义一个函数，用于观察 auto 变量和 static 变量的区别
void different() {
    auto int autoVar = 0;      //定义 auto 变量，auto 关键字可省略
    static int staticVar = 0;  //定义 static 变量
    autoVar++;
    staticVar++;
    printf("auto 变量的值: %d\n", autoVar);
    printf("static 变量的值: %d\n", staticVar);
}
void main() {
    int i;
    for (i = 0; i < 3; i++) {
        different();    //多次调用 observeDifference 函数
        printf("\n");
    }
}
```

运行结果如图 5.30 所示。

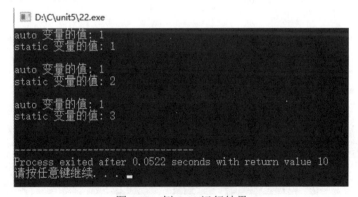

图 5.30　例 5-18 运行结果

程序分析：

(1) 在本例中，当操作系统将代码读入内存时，识别出局部变量 staticVar 是静态变量，便为 staticVar 分配内存并赋值 0。当调用 different 时，不再为 staticVar 分配内存，调用完毕后也不会释放 staticVar 的内存。因此，在循环调用 different 函数时，staticVar 的值会不

断累加。

(2) 在本例中，局部变量 autoVar 是自动变量，当调用 different 函数时，系统为 autoVar 分配内存，函数执行完毕后又释放 autoVar 的内存。因此，在循环调用 different 函数时，autoVar 的初值每次都为 0，累加后输出始终是 1。

2. 全局变量的存储方式

全局变量(也称为外部(extern)变量)是在函数外部定义的，其作用域从变量定义的位置开始，延伸至整个程序文件的末尾。如果全局变量没有在文件开头定义，其有效的作用域范围则仅限于定义位置到文件末尾。如果在定义之前有函数需要引用该全局变量，必须使用 extern 关键字对该变量进行声明(例如 extern int x)，以表明该变量是一个已被定义的全局变量，从而允许在全局范围内使用该变量。扩展全局变量作用域的方式分为两种：一是在同一文件内扩展全局变量作用域；二是将一个文件中的全局变量作用域扩展到另一个文件。

(1) 同一文件内扩展全局作用域。在同一个文件中，若全局变量不是在文件开头定义的，想在全局变量定义之前的函数中使用该全局变量，就需使用 extern 关键字加以声明。

例 5-19 用 extern 声明全局变量，扩展全局变量在程序文件中的作用域。

```c
#include"stdio.h"
void func()        //定义函数 func
{
    extern int x;  //声明全局变量
    printf("在被调函数中全局变量的值为：%d\n",x);
}
void main()
{
    extern int x;  //声明全局变量
    printf("在 main 函数中全局变量的值为：%d\n",x);
    func();        //调用函数 func
}
int x = 5;         //定义全局变量
```

运行结果如图 5.31 所示。

图 5.31   例 5-19 运行结果

程序分析：

① 在本例中，程序文件的最后一行定义了全局变量 x，因此在前面函数内使用全局变量 x 时，需加以声明。

② main 函数中，从声明全局变量的位置开始到 main 函数结束都是 x 的有效作用域。注意，在 main 函数中对外部变量的声明只在 main 函数范围内有效，因次，在 func 函数中使用全局变量 x 时，也进行了全局声明。

(2) 将一个文件中的全局变量作用域扩展到另一个文件。

在一个源程序文件中，需要使用另一个源程序文件中定义的全局变量时，同样可以用 extern 对全局变量进行声明。

例 5-20　用 extern 将全局变量的作用域扩展到其他文件，请分析下列程序的运行结果。

```c
/*源文件：unit5/24.c*/
#include<stdio.h>
int x = 5;
int y = 5;
void add()
{
    y = 10 + x;
    x = 2;
}
void main()
{
    extern void sub();
    add();
    sub();
    printf("x=%d\ny=%d\n",x,y);
}
/*源文件：unit5/25.c*/
void sub()
{
    extern int x;
    x--;
}
```

运行结果如图 5.32 所示。

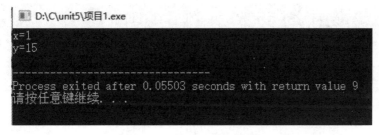

图 5.32　例 5-20 运行结果

程序分析：

(1) 例 5-20 由两个源文件组成，要使程序正确运行，需将两个源文件都添加到工程中，具体步骤如下：① 新建项目(工程)；② 在项目中新建两个源文件；③ 分别将代码输入两个源文件中；④ 运行包含 main 函数的源文件。需要注意一个项目中只能有一个 main 函数。

(2) 在程序 24.c 中定义两个全局变量(外部变量)x 和 y，main 函数调用了函数 add 和 sub。由于 sub 函数不在 24.c 中，所以在 main 函数中要使用"extern void sub();"语句声明 sub 是外部函数。

(3) 在 25.c 的函数中，要使用 24.c 中的全局变量 x，所以在函数 sub 中使用语句"extern int x;"声明变量 x 是外部变量。

(4) 程序从 main 函数开始，先调用 add 函数，执行语句"y = 10 + x;x = 2;"，此时 y = 15，x = 2；然后调用 sub 函数，执行语句"x--;"，即 x = 1；最后返回 main 函数，输出 x 和 y 的值。

任务 5-4　统计函数调用次数

任务要求

运用 C 语言的函数知识，计算 func 函数被调用的次数。

任务分析

通过在 func 函数中对全局变量执行加 1 的操作，即可统计函数调用次数。

源程序

```
#include <stdio.h>
int call_count = 0;              //全局变量：用于统计函数调用次数
void func() {
    call_count++;                //函数：每调用一次，call_count 加 1
}
void main() {
    func();
    func();
    func();
    printf("func 函数被调用了%d 次。\n", call_count);
}
```

程序运行结果如图 5.33 所示。

图 5.33　任务 5-4 运行结果

任务总结

(1) 在 main 函数中，func 函数被调用了 3 次。每次调用时，call_count 的值都会增加 1。调用结束后，使用 printf 函数输出 call_count 的值，该值就是 func 函数的调用次数。

(2) 本例中使用的全局变量 call_count 可以被多个函数直接访问和修改，避免了在函数之间传递参数的烦琐操作，使代码更加简洁。

▶5.6　函数与指针

5.6.1　指向函数的指针

通常函数名代表函数执行的入口地址，函数指针则是指向函数的指针，其作用是存储函数的入口地址。

函数指针的一般格式如下：

　　　[存储类型] 数据类型(*变量名)([参数列表]);

其中，存储类型为函数指针本身的存储类型，数据类型为指针所指函数的返回值的类型。

例如"int(*p)();"，p 是一个函数指针变量，它所指向的函数返回值为 int 型。同普通指针一样，若 p 没有指向任何函数，p 值是不确定的。因此，在使用 p 之前必须给它赋值，将函数的入口地址赋给函数指针变量，赋值格式如下：

　　　函数指针变量 = 函数名;

如果函数指针变量已经指向了某个函数的入口地址，就可以通过它来调用该函数，调用格式如下：

　　　(*函数指针变量名)(实参表);

例 5-21　使用指向函数的指针变量调用一个函数，运用该函数求两个整数的和。

```c
#include"stdio.h"
int add()            //定义求和函数 add
{
    int a,b;
    printf("请输入两个整数： ");
    scanf("%d%d",&a,&b);
    return a+b;
}
void main()
{
    int sum;
    int(*p)();               //p 是指向无参函数的指针变量
    p = add;                 //变量 p 指向 add 函数的首地址
    sum = (*p)();            //通过 p 指针调用 add 函数
    printf("两个整数之和为：%d\n",sum);
}
```

运行结果如图 5.34 所示。

图 5.34　例 5-21 运行结果

程序分析：

(1) 在本例中，p 是一个指向函数的指针变量，它所指向的函数没有参数，且返回值为整型，int(*p)()与 int add()相对应。

(2) 在本例中，add 函数可以通过 add()调用，也可以通过函数指针调用(即指向函数的指针变量)。函数指针变量只能指向函数的起始位置，而不能指向函数内部的某条指令，因此不能用*(p + 1)表示函数的下一条指令。对于指向函数的指针变量，p++、p--等运算是无意义的。

注意，*p 两侧的圆括号不能省略，p 先与*结合，表示 p 是指针变量，然后与后面的()结合，表示 p 指向的是函数。

5.6.2　返回指针值的函数

函数的返回值可以代表函数的计算结果，其类型可以是系统定义的简单数据类型。指针也是系统认可的一种数据类型，因此指针数据类型可以作为函数的返回值。

如果函数的返回值为指针，该函数通常被称为指针函数，其一般格式如下：

[存储类型] 数据类型 *函数名([形参表])
{
　　 //函数体
}

其中，"函数名"之前的"*"号表明这是一个指针型函数，即其返回值是一个指向对应数据类型的指针。与函数指针的定义不同，"函数名"两侧没有括号，由于"()"的优先级高于"*"，函数名会先与"()"相结合。

例 5-22　输入一个 1～7 之间的整数，输出对应的星期名。

```c
#include<stdio.h>
char *day_name(int n)
{
    char *name[]={"Monday","Tuesday","Wednesday","Thursday",
    "Friday","Saturday","Sunday"};
    return (name[n-1]);
}
void main()
{
    int i;
```

```
        printf("请输入第几天：");
        scanf("%d",&i);
        if(i<0||i>7)
        {
            printf("请输入 1~7 之间的数字\n");
        }
        printf("这天是：%s\n",day_name(i));
    }
```

运行结果如图 5.35 所示。

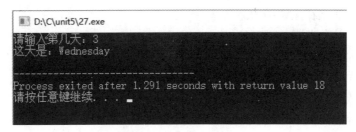

图 5.35　例 5-22 运行结果

程序分析：

(1) 在本例中，定义了指针型函数 day_name，其返回值指向一个字符串。函数中定义了一个指针数组，存储了 7 个字符串。该函数的形参 n 表示与星期几所对应的整数。

(2) day_name 函数中将指针值 name[n-1]作为返回值。

(3) 主函数中 day_name(i)是指调用 day_name 函数，实参为 i。

习　　题

一、选择题

1. 以下叙述中正确的是(　　)。

A. 程序的执行总是从 main()函数开始，到 main()函数结束

B. 程序的执行总是从第一个函数开始，到 main()函数结束

C. 程序的执行总是从 main()函数开始，到程序的最后一个函数结束

D. 程序的执行总是从第一个函数开始，到程序的最后一个函数结束

2. 下列选项中，不属于函数组成部分的是(　　)。

A. 返回值类型　　　　　B. 函数名　　　　　C. 参数列表　　　　　D. 变量

3. 在 C 语言中，函数返回值的类型是(　　)。

A. 由调用该函数时的主调函数类型决定

B. 由 return 语句中的表达式类型决定

C. 由调用该函数时的系统决定

D. 由定义该函数时所指定的数据类型决定

4. 以下关于函数参数传递方式的叙述，正确的是(　　)。

A. 函数参数只能从实参单向传递给形参

B. 函数参数可以在实参和形参之间双向传递

C. 函数参数只能从形参单向传递给实参

D. 函数参数既可以从实参单向传递给形参，也可以在实参和形参之间双向传递，可视情况选择使用

5. 以下对 C 语言函数的描述不正确的是(   )。

A. 当用数组作为形参时，形参数组的改变可使实参数组随之改变

B. 允许函数递归调用

C. 函数形参的作用范围局限于所定义的函数内

D. 函数声明必须在主调函数之前

6. 以下叙述正确的是(   )。

A. 函数名允许用数字开头

B. 函数调用时，不必区分函数名的大小写

C. 调用函数时，函数名必须与被调用的函数名完全一致

D. 在函数体中只能出现一次 return 语句

7. 有以下函数定义，当运行语句 "int a = fun();" 时，a 的值为(   )。

```
int fun(){
    return(3.89);
}
```

A. 3   B. 4   C. 3.8   D. 3.89

8. 调用函数时，如果实参和形参都是简单变量，那么它们之间的传递是(   )。

A. 实参将其值传递给形参，调用结束时形参会将值传回实参

B. 实参将其地址传递给形参，调用结束时形参会将地址传回实参

C. 实参将其值传递给形参，释放实参占用的存储单元

D. 实参将其值传递给形参，调用结束时形参并不会将值传回实参

9. 在 C 语言中，以下说法正确的是(   )。

A. 实参和与其对应的形参各占用独立的存储单元

B. 实参和与其对应的形参共占用一个存储单元

C. 只有当实参和与其对应的形参同名时才共占用存储单元

D. 形参是虚拟的，不占用存储单元

10. 在如下函数调用语句中，函数含有的实参个数是(   )。

```
func(int Recl,int Rec2+int Rec3,(int Rec4,int Rec5));
```

A. 3   B. 4   C. 5   D. 有语法错误

11. 有以下函数定义，正确的声明语句是(   )。

```
void fun(int a,float b)
{...}
```

A. void fun()   B. fun(int,float)

C. void fun(int a,float b);   D. fun(int a,float b)

12. 以下叙述中错误的是(   )。

A. 变量的作用域取决于变量定义语句的位置

B. 全局变量定义在函数外部

C. 局部变量可以被其他函数使用

D. 全局变量的作用域是从定义的位置开始直到本源文件结束

13. 一个 C 源文件中所定义的全局变量，其作用域是(　　)。

A. 由具体定义位置和 extern 关键字来决定

B. 所在程序的全部范围

C. 所在函数的全部范围

D. 所在文件的全部范围

14. 以下程序有语法性错误，有关错误原因的正确说法是(　　)。

```
#include <stdlib.h>
void main(void)
{
    int G=5,k;
    void prt_char();
    ...
    k=prt_char(G);
    ...
}
```

A. void prt_char();有错，它是函数调用，不能用 void 说明

B. 变量名不能使用大写字母

C. 函数说明和函数调用语句之间有矛盾

D. 函数名不能使用下画线

15. 有如下函数定义：

```
#include <stdio.h>
int fun(int k){
    if(k<1) return 0;
    else if(k==1) return 1;
    else return fun(k-1)+1;}
```

若执行调用语句"n = fun(3);"，则函数 fun 总共被调用的次数是(　　)。

A. 1　　　　　　　　B. 2　　　　　　　　C. 3　　　　　　　　D. 5

16. 已知定义函数 int fun(int *p){return *p;}，则 fun()函数的返回值是(　　)。

A. 不确定的值　　　　　　　　　　B. 一个整数

C. 形参 p 中存放的值　　　　　　　D. 形参 p 的地址值

二、程序分析题

1. 以下程序的运行结果是(　　)。

```
#include <stdio.h>
int f(int x);
void main(){
```

```
        int n=1,m;
        m=f(f(f(n)));
        printf("%d\n",m);
    }
    int f(int x){return x*2;}
```

2. 以下程序的运行结果是(   )。

```
    #include<stdio.h>
    int fun(int x,int y){
        if(x!=y) return((x+y)/2);
        else return(x);
    }
    void main(){
        int a=4,b=5,c=6;
        printf("%d\n",fun(2*a,fun(b,c)));
    }
```

3. 以下程序的运行结果是(   )。

```
    #include <stdio.h>
    int fun1(int a,int b)
    {
        int c;
        int fun2(int a,int b);
        a+=a; b+=b;
        c=fun2(a,b);
        return c*c;
    }
    int fun2(int a,int b)
    {
        int c;
        c=a*b%3;
        return c;
    }
    void main()
    {
        int x=11,y=19;
        printf("The final result is:%d\n", fun1(x,y));
    }
```

4. 以下程序的运行结果是(   )。

```
    #include <stdio.h>
    int func(int a,int b)
```

```
    {
        return(a+b);
    }
    void main()
    {
        int x=2,y=5,z=8,R;
        R=func(func(x,y),z);
        printf("%d\n",R);
    }
```

5. 以下程序的运行结果是(　　)。

```
    #include <stdio.h>
    int fun(int a,int b)
    {
        if(b==0)return a;
        else return(fun(--a,--b));
    }
    void main()
    {
        printf("%d\n",fun(4,2));
    }
```

6. 以下程序的运行结果是(　　)。

```
    #include <stdio.h>
    void fun(int a[], int n)
    {
        int i,j=0,k=n-1,b[10];
        for(i=0;i<n/2;i++)
        {
            b[i]=a[j];
            b[k]=a[j+1];
            j+=2; k--;
        }
        for(i=0;i<n;i++)
            a[i] = b[i];
    }
    int main()
    {
        int c[10]={10,9,8,7,6,5,4,3,2,1},i;
        fun(c,10);
        for (i=0;i<10;i++)
```

```
        printf("%d,",c[i]);
    printf("\n");
    return 0;
}
```

7. 以下程序的运行结果是(　　　)。

```
#include <stdio.h>
int a=2;
int fun()
{
    static int n=0;
    int m=0;
    n++; a++; m++;
    return n+m+a;
}
void main()
{
    int k;
    for(k=0;k<3;k++)
        printf("%d\t",fun());
    printf("\n");
}
```

三、编程题

1. 编写一个函数实现 $f(x) = \begin{cases} x(x-1) & x < -1 \\ 0 & -1 \leqslant x \leqslant 1 \\ x(x+1) & x > 1 \end{cases}$。

编程要求：自定义一个 fun 函数，在主函数中输入 x 的值，在 fun 函数中进行计算。

2. 编写函数计算组合数 $c(n, k) = \dfrac{n!}{k!(k!(n-k)!)}$。

3. 有一个数组，存放 10 个学生的 C 语言成绩，编写一个函数，求出平均分，并输出高于平均分的 C 语言成绩。

4. 编写两个函数，分别求两个整数的最大公约数和最小公倍数。

5. 编写函数，使用指针交换两个变量的值。

6. 求 n 以内的素数倒数之和，并编写程序求给定整数 n 的"亲密对数"。"亲密对数"是指：若整数 a 的因子(包括 1 但不包括自身，下同)之和为 b，而整数 b 的因子之和为 a，则称 a 和 b 为一对"亲密对数"。要求使用函数计算某一个数的因子(包括 1 但不包括自身)之和，n 由键盘输入，如果存在"亲密对数"则输出该数，否则输出 no。要求输入、输出均在 main 函数中完成。

<CODE> 第6章　用户自定义数据类型

学习目标

1. 知识目标

(1) 掌握结构体和共用体这两种构造类型的定义方法，清晰分辨结构体成员在内存中独立存储和共用体成员共享同一内存空间的本质区别。

(2) 熟练运用结构体和共用体来组织和管理数据，能够根据实际问题合理选择构造类型，并正确使用其成员。

(3) 掌握结构体数组的定义、初始化和使用方法，能够灵活处理结构体数组中的元素，学会运用结构体数组解决实际应用中的数据管理问题。

(4) 理解结构体、指针和函数之间的关系，能够使用指针指向结构体变量和结构体数组，实现对结构体数据的高效访问和操作。掌握将结构体作为参数传递给函数以及函数返回结构体类型的方法，学会运用结构体、指针和函数的组合解决复杂的程序设计问题。

(5) 理解枚举类型的基本概念，清晰认识到枚举是一种用户自定义的数据类型，用于定义一组具有离散值的常量集合。

(6) 掌握枚举类型变量的声明、初始化和赋值方法，能够正确地使用枚举类型变量来存储和表示枚举常量。

(7) 掌握 typedef 关键字的使用方法，能够使用 typedef 关键字简化构造类型的定义与使用方法。

2. 能力目标

(1) 能够运用结构体和共用体对现实世界中的复杂对象和关系进行抽象和建模，将实际问题转化为计算机能够处理的数据结构，培养数据抽象和逻辑思维能力。

(2) 具备使用结构体和共用体编写高质量、可维护的 C 语言程序的能力，能够运用所学知识解决各种实际问题。

3. 素质目标

(1) 在学习结构体和共用体的过程中，培养对计算机科学的好奇心和探索欲，勇于尝试新的方法和技术，不断探索解决问题的新思路和新途径。

(2) 鼓励学生在实践中发挥创新思维，提出独特的解决方案，培养创新意识和创新能力。

(3) 培养学生的责任意识和职业道德，在编写程序时，要对自己的代码负责，确保程序的正确性和可靠性。

此前我们学习的 C 语言基本数据类型、数组类型和指针类型在处理简单数据时发挥着重要作用，但面对实际编程中如描述学生信息这类包含多种不同性质且相互关联数据项的复杂需求时，它们存在一定局限性。为此，本章聚焦于 C 语言的结构体类型和共用体类型，通过剖析其定义规则、语法结构、使用方法与典型应用场景，结合丰富实例，帮助读者掌握将不同类型数据有机整合的方法，突破传统数据类型的限制，从而学会处理复杂数据对象，为编写优质 C 语言程序筑牢根基。

▶ 6.1 结构体

6.1.1 结构体类型的定义

结构体类型是 C 语言等编程语言中重要的用户自定义数据类型，它允许将不同类型的数据组合在一起，形成一个有机整体。要使用结构体类型，必须先根据需求定义结构体类型，才能使用。

定义结构体类型的一般格式如下：

```
struct 结构名
{
    数据类型    成员名 1;
    数据类型    成员名 2;
        ⋮
    数据类型    成员名 n;
};
```

关键字 struct 标识所定义的类型为结构体类型，结构名表示具体的结构体名称，必须满足标识符定义要求，由程序设计者根据所研究对象的具体作用自行定义，在同一个作用域内必须保持唯一。大括号内包含的子项就是结构体的成员(member)。每个成员都有自己的数据类型，可以是基本数据类型(如 int、float、char 等)，也可以是其他已定义的结构体类型、数组、指针等。成员名的命名规则与变量名相同，同样要遵循标识符的定义要求。

例 6-1 定义一个结构体类型来描述学生信息。该信息的成员包括学号、姓名、班级、性别、三门功课成绩。

```
struct student
{
    int num;
    char name[20];
    char classname[20];
    char sex;
```

```
        float grade[3];
    };
```

程序分析：

(1) 在这个结构体定义中，结构名为 student，该结构由 5 个成员组成。

int num：表示学生的编号，使用 int 类型存储。

char name[20]：用于存储学生的姓名，是一个长度为 20 的字符数组。

char classname[20]：用于存储学生所在的班级名称，同样是长度为 20 的字符数组。

char sex：用于存储学生的性别，用一个字符表示。

float grade[3]：用于存储学生三门课程的成绩，是一个包含 3 个 float 类型元素的数组。

结构体类型定义之后，即可进行变量说明。凡说明为 student 结构体的变量都由上述 5 个成员组成。由此可见，结构体是一种复合的数据类型，是数目固定、类型不同的若干有序变量的集合。

(2) 结构体类型中的成员通过花括号 "{}" 进行标识，以此说明该结构体包含哪些成员以及各成员的数据类型。

(3) 结构体类型定义末尾，花括号 "}" 后的分号 ";" 必不可少。

(4) 结构体类型定义的位置灵活，可以在函数内部，也可以在函数外部。在函数内部定义的结构体，只能在函数内部使用；在函数外部定义的结构体，其有效范围从定义处开始，直到它所在的源程序文件结束。

(5) 关键字 "struct" 与结构名构成结构体类型名称。例如，编译系统将 struct student 与 int、double 等基本数据类型同等看待，即结构体类型名可以像基本数据类型一样，用来说明具体的结构体变量。

6.1.2　结构体变量的定义

此前定义的结构体类型，本质上如同构建了一个概念性的模型，仅描述了数据的构成形式，尚未涉及具体变量的设定，内部不存在实际数据，系统也不会为其分配物理内存空间。这就好比绘制了房屋的设计蓝图，但尚未真正着手建造房屋。若要在程序中切实运用结构体类型的数据，就必须定义结构体类型变量，并向其中填充实际的数据。通常可采用以下三种方式来定义结构体类型变量：

(1) 先声明结构体类型，再定义该类型的变量。

其一般格式如下：

```
    struct   结构体名
    {
        成员项表列
    };
    struct   结构名   结构变量名;
```

例如：

```
    struct student
    {
        int num;
```

```
        char name[20];
        char classname[20];
        char sex;
        float grade[3];
    };
    struct student stu1,stu2;
```

这种方式将声明类型和定义变量分离，在声明类型后可以随时定义变量，比较灵活。

(2) 在声明类型的同时定义变量。

其一般格式如下：

```
    struct    结构体名
    {
        成员项表列
    }结构体变量名;
```

例如：

```
    struct student
    {
        int num;
        char name[20];
        char classname[20];
        char sex;
        float grade[3];
    } stu1,stu2;
```

声明类型和定义变量放在一起进行，能直接看到结构体的结构，比较直观，在写小程序时用此方式比较方便。但写大程序时，往往要求对类型的声明和对变量的定义分别放在不同的地方，以使程序结构清晰、便于维护，所以大程序中不宜用这种方式。

(3) 不指定类型名而直接定义结构体类型变量。

其一般格式如下：

```
    struct
    {
        成员项表列
    }结构体变量名;
```

例如：

```
    struct
    {
        int num;
        char name[20];
        char classname[20];
        char sex;
        float grade[3];
```

  } stu1,stu2;

  这种形式指定了一个无名的结构体类型，它没有名字(不出现结构体名)。显然不能再以此结构体类型去定义其他变量，这种方式用得不多。

  说明：

  (1) 结构体类型与结构体变量是两个不同的概念，其区别如同 int 类型与 int 型变量。编译系统不为结构体类型分配空间，只对结构体变量分配空间。因此，能对结构体变量进行赋值、存取或运算，而不能对结构体类型进行这些操作。

  (2) 结构体变量定义后，编译器会为其分配内存。结构体变量在内存中按照成员的定义顺序依次存储。每个成员根据其数据类型占用一定的字节数。

```
struct Data {
    int num;
    char ch;
    float f;}data1;
```

  假设 int 类型占 4 个字节，char 类型占 1 个字节，float 类型占 4 个字节。在内存中，num 成员先被存储，占据 4 个字节；接着是 ch 成员，占 1 个字节；然后是 float 类型的 f 成员，占据 4 个字节。这样，整个结构体变量 data1 占用的内存空间就是 12 个字节。

  (3) 结构体变量在内存中占用一片连续的存储空间，其地址是这片存储空间的起始地址，可以通过取地址运算符&获取结构体变量的地址，也可以通过结构体指针来访问结构体变量的成员。

6.1.3 结构体变量的初始化和引用

1. 结构体变量的初始化

  在定义结构体变量的同时，可以使用花括号{}为结构体的各个成员赋初值，各成员的初值按照结构体定义时成员的顺序依次列出。例如：

    struct student stu1 = {11, "李明", "计科 2101", 'F', 90, 86, 76};

  通过上述初始化操作，num 初始化为 11，name 初始化为字符串"李明"，classname 初始化为字符串"计科 2101"。sex 初始化为字符'F'，表示女性，grade 数组依次初始化为 90、86 和 76。

2. 结构体变量的引用

  在定义了结构体类型的变量之后，我们就可以在程序中引用它。对结构体变量的使用是通过引用其成员来实现的。

  引用结构成员的一般格式如下：

    结构变量名.成员名

其中，"."是结构成员操作符，在 C 语言中，成员运算符"."的优先级最高，所以可以把"结构体变量名.成员变量"看作一个整体。所引用的成员变量与其所属类型的普通变量使用方法相同。例如：

  对结构体变量初始化：

    struct student stu1={11,"李明","计科 2101", 'F', 90, 86, 76};

输出结构体变量 stu1 中成员的值：

```
printf("%d, %s, %s, %c, %f, %f, %f", stu1.num, stu1.name, stu1.classname, stu1.sex, stu1.grade[0],
stu1.grade[1], stu1.grade[2]);
```

注意：

(1) 不能将一个结构体变量作为一个整体进行输入和输出。例如下列输出方式是错误的：

```
printf("%d, %s, %s, %c, %f, %f, %f\n", stu1);
```

(2) 成员变量与普通变量的使用方法一样，能够进行该类型所允许的任何运算。例如：

```
stu1.num++;
scanf("%c", &stu1.sex);
scanf("%f", &stu1.grade[0]);
```

(3) 结构体变量可以整体引用来赋值。例如"stu21 = stu1"；即将变量 stu1 的所有成员的值一一赋给变量 stu2。

(4) 结构体变量占据的存储单元的首地址称为该结构变量的地址，其每个成员占据的若干个单元的首地址称为该成员的地址，两个地址都可以引用。例如：

```
printf("%x", &stu1);
//输出 stu1 的地址，也是结构体变量 stu1 中成员 num 的首地址
printf("%x", &stu1.grade);
//输出结构体变量 boy1 中成员 grade 的首地址
```

任务 6-1　学生信息卡的制作

任务要求

学生信息卡是标注一个学生的学号、姓名、性别、出生日期、班级和联系方式的卡片，类似于一张名片。名片雏形可追溯至中国古代。秦汉时期，官员拜访他人时会使用"谒"，这是一种削制的竹片或木片，上面书写着自己的姓名、官职等信息，用于通报身份。到了唐宋时期，"名帖"逐渐流行，材质多为纸张，格式更为规范，内容也更加丰富，除基本信息外，还会写上一些简短问候语，用于社交场合互相交换，彰显身份地位并表达敬意。进入 20 世纪，随着全球化进程加速和信息技术发展，名片的功能和形式进一步演变。在功能上，名片不仅用于身份介绍和商业联系，还成为品牌推广的载体。企业会将品牌标识、宣传标语融入名片设计，增强品牌影响力。在形式上，除传统纸质名片外，还出现了电子名片。

本任务要求设计一个 C 语言程序来制作学生信息卡。

任务分析

学生信息卡应能够存储并展示一个学生的学号、姓名、性别、出生日期、班级和联系方式。具体要求如下：

(1) 从用户处获取上述各项学生信息。

(2) 将这些信息以清晰的格式输出，形成学生信息卡。

源程序

```
#include <stdio.h>
int main() {
    struct Birth    //定义一个结构体来存储出生日期
```

```
    {
        int year;
        int month;
        int day;
    };
    struct Student                    //定义一个结构体来存储学生信息
    {
        char student_id[15];       //学号
        char name[20];             //姓名
        char sex;                  //性别
        struct Birth birth_date;   //出生日期
        char class_name[50];       //班级
        char contact[20];          //联系方式
    } ;
    struct Student student;           //定义结构体变量 student
    printf("请输入学号: ");          //完成学生信息的输入
    scanf("%s", student.student_id);
    printf("请输入姓名: ");
    scanf("%s", student.name);
    getchar();
    printf("请输入性别: ");
    scanf("%c", &student.sex);
    printf("请输入出生日期(格式: YYYY-MM-DD): ");
    scanf("%d-%d-%d", &student.birth_date.year, &student.birth_date.month, &student.birth_date.day);
    getchar();
    printf("请输入班级: ");
    scanf("%s", student.class_name);
    getchar();
    printf("请输入联系方式: ");
    scanf("%s", student.contact);
    getchar();
    printf("\n 学生信息卡\n");       //完成学生信息卡的输出
    printf("-----------------------\n");
    printf("学      号: %s\n", student.student_id);
    printf("姓      名: %s\n", student.name);
    printf("性      别: %c\n", student.sex);
    printf("出生日期: %d-%d-%d\n", student.birth_date.year, student.birth_date.month,
    student.birth_date.day);
    printf("班      级: %s\n", student.class_name);
```

```
        printf("联系方式: %s\n", student.contact);
        printf("------------------------\n");
        return 0;
    }
```

程序运行结果如图 6.1 所示。

```
D:\C\unit 6\1.exe
请输入学号: 2301001
请输入姓名: 李明
请输入性别: M
请输入出生日期 (格式: YYYY-MM-DD): 2004-10-16
请输入班级: 计科2301
请输入联系方式: 13609188638

学生信息卡
------------------------
学    号: 2301001
姓    名: 李明
性    别: M
出生日期: 2004-10-16
班    级: 计科2301
联系方式: 13609188638
------------------------

------------------------
Process exited after 40.94 seconds with return value 0
请按任意键继续. . .
```

图 6.1   任务 6-1 运行结果

任务总结

(1) 在实际应用中，一个实体的信息可能由多种不同类型的数据组成，且其中某些数据又可以进一步细分为多个子数据。通过结构体嵌套定义，可以将这些数据组织成层次化结构，使得代码更易于理解和维护。在本任务中，首先定义了一个 Date 结构体，用于存储日期信息(包含年、月、日三个成员)；然后定义了 Student 结构体，其中包含一个 Date 类型的成员 birth_date，用于存储学生的出生日期。

(2) 在使用结构体嵌套定义时，如果需对嵌套定义的成员进行引用，则要用若干个成员运算符，一级一级地找到最低层级的成员变量，且只能对最低的成员变量进行赋值或运算操作。例如：student.birth_date.year。

(3) 使用 scanf()读取字符时，在读取字符之前使用 getchar()可消耗掉之前输入缓冲区中可能存在的换行符，避免影响字符的读取，但这种方法稳健性欠佳。当输入包含空格的字符串时，scanf 会在遇到空格时停止读取。可以考虑使用 fgets 函数来读取字符串以避免这些问题；也可以使用 while (getchar() ! = '\n')来清空输入缓冲区，提高代码的稳健性。

(4) 程序没有对用户输入进行严格的验证，例如出生日期的格式是否正确、学号是否符合规范等。用户可能输入不符合要求的数据，导致程序出现异常，可根据所学的知识进行调整。

▶6.2 结构体数组

结构体数组由多个相同结构体类型的元素组成，借助它可同时存储和管理多个具有相同结构的数据集合，适用于处理多个相关对象的信息。

6.2.1　结构体数组的定义

与定义结构体变量类似，定义结构体数组之前需先定义好结构体类型。定义结构体数组与定义其他类型数组的方式相同，其一般格式如下：

　　　struct　结构名　结构体数组名[元素个数];

通过 6.1 节的学习，我们掌握了利用结构体类型 student 来描述学生的基本信息。假设一个班级有 30 名学生，若要全面描述所有学生的基本信息，就需要定义一个 student 类型的数组，其长度设为 30。这种由特定结构体类型组成的数组，即结构体数组。

例如：

```
struct student
{
    int num;
    char name[20];
    char classname[20];
    char sex;
    float grade[3];
};
struct student stu[30];
```

说明：定义结构体数组形式灵活，可以采用 3 种方式。第一种是先定义结构类型，再定义结构数组(如上述例子)；第二种是在定义结构类型的同时定义结构数组；第三种是在定义无名结构体类型的同时定义结构数组。

6.2.2　结构体数组的初始化

结构体数组在定义时，同样能够进行初始化操作。它的初始化方式与普通数组有相似之处，但和基本数值类型数组存在区别。在结构体数组的初始化值表中，包含了与每个结构体数组元素对应的初始化值子表，且每个结构体数组元素对应的初值表形式，与单个结构变量初始化时所采用的初值表形式是完全一致的。

例如，在定义结构体数组的同时可以用初始化列表给它的每个元素赋初值。

```
struct student
{
    int num;
    char name[20];
    char classname[20];
    char sex;
    float grade[3];
};
struct student stu[3]={
```

```
{101, "李明", "计科 2301", 'M', 89, 76, 87},
{102, "王丹", "计科 2301", 'F', 92, 66, 78},
{103, "吴小军", "计科 2301", 'M', 69, 67, 78}
};
```

说明：

(1) 定义了一个名为 stu 的结构体数组，数组类型为 struct student，数组长度为 3，这意味着该数组可以存储 3 个学生的信息。

(2) 采用列表初始化的方式，每个大括号{}内的内容对应数组中的一个结构体元素。

(3) 在对每个结构体元素进行初始化时，其成员顺序要与结构体定义时的成员顺序一致。

(4) 对于结构体中的字符数组成员，需用双引号" "来初始化字符串。同时要确保初始化的字符串长度不超过字符数组的大小，否则会导致缓冲区溢出。

6.2.3 结构体数组的访问

结构体数组的访问，涵盖了对结构体数组中单个元素的获取，以及对这些元素内部成员的操作。由于结构体数组的每个元素本质上都是一个结构体变量，所以访问结构体数组元素的核心操作，就是访问该结构体变量所包含的各个成员。当我们通过数组下标定位到结构体数组中的特定元素后，可借助点号(.)运算符，轻松访问该元素的各个成员，从而获取或修改对应的数据信息。其一般格式如下：

结构体数组名[下标].成员名。

例如：

```
//定义结构体类型
struct Student {
        char name[50];
        int age;
        float score;
    };
//定义结构体数组并对其进行初始化操作
struct Student students[3] = {
        {"张永", 20, 85.5},
        {"王立", 21, 90.0},
        {"吴丹", 22, 78.5}
    };
//访问结构体数组元素和成员
        for (int i= 0; i< 3; i++) {      //输出每个学生的信息
        printf("第%d 个学生的信息:\n", i+1);
        printf("姓名: %s\n",students[i].name);
        printf("年龄: %d\n",students[i].age);
        printf("成绩: %.2f\n",students[i].score);
```

```
        printf("\n");
    }
//修改第二个学生的成绩
    students[1].score=92.0;
    printf("修改后第二个学生的成绩: %.2f\n", students[1].score);
```

任务 6-2　学生基本信息统计

任务要求

本任务要求通过键盘输入 3 个学生的基本信息(包括学号、姓名、班级、3 门功课成绩)，然后输出这 3 个学生的基本信息以及对应的平均成绩。

任务分析

(1) 数据结构设计：定义一个结构体来存储学生的基本信息，包括学号、姓名、班级和 3 门功课的成绩，并定义结构体数组来存放 3 名学生的信息。

(2) 输入功能：通过键盘输入 3 个学生的上述信息。

(3) 计算功能：计算每个学生 3 门功课的平均成绩。

(4) 输出功能：输出每个学生的基本信息以及对应的平均成绩。

源程序

```c
#include <stdio.h>
int main()
{
    struct Student {                //定义学生结构体
        int id;                     //学号
        char name[50];              //姓名
        char class_name[50];        //班级
        float scores[3];            //3 门功课成绩
        float average;              //平均成绩
    };
    struct Student students[3];     //定义学生结构体数组
    int i,j;
    float sum;
    for (i=0;i<3;i++) {             //输入学生信息
        printf("请输入第%d 个学生的信息：\n", i + 1);
        printf("学号: ");
        scanf("%d", &students[i].id);
        printf("姓名: ");
        scanf("%s", students[i].name);
        printf("班级: ");
        scanf("%s", students[i].class_name);
        printf("3 门功课成绩(用空格分隔): ");
```

```
        for (j=0;j<3;j++) {
            scanf("%f", &students[i].scores[j]);
        }
    }
    for (i=0;i<3;i++) {          //计算平均成绩的函数
        sum = 0;
        for (j=0;j<3;j++) {
            sum+=students[i].scores[j];
        }
        students[i].average=sum/3;
    }
    //输出学生信息和平均成绩的函数
    printf("\n 学生信息及平均成绩如下：\n");
    printf("--------------------------------------\n");
    printf("学号\t 姓名\t 班级\t\t 成绩 1\t 成绩 2\t 成绩 3\t 平均成绩\n");
    printf("--------------------------------------\n");
    for (i=0;i<3;i++) {
        printf("%d\t%s\t%s\t\t%.2f\t%.2f\t%.2f\t%.2f\n",
        students[i].id,students[i].name,students[i].class_name,
        students[i].scores[0],students[i].scores[1],
        students[i].scores[2],students[i].average);
    }
    printf("--------------------------------------\n");
    return 0;
}
```

程序运行结果如图 6.2 所示。

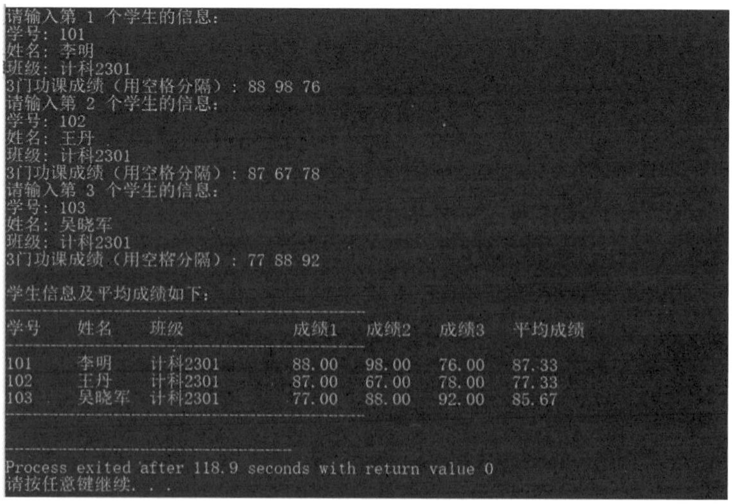

图 6.2　任务 6-2 运行结果

任务总结

(1) 通过定义结构体，可以将相关的数据组织在一起，方便管理和操作。在本程序中，使用 struct student 结构体来存储学生的各项信息。

(2) 使用 for 循环处理多个学生的信息和成绩，简化了代码的编写。通过循环遍历数组，可以方便地对每个学生的信息进行输入、计算和输出。

6.3　结构体与指针

结构体指针是指向结构体类型变量的指针，其中存储的是结构体变量的首地址。当定义一个结构体变量时，系统会为其分配一块连续的内存空间，用于存储该结构体的各个成员。这块内存空间的起始位置就是结构体变量的首地址。

6.3.1　指向结构体变量的指针变量

1. 结构体指针变量的定义

定义结构体指针变量的一般格式如下：

　　struct　结构名　*结构指针名;

例如：若 struct student 为已经定义过的结构体类型，则 struct　student 结构体类型的指针 p 可定义为

　　struct student　　*p;

结构指针变量 p 定义后，系统也为 p 变量分配了内存单元，用来存放一个结构体变量的首地址。在定义结构指针变量之后，如果没有对其进行初始化或赋值操作，尽管这个指针已经分配了内存来存储地址，但它并没有指向任何有效的 struct　student 类型的结构体变量。此时，该指针属于未初始化的指针，直接使用可能会导致未定义行为，比如访问非法内存地址。

使用赋值语句让指针 p 指向结构体变量 stu 的示例如下：

　　struct student　　stu ,*p;

　　p = &stu;

2. 结构体指针变量的初始化

结构体指针变量的初始化有两种方式：指向已存在的结构体变量和动态分配内存。下面详细介绍这两种方法。

方法一：

　　struct student　　stu = {9701,"王伟", 'F', 85.5}；

　　//同时定义结构体变量和指针

　　struct student　　*p = &stu;　//指针指向结构体变量

方法二：如果不定义结构体变量，可以用内存分配函数 malloc()按下面形式完成对结构体指针的初始化：

　　Struct student *p = (struct student *) malloc(sizeof (struct student));

malloc(sizeof(struct student))的作用是计算 struct student 类型的内存大小并动态分配空间，函数返回值为内存空间的首地址。

方法一适用于已知结构体变量的场景，操作简单但灵活性较低；方法二适用于动态创建结构体变量的场景，虽需手动管理内存，但灵活性更高。

例 6-2 通过结构体指针变量输出一个学生的基本信息。

```c
#include "stdio.h"
#include "string.h"
struct student
{
    char name[50];
    int age;
    float score;
};
int main()
{
    struct student stu;
    struct student *p;
    p=&stu;
    strcpy(stu.name,"李明");
    stu.age=18;
    stu.score=89.8;
    printf("num=%s,age=%d,score=%f\n",stu.name,stu.age,stu.score) ;
    printf("num=%s,age=%d,score=%f\n",p->name,p->age,p->score);
    printf("num=%s,age=%d,score=%f\n",(*p).name,(*p).age,(*p).score);
    return 0;
}
```

运行结果如图 6.3 所示。

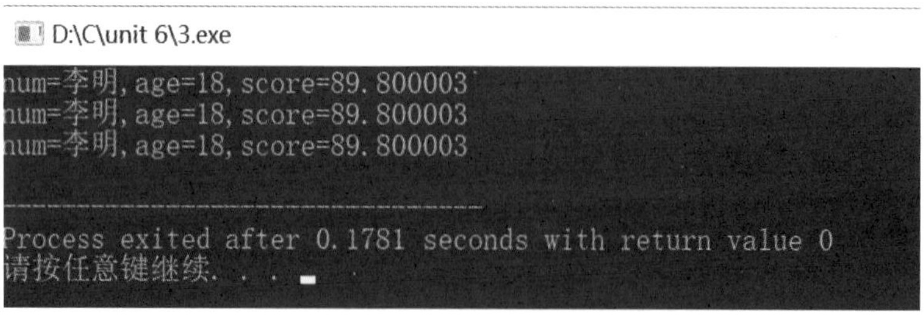

图 6.3　例 6-2 运行结果

程序分析：

(1) 在本例中，声明了一个指向 student 类型结构体的指针变量 p，并将指针 p 指向结构体变量 stu，即 p 存储了 stu 的地址。

(2) 在本例中，通过 3 种方式引用结构体成员：

① 结构体变量.成员名：使用.运算符，直接访问结构体变量 stu 的成员。

② 指向结构体的指针变量->成员名：使用->运算符，通过指针 p 访问结构体的成员。

③ (*指向结构体的指针变量).成员名：使用(*p).的形式，通过指针 p 访问结构体的成员。

(3) 必须使用 strcpy 函数将字符串"李明"复制到结构体变量 stu 的 name 成员中，即 strcpy(stu.name, "李明");，而不能用赋值运算符。

6.3.2　指向结构体数组的指针

结构体数组可以通过指针方式来访问，这样不仅便于数组元素的引用，还可提高数组的访问效率。

例 6-3　使用结构体指针遍历结构体数组。

```
#include "stdio.h"
struct Student {
    char name[50];
    int age;
    float score;
};
int main()
{
    struct Student students[3] = {
        {"张永", 20, 85.5},
        {"王立", 21, 90.0},
        {"吴丹", 22, 78.5}
    };
    struct Student *p;
    for(p=students;p<students+3;p++)
    {
        printf("name=%s,age=%d,score=%f\n",p->name,p->age,p->score);
    }
    return 0;
}
```

程序运行结果如图 6.4 所示。

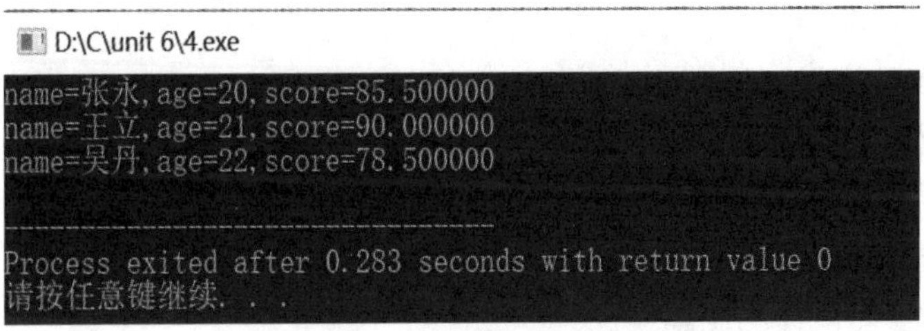

图 6.4　例 6-3 运行结果

程序分析：

(1) 使用指针遍历结构体数组并输出信息。

```
for(p = students; p < students + 3; p++)
{
    printf("name=%s,age=%d,score=%f\n", p->name, p->age, p->score);
}
```

循环初始化：p = students，将指针 p 指向结构体数组 students 的首地址，也就是数组的第一个元素。

循环条件：p < students + 3，其中 students + 3 表示数组最后一个元素之后的地址。只要指 p 小于这个地址，循环就会继续执行。

循环迭代：p++，每次循环结束后，指针 p 向后移动一个 Student 结构体的长度，指向下一个元素。

输出操作：在循环体中，使用 p->name、p->age 和 p->score 分别访问当前指针所指向的结构体元素的成员，并通过 printf 函数将这些信息输出到控制台。

(2) 使用指针遍历结构体数组可以避免使用数组下标，尤其是在处理动态分配的数组或者需要在函数间传递数组时，指针提供了更为灵活的数组元素操作方式。

(3) 指向结构体数组的指针和指向结构体的指针在本质上都是用于存储内存地址的指针，但它们在指向对象、运算规则等方面存在一些区别。

① 指向对象：指向结构体的指针，指向的是单个结构体变量，它存储的是一个结构体实例的起始地址。指向结构体数组的指针，指向结构体数组的首元素，也就是数组中第一个结构体的起始地址。借助这个指针可以遍历整个结构体数组，访问数组中的每个元素。

② 运算规则：指向结构体的指针，通常进行简单的解引用操作，以获取或修改所指向结构体的成员。指向结构体数组的指针，除了解引用操作外，还会频繁使用指针的算术运算来遍历数组。指针加(减)一个整数 n 会使指针向前(后)移动 n 个结构体的长度。

▶6.4　结构体与函数

在前面的章节中，我们学习了使用基本类型的变量、数组和指针作为函数参数进行函数调用。类似地，结构体变量、结构体指针和结构体数组也可以作为实参传递给函数。结构体与函数的参数传递主要有以下三种方式：

(1) 结构体变量成员作为函数参数。将结构体的某个成员传递给函数，操作方式与普通变量一致。

(2) 结构体变量作为函数参数。将整个结构体变量作为参数传递(按值传递)，函数内部操作的是原结构体的副本。

(3) 结构体指针变量作为函数参数。传递结构体的指针(按地址传递)，函数内可直接修改原结构体的数据。

1. 结构体变量成员作为函数参数

结构体变量成员作为参数与第 5 章的简单变量作为参数一样，属于"值传递"，形参值的改变不会影响实参的值。

　　例 6-4　构建一个结构体类型(包括学生的学号、姓名、班级、3 门功课成绩)，输出学生 3 门功课的平均成绩。

```
#include <stdio.h>
//定义学生结构体
struct Student
{
    int id;                  //学号
    char name[50];           //姓名
    char class_name[50];     //班级
    float scores[3];         //3 门功课成绩
};
//ave 函数可以根据所传递的 3 门功课计算出平均值
float ave(float score1,float score2,float score3)
{   float average;
    average=(score1+score2+score3)/3;
    return average;
}
int main()
{
    struct Student stu;
    int j;
    float average;
    printf("请输入学生的信息：\n");
    printf("学号: ");
    scanf("%d", &stu.id);
    printf("姓名: ");
    scanf("%s", stu.name);
    printf("班级: ");
    scanf("%s", stu.class_name);
    printf("3 门功课成绩(用空格分隔): ");
    or (j=0;j<3;j++) {
    scanf("%f", &stu.scores[j]);
    }
    //调用 ave 函数计算出学生的平均值
    average=ave(stu.scores[0],stu.scores[1],stu.scores[2]);
    printf("该生成绩的平均值为%.1f",average);
    return 0;
}
```

运行结果如图 6.5 所示。

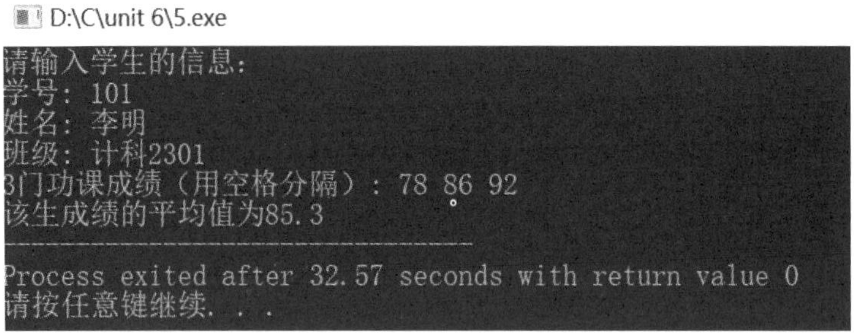

图 6.5   例 6-4 运行结果

程序分析：

(1) 将结构体成员 stu.scores[0]、stu.scores[1]、stu.scores[2](float 类型)传递给 ave 函数。

(2) 函数 ave 内部操作的是成员值的副本，原结构体的 scaore 成员的 3 门功课的成绩不会被修改。

(3) 使用结构体变量成员作为函数参数的语法与普通变量完全一致。

2. 结构体变量作为函数参数

用结构体变量作实参时，同样采取"值传递"的方式，将结构体变量所占的内存单元的内容全部顺序传递给形参，形参也必须是同类型的结构体变量。在函数调用期间形参也要占用内存单元。

例 6-5   使用结构体变量作为函数参数完成例 6-3。

```c
#include <stdio.h>
//定义学生结构体
struct Student
{
    int id;                 //学号
    char name[50];          //姓名
    char class_name[50];    //班级
    float scores[3];        //3 门功课成绩
};
//ave 函数可以根据所传递结构体变量计算出平均值
float ave(struct Student stu1)
{   float sum=0,average;
    int i;
    for(i=0;i<3;i++)
    sum+=stu1.scores[i];
    average=sum/3;
    return average;
}
int main()
```

```
{
    struct Student stu;
    int j;
    float average;
    printf("请输入学生的信息：\n");
    printf("学号: ");
    scanf("%d", &stu.id);
    printf("姓名: ");
    scanf("%s", stu.name);
    printf("班级: ");
    scanf("%s", stu.class_name);
    printf("3 门功课成绩(用空格分隔): ");
    for (j=0;j<3;j++) {
        scanf("%f", &stu.scores[j]);
    }
    //stu 变量作为实参调用 ave 函数计算出学生的平均值
    average=ave(stu);
    printf("该生成绩的平均值为%.1f",average);
    return 0;
}
```

程序运行结果如图 6.6 所示。

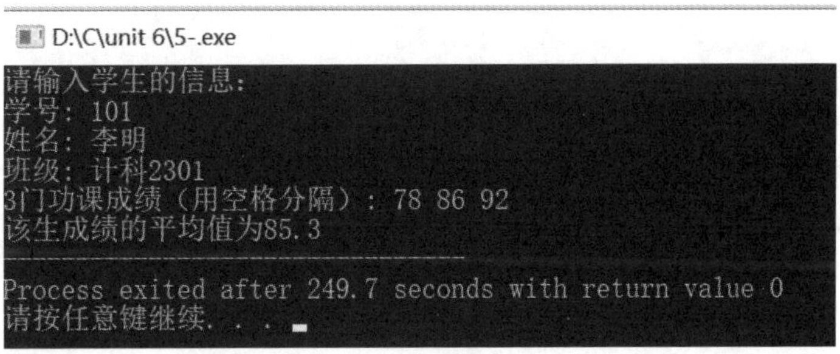

图 6.6　例 6-5 运行结果

程序分析：

(1) ave 函数接收整个结构体变量 stu，系统会生成该结构体变量的一个副本传递给函数。

(2) 这种传递方式代码直观，函数内部对结构体的操作不会影响原结构体。

(3) 这种传递方式在空间和时间上的开销较大，如果结构体的规模较大，开销更为显著。此外，由于采用值传递方式，如果在执行被调用函数期间改变了形参(也是结构体变量)的值，该值不能返回主调函数，这往往会造成使用上的不便，因此一般较少采用这种方法。

3. 结构体指针变量作为函数参数

传递时采用地址传递方式，把结构体变量的首地址或结构体数组名作为实参传递给函数，函数的形参是指向相同结构体类型的指针，用于接收该地址值。

例 6-6   使用结构体指针变量作为函数参数完成例 6-3。

```c
#include <stdio.h>
//定义学生结构体
struct Student
{    int id;                     //学号
    char name[50];              //姓名
    char class_name[50];        //班级
    float scores[3];            //3 门功课成绩
};
//ave 函数可以根据所传递结构体变量地址计算出平均值
float ave(struct Student *p1)
{    float sum=0,average;
    int i;
    for(i=0;i<3;i++)
    sum+=(*p1).scores[i];
    average=sum/3;
    return average;
}
int main()
{
    struct Student stu;
    int j;
    float average;
    printf("请输入学生的信息：\n");
    printf("学号: ");
    scanf("%d", &stu.id);
        printf("姓名: ");
        scanf("%s", stu.name);
        printf("班级: ");
        scanf("%s", stu.class_name);
        printf("3 门功课成绩(用空格分隔): ");
        for (j=0;j<3;j++) {
            scanf("%f", &stu.scores[j]);
        }
    //ave 函数接收结构体指针，遍历成绩数组计算平均值
    average=ave(&stu);
    printf("该生成绩的平均值为%.1f",average);
    return 0;
}
```

程序运行结果如图 6.7 所示。

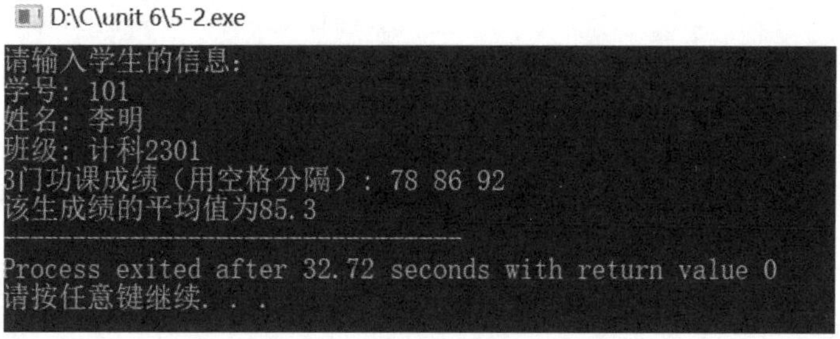

图 6.7 例 6-6 运行结果

程序分析：

(1) 程序通过传递结构体指针(而非完整副本)，大幅减少了内存开销。

(2) ave 函数能够直接操作结构体数据，使程序逻辑更为集中。

(3) 用指向结构体指针变量作为函数参数是一种常用的函数调用方式，形参指针和实参指针都指向同一存储单元区域，形参值的改变会影响实参值。

结构体与函数的结合使用，为 C 语言程序的设计赋予了强大的功能。通过将结构体作为函数参数、返回值，以及把结构体数组用作函数参数，可以实现数据的封装、传递和处理，使程序更具模块化和可维护。在实际应用中，需要根据具体需求选择合适的传递方式和返回类型。

6.5 共用体类型

在编程时，我们有时会遇到这样的情况：多个变量不会同时被使用。比如一个变量在前半段程序中被用到，后半段则不使用；而另一个变量情况相反，在前半段程序中闲置，后半段才被用到。为了节省内存空间，这些变量最好能共用一块存储区域。为了满足这种需求，C 语言专门设计了共用体这种数据类型。共用体是 C 语言中一种特殊的数据类型，它允许在同一块内存位置存放不同类型的数据。

共用体和结构体有一些相似之处，但本质上是不同的。结构体中的每个成员都有自己独立的内存空间，一个结构体变量的总长度就是各个成员长度之和。在共用体中，所有成员共享同一块内存空间，共用体变量的长度等于所有成员里最长成员的长度。需要注意的是，这里的"共享"并不是同时存储多个成员的值，而是共用体变量一次只能被赋予一个成员的值。赋予新值时，原来的值会被覆盖。

与其他数据类型一样，共用体类型也需先定义，才能用于声明变量。

6.5.1 共用体类型和共用体变量的定义

1. 共用体类型的定义

共用体类型的定义和结构体类型的定义较为相似。定义一个共用体类型，一般格式如下：

```
union    共用体名
{
    数据类型    成员名 1;
    数据类型    成员名 2;
    ...
    数据类型    成员名 n;
};
```

当成员列表中包含多个成员时，成员名的命名需遵循标识符的规则。下面举一个例子：

```
union    data
{
    short int i;
    char    ch;
    float f;
};
```

这里定义了名为 union data 的共用体类型，它有三个成员：第一个是整型成员 i，第二个是字符型成员 ch，第三个是实型成员 f。这三个成员在内存中占据的字节数不同，但它们都存放于同一个内存地址。

2. 共用体变量的定义

共用体变量的定义和结构体变量的定义类似，有三种方式：

(1) 先定义共用体类型，再定义共用体变量。就像上面定义的 union data 类型，我们可以这样定义变量：

```
union    data
{
    short int i;
    char    ch;
    float f;
};
union    data    a,b,c;
```

(2) 定义共用体类型的同时定义共用体变量。例如：

```
union    data
{
    short int i;
    char    ch;
    float f;
}a, b, c;
```

(3) 直接定义共用体变量。例如：

```
union
{
```

```
        short int i;
        char   ch;
        float f;
    }a, b, c;
```

在分配内存时，a、b、c 这些变量的长度等于 union data 中最长成员的长度。在这个例子中，即 f 的长度，共 4 个字节。

6.5.2 共用体变量的初始化及引用

1. 共用体变量的引用

在定义了共用体变量之后，就可以引用其成员。共用体变量成员的引用方式与结构体非常类似，其一般格式如下：

共用体变量名.成员名

例 6-7 共用体变量引用示例。

```
#include <stdio.h>
union data {
    short int i;
    char ch;
    float f;};
int main() {
    union data example;
    //给共用体 i 成员赋值
    example.i = 10;
    printf("i 成员的值为: %d\n", example.i);

    //给另一个成员 ch 赋值，会覆盖 i 的值
    example.ch = 'A';
    printf("成员 ch 的值为: %c\n", example.ch);
    //再给另一个成员赋值
    example.f = 3.14;
    printf("成员 f 的值为: %.2f\n", example.f);
    return 0;}
```

运行结果如图 6.8 所示。

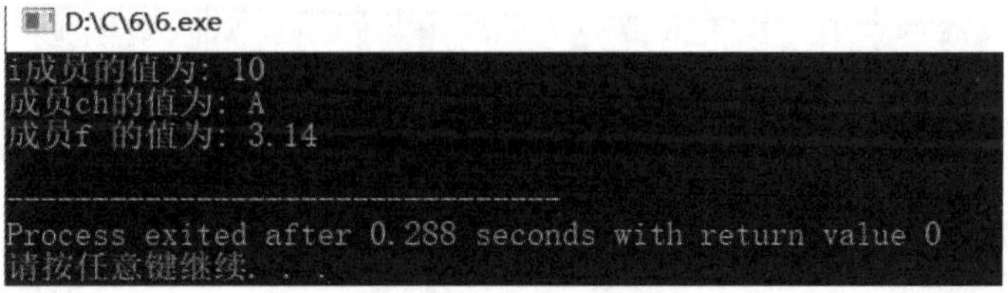

图 6.8 例 6-7 运行结果

程序分析：

(1) 由于共用体的所有成员共享同一块内存空间，当给一个成员赋值时，会覆盖之前存储在这块内存中的其他成员的值。在引用共用体变量时，必须明确当前哪个成员是有效的，否则会得到无意义或错误的结果。例如，当给 example.ch 赋值后，example.i 的值就被覆盖，此时访问 example.i 的结果无意义。

(2) 在引用共用体成员时，要确保使用正确的类型来访问成员。因为不同类型的数据在内存中的存储方式和解释方式是不同的，如果使用错误的类型访问成员，可能会导致数据解释错误。在这个例子中，成员 i 是 int 类型，若以 char 类型访问，由于 char 和 int 的取值范围不同，可能会得到错误的结果。

2. 共用体变量的初始化

共用体变量的初始化和结构体变量有所不同，共用体变量只能初始化第一个成员。这是因为共用体同一时间只能存储一个成员的值，初始化第一个成员是一种明确的赋值方式。

```
#include <stdio.h>
union data {
    short int i;
    char ch;
    float f;};
int main() {
    //初始化共用体变量的第一个成员
    union data example = {10};
    printf("example.i 的初始值为: %d\n", example.i);
    example.ch = 'B';
    printf("example.ch 的值为: %c\n", example.ch);
    return 0;}
```

程序分析：

在此示例中，定义了 union data 类型的共用体变量 example，并将其第一个成员 i 初始化为 10。若要对其他成员(如 ch)进行初始化，必须在定义之后单独赋值。

▶6.6   枚举类型

在 C 语言里，枚举类型(enum)是用户自定义的数据类型，允许将一组相关的常量用一个有意义的名称集合来表示。枚举类型的常量通常是整数，默认从 0 开始依次递增。

6.6.1   枚举类型的定义

枚举类型的定义使用 enum 关键字，其一般格式如下：

```
enum  枚举名{
    枚举常量 1,
```

枚举常量 2,

⋮

枚举常量 n};

这里的"枚举名"由用户自定义，用于标识该枚举类型；"枚举常量"是这个枚举类型中的各个值。例如：

```
enum Weekday {

    Monday,

    Tuesday,

    Wednesday,

    Thursday,

    Friday,

    Saturday,

    Sunday};
```

在这个例子中，定义了一个名为 Weekday 的枚举类型，它包含了一周七天对应的枚举常量。默认情况下，Monday 的值为 0，Tuesday 的值为 1，依此类推，Sunday 的值为 6。

根据需求，可以为枚举常量指定特定的值，示例如下：

```
enum Weekday {

    Monday=1,

    Tuesday,

    Wednesday,

    Thursday,

    Friday,

    Saturday,

    Sunday};
```

在这个 Weekday 枚举类型中，Monday 被显式地赋值为 1，后续枚举常量的值会依次递增，所以 Tuesday 的值为 2，Wednesday 的值为 3，以此类推。

6.6.2 枚举变量的定义与引用

定义好枚举类型后，就可以用它来声明变量，然后引用这些变量和枚举常量。

例 6-8 使用 Weekday 枚举类型判断今天是星期几。

```
#include <stdio.h>

#include <time.h>

//定义枚举类型，假设周日为 0，周一为 1，以此类推(与系统 tm_wday 一致)

enum Weekday {

    Sunday,

    Monday,

    Tuesday,

    Wednesday,
```

```
        Thursday,
        Friday,
        Saturday};
int main() {
    //获取当前时间
    time_t t = time(NULL);
    struct tm *local_time = localtime(&t);
    //系统返回的星期值(0=周日, 1=周一,…, 6=周六)
    int system_weekday=local_time->tm_wday;
    //映射到枚举变量
    enum Weekday today=system_weekday;
    //根据枚举值输出星期名称
    switch (today) {
        case Sunday:
            printf("今天是星期日\n");
            break;
        case Monday:
            printf("今天是星期一\n");
            break;
        case Tuesday:
            printf("今天是星期二\n");
            break;
        case Wednesday:
            printf("今天是星期三\n");
            break;
        case Thursday:
            printf("今天是星期四\n");
            break;
        case Friday:
            printf("今天是星期五\n");
            break;
        case Saturday:
            printf("今天是星期六\n");
            break;
        default:
            printf("日期错误\n");
    }
    return 0;}
```

运行结果如图 6.9 所示。

图 6.9　例 6-8 程序运行结果

程序分析：

(1) 根据实例的需求，首先定义一个一周七天的枚举类型，然后使用<time.h>库获取当前星期信息，并将系统返回的星期值转换为枚举类型，最后根据枚举值显示对应的星期名称。

(2) time(NULL)用于获取当前时间戳。localtime(&t)将时间戳转换为本地时间的结构体 struct tm。其中 tm_wday 字段表示星期几，取值范围是 0(周日)到 6(周六)。

(3) enum Weekday 的定义与<time.h>中 tm_wday 的返回值一致(0 表示周日，1 表示周一，依此类推)，无须额外转换，可以直接赋值，如 enum Weekday today = system_weekday;。

(4) 通过合理定义枚举类型和映射系统时间值，可以清晰、安全地实现"判断今天是星期几"的功能。

(5) 通过此实例，可以看出枚举类型的使用让代码更易读且易于维护。

6.7　类型定义语句 typedef

1. 概述

在 C 语言里，typedef 是一个关键字，主要作用是为已有的数据类型创建新名字。这个新名字能像原始数据类型那样，用来定义变量、函数参数、返回值等。typedef 并不会创建新的数据类型，只是给现有的数据类型起一个别名，这样做的目的是让代码更具可读性和可维护性。

2. 格式

typedef 的一般格式如下：

```
typedef 原数据类型 新类型名;
```

其中，"原数据类型"可以是 C 语言里的任何数据类型，包括基本数据类型(如 int、float 等)、结构体、共用体、枚举类型，甚至是指针类型；"新类型名"是为原数据类型起的别名。

例 6-9　使用 typedef 语句定义结构体 Student 类型示例。

```
#include "stdio.h"
struct Student {
    char name[50];
    int age;
    float score;
```

```
    };
    typedef struct Student student
    int main()
    {
        student stu1;
        strcpy(stu1.name,"李明");
        stu1.age=18;
        printf("姓名是%s，年龄%d",stu1.name,stu1.age);
        return 0;
    }
```
程序运行结果如图 6.10 所示。

图 6.10　例 6-9 运行结果

程序分析：

(1) 提高代码可读性：使用有意义的别名可以让代码更直观，更容易理解。比如在处理复杂的数据结构时，使用别名可以清晰地表达数据的含义。

(2) 简化代码书写：对于复杂的数据类型，使用别名可以减少代码的长度，使代码更加简洁。特别是在使用结构体、指针等复杂类型时，效果更加明显。

习　题

一、选择题

1. 以下关于结构体的说法，错误的是(　　)。

A. 结构体的成员可以是不同的数据类型

B. 结构体变量的大小等于各成员大小之和

C. 结构体成员可以通过"."运算符访问

D. 结构体可以作为函数的参数传递

2. 以下代码中，stu.age 的值是(　　)。

```
struct Student {
    char name[20];
    int age;
};
struct Student stu = {"Alice", 20};
stu.age = 21;
```

A. 20　　　　　　　B. 21　　　　　　C. 编译错误　　　　　D. 随机值

3. 共用体的特点是(　　　)。

A. 所有成员同时有效

B. 成员共享同一内存空间

C. 成员按顺序独立存储

D. 共用体变量的大小等于各成员大小之和

4. 以下代码的输出结果可能是(　　　)。

```
union Data {
    int num;
    char ch;
};
union Data d;
d.num = 65;
printf("%c", d.ch);
```

A. 'A'　　　　　　　　　　　　B. 65

C. 随机值　　　　　　　　　　D. 编译错误

5. 以下枚举常量的默认值依次是(　　　)。

```
enum Color { RED, GREEN, BLUE };
```

A. 0, 1, 2　　　　B. 1, 2, 3　　　C. 0, 2, 4　　　　　D. 随机值

6. typedef 的作用是(　　　)。

A. 定义新的数据类型　　　　　　B. 为已有类型创建别名

C. 声明变量　　　　　　　　　　D. 分配内存

二、填空题

1. 定义一个结构体类型 Point，包含两个 double 类型成员 x 和 y。

```
_____Point {
    double x;
    double y;
};
```

2. 访问结构体指针 p 的成员 age，语法是＿＿＿＿＿＿＿＿＿＿＿。

3. 以下共用体变量 u 的大小是＿＿＿＿＿字节：

```
union Data {
    int num;
    char str[10];
} u;
```

4. 定义枚举类型 Weekday，包含 MON、TUE、WED，其中 MON 显式赋值为 1：

```
enum Weekday { MON = 1, TUE,_____ };
```

5. 使用 typedef 为 int*定义别名 IntPtr：

```
_____ int* IntPtr;
```

三、读程序题

1. 分析以下代码的输出结果。

```
#include <stdio.h>
struct Box {
    int length;
    int width;
};
int main() {
    struct Box b = {5, 3};
    printf("面积: %d\n", b.length * b.width);
    return 0;
}
```

2. 分析以下代码的输出结果。

```
#include <stdio.h>
struct Node {
    int data;
    struct Node* next;
};
int main() {
    struct Node n1 = {10, NULL};
    struct Node n2 = {20, &n1};
    printf("%d", n2.next->data);
    return 0;
}
```

四、编程题

1. 学生信息管理。定义一个结构体 Student，包含姓名(字符串)、年龄(整型)和成绩(浮点型)。编写程序输入 3 个学生的信息，并输出成绩最高的学生信息。

2. 图书管理系统。定义一个结构体 Book，包含书名(字符串)、作者(字符串)和价格(浮点型)。编写程序实现以下功能：

(1) 输入 5 本书的信息。

(2) 输出价格超过 50 元的书籍信息。

第 7 章　编译预处理

学习目标

1. 知识目标

(1) 理解编译预处理的概念；

(2) 掌握带参数和不带参数的宏定义以及宏的取消；

(3) 理解并掌握文件包含调用；

(4) 掌握条件编译指令的使用。

2. 能力目标

(1) 能够熟练运用 #define 指令定义合适的符号常量与宏；

(2) 能够灵活运用带参数和不带参数的宏定义；

(3) 能够通过文件包含调用已经定义好的功能程序；

(4) 能够使用常用的条件编译指令实现程序的编译简化。

3. 素质目标

(1) 通过学习编译预处理过程，理解编译预处理与编译、链接阶段相互协作生成可执行文件的内在联系，形成全面、有条理的程序开发认知体系；

(2) 在编写编译预处理代码时，养成严谨规范的编程习惯，注重宏定义命名规则、条件编译缩进格式等细节，提升代码质量，培养认真负责、注重细节的职业素养。

本章主要介绍 C 语言中编译预处理指令，宏定义、文件包含及以条件编译概念，学习不带参数的宏定义、带参数的宏定义以及文件包含的方法，讲解常用的条件编译命令。

7.1　宏定义

宏定义是一种预处理指令，其作用是用一个标识符表示字符串，在源程序被编译器处理之前，预处理器会将标识符替换成定义的字符串。根据是否带参数，宏可分为不带参数的宏和带参数的宏，且宏可以被取消。

7.1.1 不带参数的宏定义

在程序中，经常要定义一些常量，针对频繁使用的常量，为了避免书写错误，可以使用不带参数的宏来表示这些常量。其一般格式如下：

    #define 标识符 字符串

(1) #define 用于定义宏；

(2) 标识符代表宏名，通常采用大写字母，以提升可读性。

(3) 字符串指的是要替换的内容，可以是常量、表达式或其他文本。

一般情况下，宏定义语句放在源程序的开头、函数的外面，作用范围从宏定义语句开始至源文件结束。如果在程序中使用了宏，在编译时预处理器会将宏替换为其定义的值，这个过程称为预处理。例如：

    #define PI 3.1415926   //宏定义

    printf("%f\n", PI);   //使用宏

上述的 printf()函数用于输出 PI 的值。预处理后，代码变为 printf("%f\n", 3.1415926);，输出结果为 3.1415926。如果程序中有多处用到 PI，预处理器会将所有的 PI 都替换为 3.1415926。如果需要更换 PI 的值，只更改宏定义即可。

宏定义注意事项：

(1) 宏定义末尾不能加分号，否则分号将被视为宏体的一部分，预处理时会出错。

(2) 宏定义中如果出现运算符，需要在合适位置加上括号，否则预处理会出错。

(3) 宏定义允许嵌套，宏定义中的字符串中可以使用已定义的宏名。

(4) 宏定义不支持递归，下面的定义是错误的：

    #define MAX MAX+5

宏定义可以被取消，取消宏定义的指令为 #undef。预处理器在编译源代码时，如果发现 #undef 指令，那么该指令后面的宏就会被取消，不再生效。基本语法格式如下：

    #undef 宏名称

7.1.2　带参数的宏定义

除了不带参数的宏，C 语言还提供了带参数的宏。与不带参数的宏定义语法格式相比，带参数的宏定义语法格式中多了一对包含若干个参数的圆括号，圆括号中的参数用逗号分隔。带参数的宏定义同样需要使用字符串替换宏名，使用实参替换形参。其一般格式如下：

#define 标识符(参数 1，参数 2，⋯)字符串

例 7-1　输入圆的半径，计算圆的周长。

```
#include <stdio.h>
#define PI 3.14                        //定义宏 PI
#define COMP_CIR(x)    2 * PI * x       //定义带参数的宏 COMP_CIR
int main()
{
    double r = 1.0;
    printf("2 * pi * r = %.2f\n", COMP_CIR(r));  //引用宏 COMP_CIR
    return 0;
}
```

程序运行结果如图 7.1 所示。

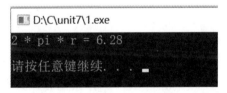

图 7.1　例 7-1 运行结果

上述代码首先定义了宏 PI，然后定义了宏 COMP_CIR(x)用于计算圆的周长，最后在main()函数中调用宏 COMP_CIR(x)计算半径为 1.0 的圆的周长，输出结果为 6.28。

在编译时，程序中的 printf()函数会进行预处理。由于 COMP_CIR(x)嵌套了 PI，程序首先会将 PI 替换为 3.14，然后将参数 x 替换为半径 r，替换后变为"printf("2 * pi * r = %f\n", 2*3.14*r);"。通过上述例子可以发现，带参数的宏和带参数的函数有时可以实现相同的功能，但两者有本质区别，具体如表 7.1 所示。

表 7.1　带参数的宏与带参数的函数的区别

带参数的宏	带参数的函数
预处理期间执行	编译运行时执行
无参数类型	需定义参数类型
不分配内存，无值传递	分配内存，有值传递
运行速度快	运行速度慢

使用带参数的宏时，要注意参数替换问题。

例如，定义带参数的宏 ABS(x)用于计算参数 x 的绝对值：

```
# define ABS(x)((x) >= 0? (x) : - (x))
```

上述代码定义了带参数的宏 ABS(x)，其字符串是一个三目条件表达式。假设 x = 12 时，传入参数 x，计算结果为 12。但是，当传入++x 时，计算结果会出错，如：

```
double x =12;

printf("ABS(++x) = %f\n", ABS(++x));
```

上述代码调用宏 ABS(x)计算++x 的绝对值，计算出的结果为 14，显然是错误的。这是因为宏 ABS(x)在替换时，首先会将参数进行替换，替换后的表达式为"((++x) >= 0 ?(++x) : − (++x));"。当 x 为 12 时，x 会自增为 13，判断条件 13>= 0 成立，则取++x 的值作为整个表达式的结果，再次执行++x 操作，x 的结果变为 14，将 14 返回作为整个表达式的结果，从而导致计算结果出错。因此，在使用带参数的宏代替函数时，一定要注意类似的参数替换问题，防止程序出错。

▷7.2　文件包含

文件包含是指一个源文件可以将另一个源文件的全部内容包含进来。C 语言通过#include 命令实现文件包含的操作。常用的文件包含格式有两种：

格式一：

```
#include   <文件名>
```

格式二：

```
#include   "文件名"
```

两种格式的区别：格式一是标准格式，编译系统会在系统指定的路径下搜索尖括号(< >)中的文件；格式二是系统先在用户当前工作目录中搜索双引号(" ")中的文件，如果找不到，再按系统指定的路径进行搜索。在编写 C 语言程序时，一般使用第一种格式包含 C 语言标准库文件，使用第二种格式包含自定义文件。

假如一个项目中定义了两个文件：format.h 和 file.c。format.h 文件中定义了宏 LENGTH，file.c 文件需要引用宏 LENGTH，则可以在 file.c 文件中包含 format.h 文件。

format.h 文件代码如下：

```
#define   LENGTH   15
```

file.c 文件代码如下：

```
#include <stdio.h>
#include "format.h"
int main()
{
        int num = LENGTH;
        printf("len=%d\n",num);
        return 0;
}
```

预处理后 →

```
插入stdio.h标准库文件内容
#define LENGTH  15
…
int num = 15;
printf("len=%d\n",num);
…
```

　　file.c 文件包含了标准库文件 stdio.h 和自定义文件 format. h。在预处理时，file.c 文件中的#include 预编译指令将被包含文件的内容插入该预编译指令所在的位置。

　　例 7-2　设计一个头文件，将常用的输出模式都写进头文件中，定义为简单的宏，方便编写代码。

```
format.h 文件代码：
# define INT(x) printf("%d\n",x)          //int 类型数据的输出形式
# define FLOAT(x) printf("%f\n",x)        //float 类型数据的输出形式
# define CHAR(x) printf("%c\n",x)         //char 类型数据的输出形式
# define STRING(x) printf("%s",x)         //字符串的输出形式
3.c 文件代码：
# include <stdio.h>
# include <stdlib.h>
# include "format.h"
int main()
{
    char *p1=" int 类型包装："";
    char *p2=" float 类型包装；"";
    char *p3=" char 类型包装："";
    STRING(p1); INT(59);
    STRING(p2); FLOAT(3.14);
    STRING(p3); CHAR('a');
    return 0;
}
```

程序运行结果如图 7.2 所示。

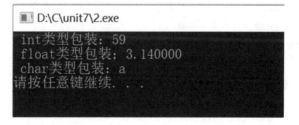

图 7.2　例 7-2 运行结果

　　程序分析：

　　(1) 在 format.h 文件中，将 int、float、char 类型数据和字符串的输出形式分别定义为宏 INT(x)、FLOAT(x)、CHAR(x)和 STRING(x)。

　　(2) 在 3.c 源文件中包含头文件 format.h，用于输出不同类型的数据。

　　文件包含注意事项：

　　(1) 一个 include 命令只能指定一个被包含文件，如果要包含 n 个文件，需用 n 个 include 命令。

（2）如果文件 file1 包含文件 file2，且文件 file2 要用到文件 file3 的内容，则可以在文件 file1 中用两个 include 命令分别包含文件 file2 和文件 file3，并且文件 file3 应在文件 file2 之前被包含。其在 file1.c 文件中定义如下：

```
#include "file3.h"
#include "file2.h"
```

7.3 条件编译

一般情况下，源程序中所有的行都参与编译。但有时，仅在满足特定条件时，才对部分内容进行编译，也就是对部分内容指定编译条件，这就是条件编译。

C 语言中，有多个条件编译指令，比较常用的有#if、#else、#endif、ifdef、ifndef。这些指令根据常数表达式的值来决定某段代码是否参与编译。常见的条件编译指令有三种组合形式。

1. #if、#else、#endif 指令

一般格式如下：

```
#if 常量表达式
    程序段 1
#else
    程序段 2
#endif
```

在上述语法格式中，编译器只会编译代码段 1 或代码段 2。如果常量表达式的条件成立，则编译代码段 1；否则，编译代码段 2。

例 7-3 输入一行字母字符，根据需要设置条件编译，使之能将字母全部改为大写输出或全部改为小写字母输出。

```
#include <stdio.h>
#define LETTER 1
int main()
{
    char str[20] = "C Language", c;
    int i = 0;
    printf("转换前的字母字符：%s\n",str);
    printf("转换后的字母字符：");
    while((c= str[i]) != '\0')
    {
    i++;
    #if LETTER
        if(c >= 'a' && c <= 'z')
            c = c - 32;   //小写字母转换为大写
```

```
#else
    if(c >= 'A' && c <= 'Z')
        c = c + 32;   //大写字母转换为小写
#endif
    printf("%c",c);
}
printf("\n");
return 0;
}
```

程序运行结果如图 7.3 所示。

图 7.3   例 7-3 运行结果

程序分析：

定义 LETTER 为 1，在对条件编译命令进行预处理时，由于 LETTER 的值为真(非 0)，因此对第一个 if 语句进行编译，运行时使小写字母转换为大写字母。如果将程序第一行改为 #define LETTER 0，则在预处理时，会对第二个 if 语句进行编译处理，使大写字母转换为小写字母(大写字母与对应小写字母的 ASCII 代码差值为 32)。此时运行结果为 "c language"。

采用条件编译，可以减少参与编译的语句数量，从而缩短目标程序的长度，减少运行时间。当条件编译段比较多时，目标程序长度可以大幅缩减。

2. #ifdef、#else、#endif 指令

一般格式如下：

```
#ifdef 宏名
    程序段 1
#else
    程序段 2
#endif
```

在上述语法格式中，宏名是指被#define 命令定义的标识符，#ifdef 指令用于判断某个宏是否被定义。若宏已被定义，则执行程序段 1；否则，执行程序段 2。例如：

```
#define PI 3.14
#ifdef PI
    printf("定义了宏 PI\n");
#else
    printf("未定义宏 PI\n");
```

```
#endif
```

上述示例中，#ifdef　PI 在编译前会检查 PI 宏是否已经被定义。若 PI 宏已被定义，就执行 "printf("定义了宏 PI\n");" 语句；若 PI 宏未被定义，则执行 "printf("未定义宏 PI\n");" 语句。因为上述代码中定义了宏 PI，所以执行 "printf("定义了宏 PI\n");" 语句。

3. #ifndef、#else、#endif 指令

一般语法格式如下：

```
#ifndef 宏名
    程序段 1
#else
    程序段 2
#endif
```

在上述语法格式中，#ifndef 指令用来确定某一个宏是否未被定义，它的含义与#ifdef 指令相反，如果宏没有被定义，则编译#ifndef 指令下的内容，否则就跳过。例如：

```
#define DEBUG
#ifndef DEBUG
    printf("输出调试信息\n");
#else
    printf("不输出调试信息\n");
#endif
```

上述示例中 ifndef DEBUG 在编译前会检查 DEBUG 宏是否未被定义。若 DEBUG 宏已被定义，就执行 "printf("输出调试信息/n");" 语句；若 DEBUG 宏未被定义，就执行 "printf("不输出调试信息/n");" 语句。因为上述代码中定义了宏 DEBUG，所以执行 "printf("不输出调试信息/n");" 语句。

例 7-4　使用条件编译指令，根据不同的操作系统(Windows 或 Linux)实现不同的延时函数。

```
#include <stdio.h>
//假设 Windows 平台定义了_WIN32 宏
//Linux 平台定义了__linux__宏
//根据不同平台包含不同的头文件
#ifdef _WIN32
    #include <windows.h>
    #define CLEAR_SCREEN system("cls")
#else
    #ifndef __linux__
        #error "Unsupported operating system"
    #endif
    #include <unistd.h>
    #define CLEAR_SCREEN system("clear")
```

```
#endif
//根据不同平台实现不同的延时函数
#ifdef _WIN32
    void delay(int milliseconds)
    {
        Sleep(milliseconds);
    }
#else
    void delay(int milliseconds)
    {
        usleep(milliseconds * 1000);
    }
#endif
int main()
 {
    CLEAR_SCREEN;               //清屏
    printf("This is a cross - platform example.\n");
    printf("Clearing the screen and waiting for 2 seconds...\n");
    delay(2000);                //延时 2 秒
    CLEAR_SCREEN;               //再次清屏
    printf("Screen cleared again after 2 seconds.\n");
    return 0;
 }
```

程序运行结果如图 7.4 所示。

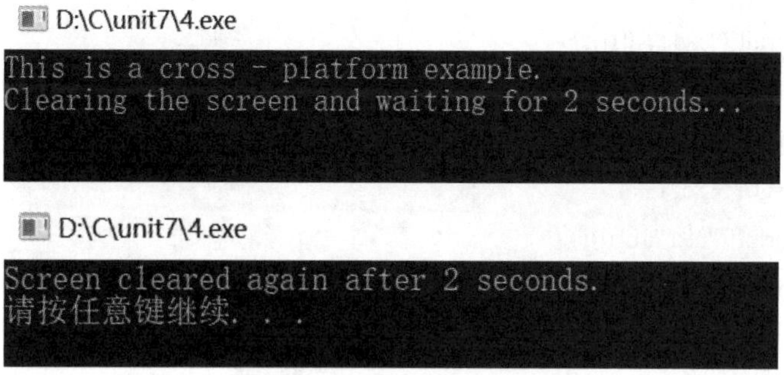

图 7.4　例 7-4 运行结果

程序分析：

(1) #ifdef _WIN32：检查是否为 Windows 平台，如果是，则包含<windows.h>头文件，并定义 CLEAR_SCREEN 宏用于调用 system("cls")清屏。

(2) #ifndef __linux__：如果不是 Windows 平台，则接着检查是否为 Linux 平台，如果不是，则抛出错误提示不支持该操作系统；如果是 Linux 平台，则包含<unistd.h>头文件，定义 CLEAR_SCREEN 宏用于调用 system("clear")清屏。

(3) #ifdef _WIN32：在 Windows 平台上实现 delay 函数，调用 Sleep 函数进行延时。若不是 Windows 平台(即 Linux 平台)，则在 Linux 平台上实现 delay 函数，调用 usleep 函数进行延时。之后，调用 CLEAR_SCREEN 宏清屏，输出提示信息，调用 delay 函数延时 2 秒，再次清屏并输出信息。通过这种方式，根据不同的操作系统编译不同的代码，实现了跨平台开发。

任务 7-1   交换数组元素

任务要求

运用之前所学的知识，可以使用函数实现简单的数据交换功能，然后在使用循环遍历数组的同时，调用交换函数，实现数组元素的交换。本任务要求使用宏定义实现此功能。

任务分析

要使用宏定义交换两个数组中的元素，使用不带参数的宏无法实现此功能，因为在数组遍历过程中数据在不断改变，而不带参数的宏只能定义固定的值。因此本任务使用带参数的宏定义，通过传递参数来实现数据的改变。

源程序

```c
#include <stdio.h>
#include <stdlib.h>
#define SWAP(a, b) { int temp; temp = a; a = b; b = temp; }
int main()
{
    int i, j;
    int a[5] = { 3,4,5,6,7 };          //定义数组 a 并对其初始化
    int b[5] = { 5,6,7,8,9 };          //定义数组 b 并对其初始化
    printf("第一个数组元素：");
    for (i = 0; i < 5; i++)
        printf("%d ", a[i]);
    printf("\n");
    printf("第二个数组元素：");
    for (i = 0; i < 5; i++)
        printf("%d ", b[i]);
    printf("\n");
    for (i = 0; i < 5; i++)
        SWAP(a[i], b[i]);              //依次交换两个数组的元素
    printf("交换之后:\n");
    printf("第一个数组元素：");
    for (i = 0; i < 5; i++)
        printf("%d ", a[i]);          //输出交换后 a 数组的元素
    printf("\n");
    printf("第二个数组元素：");
```

```
        for (i = 0; i < 5; i++)
            printf("%d ", b[i]);                    //输出交换后 b 数组的元素
        printf("\n");
        return 0;
    }
```

程序运行结果如图 7.5 所示。

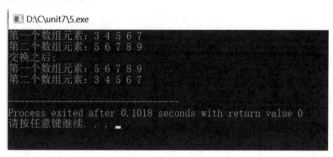

图 7.5　任务 7-1 运行结果

任务总结

使用#define 定义一个名为 SWAP 的宏，用于交换两个整数变量的值。该宏通过临时变量 temp 来实现交换逻辑。宏定义的作用域是从定义处开始到文件结束，或者到使用#undef 取消宏定义为止。若在代码中不小心重复定义了相同的宏名，就会导致难以调试的问题。

习　　题

一、选择题

1. 以下关于宏定义的说法，正确的是(　　　)。

A. 宏定义只能定义常量　　　　　　B. 宏定义在编译时可以进行替换

C. 宏定义可以嵌套使用　　　　　　D. 宏定义的作用域只在定义它的函数内

2. 若有宏定义#define SQ(x) x * x，则执行语句 printf("%d\n", SQ(3 + 2)); 后的输出结果是(　　　)。

A. 25　　　　　　B. 11　　　　　　C. 10　　　　　　D. 以上都不对

3. 以下关于宏定义与函数的说法，错误的是(　　　)。

A. 宏定义在预处理阶段展开，无调用开销

B. 函数调用在运行时执行，有参数压栈/返回开销

C. 宏定义可以避免类型检查，函数需要类型匹配

D. 宏定义的参数每次使用都会求值，函数参数只求值一次

4. 若有宏定义 "#define PRINT_MSG \ printf("Hello"); \ printf(" World\n");"，执行语句 if (1 > 0) PRINT_MSG; 的结果是(　　　)。

A. 编译错误(缺少分号)　　　　　　B. 输出 "Hello World\n"

C. 输出 "Hello" 后换行　　　　　　D. 语法错误(多行宏未正确连接)

5. 以下关于条件编译的说法，正确的是(　　　)。

A. #ifdef MACRO 等价于#if defined(MACRO)

B. #else 只能与#ifdef 搭配使用，不能与#ifndef 搭配

C. 条件编译块内的代码一定会被编译

D. 条件编译指令必须以#endif 结尾，不能使用#else

6. #ifndef 的作用是(　　)。

A. 检查宏是否已经定义　　　　　　B. 检查宏是否未定义

C. 定义一个新的宏　　　　　　　　D. 取消宏定义

二、填空题

1. 定义一个宏 MAX 用于求两个整数中的最大值，宏定义语句为#define　MAX(a, b)_____。

2. 若要防止头文件被重复包含，通常会使用#ifndef、#define 和_____预处理指令。

三、程序分析题

1.

```
#include <stdio.h>
#define MUL(x, y) x * y
int main()
{
    int a = 3, b = 4;
    int result = MUL(a + 1, b + 2);
    printf("%d\n", result); return 0;
}
```

上述程序的输出结果是_____，并解释原因。

2. 执行以下代码后，MAX(3, 5)的结果是_____。

```
#define MAX(a, b) ((a) > (b) ? (a) : (b))
#undef MAX #define MAX(a, b) (a) + (b)
#define MAX(a, b) ((a) > (b) ? (a) : (b))
#undef MAX    #define MAX(a, b) (a) + (b)
```

四、编程题

1. 编写一个宏定义 IS_EVEN，用于判断一个整数是否为偶数，如果是偶数则返回 1，否则返回 0。

2. 定义一个带参数的宏，用于求两个整数的余数，通过调用宏输出计算的结果。

3. 编写一个程序，使用宏定义实现一个简单的计算器，支持加法、减法、乘法和除法运算。

<CODE> 第 8 章　文件及其操作

学习目标

1. 知识目标

(1) 认识文件类型指针。

(2) 掌握文件的打开和关闭方式。

(3) 掌握文件的读写操作。

2. 能力目标

(1) 理解和掌握基础知识之后，学会运用这些知识来解决实际问题。

(2) 提升编程技能和思维能力。

3. 素质目标

(1) 培养自主学习能力。

(2) 增强创新意识和问题解决能力。

(3) 锻炼严谨的逻辑思维能力。

　　一般情况下，数据在计算机中都是以文件形式存放的。在程序中经常需要对文件进行操作，如打开文件、向文件中写入内容、关闭文件等。本章主要介绍计算机中文件的相关知识及其操作方法。

▶ 8.1　认识文件

　　在前面的章节中，输入数据都来自标准输入设备(键盘)，结果也都输出到标准输出设备(显示器)上。需要保存的数据主要通过变量和数组等形式存放在内存中。一旦停电，数据将丢失。如果数据量超过内存，这种方式也同样无能为力。因此，需一种将数据存储在外部介质上的方法，由此引出了"文件"的概念。

　　文件是存储在外部介质上的数据集合。一个文件需要有唯一确定的文件标识，方便用户识别和引用。文件标识包含文件路径、文件名主干、文件扩展名三个部分，如图 8.1 所示。

D: \itcast\chapter8\Example.txt
文件路径   文件名主干 扩展名

图 8.1   文件标识

文件名主干的命名通常遵循标识符的命名规则，文件扩展名一般不超过 3 个字母，例 如 txt、doc、jpg、c、exe 等。

操作系统以文件为单位，对数据进行管理，若要读取存放在外部介质上的数据，则需 先按照文件名找到指定的文件，再从中读取数据。

8.1.1   文件类型

计算机中的文件分为两类：一类为二进制文件，另一类为文本文件。

1. 二进制文件

数据在内存中以二进制形式存储，如果不加转换地输出，则输出文件就是一个二进制 文件。二进制文件是内存数据的映像，也称为映像文件。若使用二进制文件存储整数 $(100001)_{10}$，则该数据先被转换为二进制的形式，转换后的二进制数为 1000 0110 1010 0001， 此时该数据在磁盘上的存放形式如图 8.2 所示。

100001

00000000	00000001	10000110	10100001

图 8.2   100001 的二进制存放形式

使用二进制文件存放时，只需 4 字节的存储空间，且不需要进行转换。

2. 文本文件

文本文件又称为 ASCII 文件，每个字节存一个字符的 ASCII 值。例如，将整数 $(100001)_{10}$ 用文本形式输出到磁盘上，它在磁盘上的存放形式如图 8.3 所示。

'1' (49)	'0' (48)	'0' (48)	'0' (48)	'0' (48)	'1' (49)
00110001	00110000	00110000	00110000	00110000	00110001

图 8.3   100001 的文本存放形式

整数 100001 以字符串的形式存放到磁盘上，当用文本形式输出时，字节与字符一一对 应，一个字节代表一个字符，便于对字符进行逐个处理和输出。但文本文件一般占存储空 间较多(需 6 字节)，且二进制与 ASCII 间的转换耗时。

从上述两个图可以看出二进制文件和文本文件的优缺点。综上，如果希望加载文件和 生成文件的速度较快，且生成的文件较小，可以用二进制文件保存数据；如果希望生成的 文件无须转换就能查看，可以用文本文件保存数据。

8.1.2   文件指针

在 C 语言中，文件操作都依赖于文件指针。用指针变量指向文件，这个指针称为文件指针。通过文件指针就可以对它所指向的文件进行各类操作。

文件类型指针的数据类型 FILE，在 stdio.h 头文件中的定义如下：

```
typedef struct
{
    short level;                    /*缓冲区满或空的程度*/
    unsigned flags;                 /*文件状态标志*/
    char fd;                        /*文件描述符*/
    unsigned char hold;             /*若无缓冲区不读取字符*/
    short bsize;                    /*缓冲区的大小*/
    unsigned char *buffer;          /*数据传送缓冲的位置*/
    unsigned char *curp;            /*当前读写位置*/
    unsigned istemp;                /*临时文件指示*/
    short token;                    /*无效检测*/
}FILE;    //结构体类型名 FILE
```

定义文件指针后，系统根据 FILE 结构体分配内存空间作为文件信息区，用于存储读写文件的相关信息。因此在对文件进行操作之前，必须先使指针与文件建立联系。

定义文件指针的一般格式如下：

```
FILE *变量名；
```

假设定义一个名为 fp 的文件指针，其格式如下：

```
FILE *fp；
```

以上定义中，fp 为指向 FILE 结构体的指针变量，即文件指针。通过 fp 即可找到存放文件信息的结构体变量，然后根据其提供的信息找到文件并操作。不过此时该指针尚未与文件关联，需要通过打开文件函数为文件指针变量赋值。

一个文件指针变量只能指向一个文件，也就是说，要操作多少文件，就需要定义同样数量的文件指针。

▶8.2　文件操作

在 C 语言中，文件操作是通过标准库函数来实现的。这些函数定义在<stdio.h>头文件中。以下是常用的文件操作函数及其用法。

8.2.1　文件打开与关闭

对文件进行读写之前需要先打开文件，读写结束后则需要及时关闭文件。C 语言提供了 fopen()函数和 fclose()函数，分别用于打开和关闭文件。

1. fopen()函数

fopen()函数的一般格式如下：

```
FILE   *文件指针名；
```

文件指针名= fopen("文件名"，"文件打开模式")；

要打开文件，先要为该文件定义一个文件类型指针，然后用 C 语言提供的 fopen 函数打开文件。

fopen 函数有两个参数："文件名"与"文件打开模式"，它们均为字符串。

文件打开模式是指打开文件的方式，如只读模式、只写模式等，具体如表 8.1 所示。

表 8.1　文件打开模式

打开模式	名　称	描　述
r/rb	只读模式	以只读方式打开文件。文件必须存在，否则 fopen 将返回 NULL
w/wb	只写模式	以只写的方式创建一个文件。若文件已存在，则重写文件
a/ab	追加模式	以追加方式打开文件，数据将被写入文件末尾。若文件不存在，则创建新文件
r + /rb +	读取/更新模式	以读写方式打开文件。文件必须存在，否则 fopen 将返回 NULL
w +/wb +	写入/更新模式	以读写方式打开文件。若文件存在，则清空文件内容；若文件不存在，则创建新文件
a +/ab +	追加/更新模式	以读写方式打开文件，数据将被追加到文件末尾。若文件不存在，则创建新文件

对文件进行操作时，需要根据本次操作目的用不同的模式打开文件。

例如：

```
FILE *fp;
fp = fopen("D:\\test.txt", "r");
if(fp == NULL)/*如果文件打开失败(如不存在 test.txt 文件)，返回值为 NULL*/
{
    printf("打开文件失败！！\n");
    exit(0);      /*退出程序*/
}
```

这段程序的含义是：如果返回的指针为 NULL，表示不能打开该路径下的文件，同时给出提示信息。exit(0)函数的作用是关闭所有打开的文件并强行退出程序。

2. fclose()函数

打开文件之后，可对其进行相应的操作，操作结束需关闭文件。关闭文件主要是释放缓存区和其他资源，不关闭文件会耗费系统资源。fclose()函数的一般格式如下：

```
int    fclose( FILE *fp);
```

说明：

(1) 若成功，返回 0；

(2) 若失败，返回 EOF(-1)；

(3) 参数 fp 表示打开文件时返回的文件指针。

"关闭"就是让文件指针变量不再指向文件，使文件指针和文件"脱离"关系，不能再通过该指针对文件进行操作。

8.2.2　文件读写操作

对文件读写是常用操作。文件打开之后就可以进行读写。读操作是从文件中向内存输入数据的过程，写操作过程恰好相反。C 语言中提供了多种文件读写的函数：

字符读写函数：fgetc()和 fputc()。

字符串读写函数：fgets()和 fputs()。

数据块读写函数：fread()和 fwrite()。

格式化读写函数：fscanf()和 fprinf()。

使用以上函数都要求包含头文件 stdio.h。下面分别讲述这些读写函数的功能、格式和在程序中的用法。

1. 字符读写函数

C 语言中提供了 fgetc()和 fputc()函数，用于单个字符读写操作。下面分别对这两个函数进行讲解。

(1) 读字符函数 fgetc()。

一般格式：

```
char fgetc(FILE *fp);
```

函数功能：从指定的文本文件中读入一个字符。

示例代码：

```
FILE *fp;
char ch;
fp = fopen("love.txt", "r");
ch = fgetc (fp);              /*从文件中读取每个字符*/
while (ch != EOF)             /*只要文件没读取完毕，就执行下面的代码*/
{
    printf("%c", ch);
    ch = fgetc (fp);
}
```

程序分析：在循环中只要读出的字符不是文件结束字符 EOF，就执行后续代码，直到文件结束。

(2) 写字符函数 fputc()。

一般格式：

```
int fputs (int c, FILE *file);
```

其中，参数 c 表示待写入的字符(整数型)；参数 file 表示文件指针，该指针指向需要写入字符的文件。

函数功能：向指定的文件写入一个字符。成功写入一个字符后，文件指针会自动后移，函数返回一个非负整数；否则返回 EOF。

示例代码：

```
FILE *fp;            /*声明文件指针*/
```

```
fp=fopen("example.txt", "w");
if(fp!=NULL){
    fputc('A', fp);
    fclose(fp);
}
```

2. 字符串读写函数

(1) 读字符串函数 fgets()。

一般格式：

```
char *fgets(char *s, int n, FILE *stream);
```

函数功能：从指定文件流 stream 中读取最多 n - 1 个字符到字符串 s 中，遇到换行符或文件结束符 EOF 时停止读取，读取成功返回 s，失败或到达文件末尾时返回 NULL。

示例代码：

```
#include <stdio.h>
int main() {
    FILE *fp = fopen("test.txt", "r");
    char str[100];
    if (fp!= NULL) {
        fgets(str, 100, fp);
        printf("读取的字符串: %s", str);
        fclose(fp);
    }
    return 0;
}
```

(2) 写字符串函数 fputs()。

一般格式：

```
int fputs(const char *s, FILE *stream);
```

函数功能：将字符串 s 写入指定文件流 stream 中，不包括字符串结束符 '\0'，成功则返回非负整数，失败则返回 EOF。

示例代码：

```
#include <stdio.h>
int main() {
    FILE *fp = fopen("test.txt", "w");
    char str[] = "Hello, World!";
    if (fp!= NULL) {
        fputs(str, fp);
        fclose(fp);
    }
    return 0;
}
```

这两个函数是 C 语言中文件字符串读写的常用函数，使用时需注意文件的打开模式和操作的正确性。

3. 数据块读写函数

(1) 数据块读函数 fread()。

一般格式：

```
size_t fread(void *ptr, size_t size, size_t nmemb, FILE *stream);
```

函数功能：从指定文件流 stream 中读取数据块到 ptr 指向的内存区域。size 表示每个数据项的字节数，nmemb 表示要读取的数据项数量。函数返回实际读取的数据项数量。如果遇到文件结束或错误，返回值可能小于 nmemb。

(2) 数据块写函数 fwrite()。

一般格式：

```
size_t fwrite(const void *ptr, size_t size, size_t nmemb, FILE *stream);
```

函数功能：将 ptr 指向的内存区域中的数据块写入指定文件流 stream 中。size 和 nmemb 的含义与 fread 函数相同，函数返回实际写入的数据项数量。如果写入过程中出现错误，返回值可能小于 nmemb。

示例代码：

```c
#include <stdio.h>
#define SIZE 5
int main() {
    int array[SIZE] = {1, 2, 3, 4, 5};
    int readArray[SIZE];
    FILE *fp = fopen("data.bin", "wb+");
    if (fp!= NULL) {
        //写入数据块
        fwrite(array, sizeof(int), SIZE, fp);
        //重置文件指针到文件开头
        rewind(fp);
        //读取数据块
        fread(readArray, sizeof(int), SIZE, fp);
        fclose(fp);

        //输出读取的数据
        for (int i = 0; i < SIZE; i++) {
            printf("%d ", readArray[i]);
        }
    }
    return 0;
}
```

在上述代码中,先使用 fwrite 函数将整型数组 array 中的数据块写入二进制文件 data.bin 中,然后使用 fread 函数读取数据块到 readArray 数组中,并输出读取的数据。

4. 格式化读写函数

(1) 格式化读函数 fscanf()。

一般格式:

　　int fscanf(FILE *stream, const char *format, …);

函数功能:从指定的文件流 stream 中按照指定的格式 format 读取数据,并将数据存储到对应的变量中。format 参数与 scanf 函数的格式控制字符串类似,包含各种格式说明符,用于指定读取的数据类型和格式。函数返回成功读取并赋值的字段数量。如果遇到文件结束或读取错误,可能会返回小于预期的字段数量或 EOF。

(2) 格式化写函数 fprintf()。

一般格式:

　　int fprintf(FILE *stream, const char *format, …);

函数功能:将数据按照指定的格式 format 写入指定的文件流 stream 中。format 参数与 printf 函数的格式控制字符串相同,通过格式说明符指定要输出的数据类型和格式。函数返回实际写入的字符数量,如果写入过程中出现错误,将返回负数。

示例代码:

```c
#include <stdio.h>
int main() {
    int num;
    char str[20];
    FILE *fp = fopen("test.txt", "w+");
    if (fp != NULL)
    {
        //写入格式化数据
        fprintf(fp, "%d %s", 123, "Hello");
        //重置文件指针到文件开头
        rewind(fp);
        //读取格式化数据
        fscanf(fp, "%d %s", &num, str);
        printf("读取的整数: %d, 字符串: %s\n", num, str);
        fclose(fp);
    }
    return 0;
}
```

在上述代码中,先使用 fprintf 函数将一个整数和一个字符串以格式化的方式写入文件 test.txt 中,然后使用 fscanf 函数从文件中读取格式化数据,并将其存储到相应的变量中,最后输出读取的结果。

8.3 检测文件与随机读写

8.3.1 文件的检测

C 语言提供了一些用来检测文件输入输出函数调用中是否出错的函数，具体包括以下函数。

1. ferror()函数

该函数的功能是检测被操作文件最近一次的操作(包括读写、定位等)是否发生错误。其一般调用形式如下：

    ferror(文件指针);

如果返回值非 0，表示出错；如果返回值为 0，表示未出错。需注意的是，对同一个文件，每次调用输入输出函数，均会产生一个新的 ferror()函数值，因此，应在调用一个输入输出函数结束后立刻检查 ferror()函数的值，否则信息会丢失。在执行 fopen()函数时，ferror 函数的初值自动置为 0。

2. clearerr()函数

clearerr()函数用于将文件的错误标志和文件结束标志置 0。其一般调用格式如下：

    clearerr(文件指针);

当调用输入输出函数出错时，ferror()函数值为非 0 值，并一直保持，直到使用 clearerr()函数或 rewind()函数时才重新置 0。该函数可及时清除文件错误标志和文件结束标志，使它们为 0。

3. feof()函数

在文本文件中，C 编译系统定义 EOF 为文件结束标志，EOF 的值为-1。由于 ASCII 码不可能取负值，所以在文本文件中不会产生冲突。但在二进制文件中，-1 有可能是一个有效数据。为此，C 编译系统定义了 feof()函数，用于作判定二进制文件指针是否到末尾。其一般调用格式如下：

    feof(文件指针);

如果文件指针已到文件末尾，则函数返回值非 0，否则为 0。例如：

    while (!feof(fp))   getc(fp);

该语句可将文件一直读到结束为止。

8.3.2 文件的随机读写

实现随机读写的关键是按要求移动位置指针，这称为文件的定位。

文件中有一个位置指针指向当前读写的位置，如果顺序读写文件，每次读写一个字符，该字符的位置指针自动指向下一个字符位置。若想改变这样的规律，则需强制将位置指针指向其他指定位置，则需要使用 rewind 函数、ftell 函数和 fseek 函数。

1. 移动文件内部位置指针函数 fseek()

一般格式：

    int fseek(FILE *fp, long offset, int whence)

其中：fp 是文件指针，offset 是偏移量，whence 是起始位置，取值有 SEEK_SET(文件开头)、SEEK_CUR(当前位置)、SEEK_END(文件末尾)。

函数功能：随机改变文件的位置指针。

示例代码：

    fseek(fp, 10L, SEEK_SET); /*将文件位置指针从文件开头向后移动 10 个字节*/

2. 获取当前文件内部位置指针的位置函数 ftell()

一般格式：

    long ftell(FILE *stream);

返回值是当前位置相对于文件开头的字节数。

函数功能：获取文件位置指针的当前位置。

文件中的位置指针经常移动，不易知道其当前位置，用 ftell()函数可以获知。

示例代码：

    i=ftell(fp);

    if(i == -1L)

        printf("error");

变量 i 存放指针的当前位置，若调用函数出错或不存在，则输出"error"。

3. 重新定义函数 rewind()

一般格式：

    void rewind(FILE *stream);

函数功能：将文件位置指针重新设置到文件开头。不管当前文件的位置指针在何处，都强制让该指针指向文件头。

习　　题

一、选择题

1. 下列叙述中，错误的一项是(　　)。

A. C 语言中对二进制文件的访问速度比文本文件快

B. C 语言中随机文件以二进制代码形式存储数据

C. 语句"FILE fp；"定义了一个名为 f 的文件指针

D. C 语言中的文本文件以 ASCII 码形式存储数据

2. 在 C 语言中，对文件的存取以(　　)为单位。

A. 记录   B. 字节   C. 元素   D. 簇

3. 下列表示文件指针变量的是(　　)。

A. FILE * fp   B. FILE fp   C. FILER * fp   D. file*f

4. 在 C 语言中，下列对文件的叙述正确的是(　　)。

A. 用"r"方式打开的文件只能向文件写入数据

B. 用"r"方式也可以打开文件

C. 用"w"方式打开的文件只能向文件写入数据，且该文件可以不存在

D. 用"a"方式可以打开不存在的文件

5. 若执行 fopen()函数时发生错误，则函数的返回值是(　　)。

A. 地址值　　　　　B. 0　　　　　　C. 1　　　　　　D. EOF

6. 若要用 fopen()函数打开一个新的二进制文件，该文件要既能读取也能写入，则文件方式字符串应是(　　)。

A. "ab++"　　　　　B. " wb+"　　　　C. "rb+"　　　　　D. " ab"

7. fgetc()函数的作用是从指定文件读入一个字符，该文件的打开方式必须是(　　)。

A. 只写　　　　　　B. 追加　　　　　C. 读或读写　　　　D. 答案 b 和 c 都正确

二、填空题

1. 在 C 语言中，使用_____函数来打开一个文件，使用_____函数来关闭一个文件。

2. 若要以追加的方式打开一个文本文件，在 fopen 函数中应使用的打开方式字符串是_____。

3. fgetc 函数的作用是从文件中读取一个_____，fgets 函数的作用是从文件中读取一个_____。

4. 当使用 fopen 函数打开一个文件失败时，函数的返回值是_____。

5. 在 C 语言中，文件的操作模式"rb"表示以_____方式打开一个_____文件。

三、简答题

1. 简述文件的打开和关闭操作在 C 语言中的作用及重要性。

2. 什么是二进制文件？什么是文本文件？

3. 文件型指针是什么？

四、编程题

1. 文件内容复制：创建一个 input_1.txt 文件，通过代码将其内容复制到 output_1.txt 中。

2. 学生成绩分析：创建 input_2.txt 文件，内容包含学生姓名和成绩。要求通过代码创建 output_2.txt，在其中算出学生平均分，并判断是否合格(平均分高于或等于全班平均分为 pass，否则为 fail)。

3. 统计文本中字母出现的次数：创建 input_3.txt 文件，读取其中内容，统计整个文本中英文字母 A～Z 分别出现的次数，无视大小写且只统计字母，将结果打印输出。

4. 请编写程序，将两个文件合并成一个文件，即将一个文件中的数据追加写入另一个文件中。

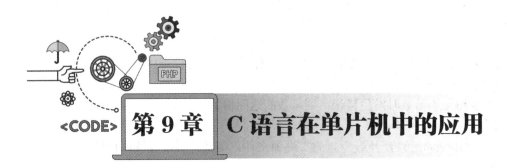

第 9 章 C 语言在单片机中的应用

学习目标

1. 知识目标

(1) 掌握 MCS-51 单片机的基本结构，包括中央处理器(CPU)、存储器(ROM、RAM)、定时器/计数器、串行接口等的组成与功能，理解各部分在单片机运行过程中的协同机制。

(2) 理解 C 语言与 MCS-51 单片机的适配关系，熟悉 C 语言针对 MCS-51 单片机编程的特点与优势，掌握在 MCS-51 单片机环境下 C 语言的数据类型、变量定义、存储模式以及与硬件资源交互的方式。

(3) 学习 MCS-51 单片机 C 语言设计实例中涉及的编程逻辑与算法，分析实例中如何运用 C 语言实现对单片机硬件资源的有效控制。例如，通过实例理解如何利用 C 语言编写定时器中断程序实现精确计时，以及如何编写 I/O 端口控制程序驱动外部设备。

(4) 了解 MCS-51 单片机 C 语言开发过程中的常见问题与解决方法，包括编译器错误、链接问题、硬件与软件协同错误等，掌握错误排查的基本思路与技巧。

2. 能力目标

(1) 能够运用 C 语言针对 MCS-51 单片机进行程序设计，熟练完成程序的编写、编译、调试等环节，确保程序在 MCS-51 单片机平台上正确运行，实现对单片机硬件资源的有效控制，如编写控制 LED 闪烁、数码管显示等基础程序。

(2) 具备根据实际需求，利用 C 语言对 MCS-51 单片机进行系统开发的能力。能够从项目需求分析出发，设计合理的硬件连接方案和软件架构，运用所学 C 语言知识编写代码实现系统功能。

(3) 当在 MCS-51 单片机 C 语言开发过程中遇到问题时，能够运用所学知识，借助开发工具(如 Keil 的调试功能)和电路仿真软件 Proteus，准确分析问题产生的原因，并提出有效的解决方案。

3. 素质目标

(1) 培养学生的钻研精神，在学习 MCS-51 单片机复杂结构以及 C 语言与之结合的过程中，鼓励学生深入探究细节，面对难题不轻言放弃，提升主动学习和深度思考的能力。

(2) 强化学生的逻辑思维与系统性思维,通过分析 MCS-51 单片机各硬件模块的关联以及 C 语言程序对其控制的逻辑，锻炼学生从整体上把握系统运行原理，构建清晰逻辑框架的能力，培养其系统性解决问题的思维方式。

(3) 增强学生的创新意识与实践精神，鼓励学生在掌握 MCS-51 单片机 C 语言基本设计实例的基础上，尝试对实例进行优化或拓展新功能，培养其勇于创新、敢于实践的品质。

本章将结合前面几章的学习内容，讲述 C 语言在 MCS-51 系列单片机开发中的应用，助力学习者快速掌握单片机的 C51 开发过程，轻松迈入单片机开发的大门。

9.1　MCS-51 系列单片机基本结构

MCS-51 系列单片机内部由中央处理器(CPU)、程序存储器(ROM)、数据存储器(RAM)、输入/输出接口(I/O 接口)、定时/计数器、中断系统以及内部总线组成。MCS-51 系列单片机内部结构框图如图 9.1 所示。

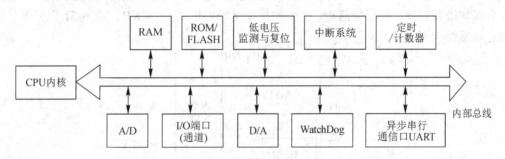

图 9.1　单片机的基本结构图

9.1.1　MCS-51 系列单片机内部组成

MCS-51 系列单片机的典型芯片是 80C51，其特性与我们常见的 AT89S51 完全相同。本章以 AT89S51 为例介绍 MCS-51 系列单片机的内部组成。

MCS-51 系列单片机的各模块及其基本功能如下所述：

1. 中央处理器(CPU)

MCS-51 系列单片机的 CPU 是一个 8 位二进制数的中央处理单元，由运算器、控制器和专用寄存器三大功能部件构成，主要完成运算和控制功能。CPU 内部结构复杂，不过在使用 C 语言进行单片机的程序开发时，无须像汇编语言那样直接操作寄存器，编写程序时不必过多了解 CPU 的内部结构和原理。

2. 程序存储器(ROM)

MCS-51 系列单片机拥有 4 KB 的片内程序存储器(ROM)，用于存放程序、原始数据和表格。片外程序存储器可扩展至 64 KB。MCS-51 系列单片机程序存储器结构图如图 9.2 所示。

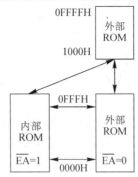

图 9.2   MCS-51 系列单片机程序存储器结构图

3. 数据存储器(RAM)

数据存储器(RAM)用于存放运算的中间结果、数据暂存和缓冲。MCS-51 系列单片机的内部数据存储器可以分为两个不同的区：片内 RAM 区和特殊功能寄存器区(SFR)。片内 RAM 区为 128 B，可供用户存放可读/写的数据；特殊功能寄存器(SFR)区也为 128 B，MCS-51 系列单片机共有 21 个 SFR，特殊功能寄存器的功能和用途有专门的规定，主要用于对各模块进行管理、控制和监视。片外数据存储器可扩展至 64 KB。MCS-51 系列单片机数据存储器结构图如图 9.3 所示。

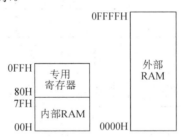

图 9.3   MCS-51 系列单片机数据存储器结构图

特殊功能寄存器(SFR)的名称及地址如表 9.1 所示。

表 9.1   MCS-51 单片机特殊功能存储器 SFR

特殊功能寄存器名称	符号	地址	位地址与位名称							
			D7	D6	D5	D4	D3	D2	D1	D0
P0 口	P0	80H	87	86	85	84	83	82	81	80
堆栈指针	SP	81H								
数据指针低字节	DPL	82H								
数据指针高字节	DPH	83H								
定时/计数器控制	TCON	88H	TF1	TR1	TF0	TR0	IE1	IT1	IE0	IT0
			8F	8E	8D	8C	8B	8A	89	88

特殊功能寄存器名称	符号	地址	位地址与位名称							
			D7	D6	D5	D4	D3	D2	D1	D0
定时/计数器方式	TMOD	89H	GATE	C/T	M1	M0	GATE	C/T	M1	M0
定时/计数器0 低字节	TL0	8AH								
定时/计数器0 高字节	TH0	8CH								
定时/计数器1 低字节	TL1	8BH								
定时/计数器1 高字节	TH1	8DH								
P1 口	P1	90H	97	96	95	94	93	92	91	90
电源控制	PCON	97H	SMOD				GF1	GF0	PD	IDL
串行口控制	SCON	98H	SM0	SM1	SM2	REN	TB8	RB8	TI	RI
			9F	9E	9D	9C	9B	9A	99	98
串行口数据	SBUF	99H								
P2 口	P2	A0H	A7	A6	A5	A4	A3	A2	A1	A0
中断允许控制	IE	A8H	EA		ET2	ES	ET1	EX1	ET0	EX0
			AF		AD	AC	AB	AA	A9	A8
P3 口	P3	B0H	B7	B6	B5	B4	B3	B2	B1	B0
中断优先级控制	IP	B8H			PT2	PS	PT1	PX1	PT0	PX0
					BD	BC	BB	BA	B9	B8
程序状态寄存器	PSW	D0H	C	AC	F0	RS1	RS0	OV		P
			D7	D6	D5	D4	D3	D2	D1	D0
累加器	A	E0H	E7	E6	E5	E4	E3	E2	E1	E0
寄存器 B	B	F0H	F7	F6	F5	F4	F3	F2	F1	F0

4. 输入/输出接口(I/O 接口)

MCS-51 系列单片机配备 4 组 8 位的 I/O 口，分别是 P0、P1、P2 和 P3。它们是 8 位的准双向口，可以并行输入/输出 8 位二进制数，用于接收外部信号或向外部输出控制信号。

5. 串行接口

MCS-51 系列单片机有一个全双工的串行通信接口，用于实现单片机系统和其他设备之间的数据传送。该串口可编程，具有 4 种工作方式，既可以用作异步通信收发器，也可以当做同步移位寄存器使用。

6. 定时/计数器

MCS-51 系列单片机有两个 16 位可编程定时/计数器,可通过编程来设置计数方式或者定时方式。计数结束或定时时间到达时会触发中断,CPU 通过响应中断来实现对系统的实时控制。

7. 中断系统

中断是指 CPU 接收到中断请求后,暂停正在执行的程序转而处理中断服务程序,在执行完中断服务程序后再返回原来的程序中继续执行。MCS-51 系列单片机共有 5 个中断源:两个外部中断源、两个定时/计数中断源、一个串行中断源。

8. 时钟电路

时钟电路产生时钟信号,控制单片机内部的各个部件按节奏工作。时钟信号频率越高,内部部件的工作速度越快。

9. 内部总线

总线是单片机内部用于传输信息的公共通道,根据总线上传输信息的不同,内部总线可分为数据总线、地址总线、控制总线。

9.1.2 MCS-51 系列单片机引脚及 I/O 口

MCS-51 系列单片机芯片均有 40 个引脚,采用 HMOS 工艺制造的芯片以双列直插(DIP)方式封装,其引脚示意及功能分类如图 9.4 所示。

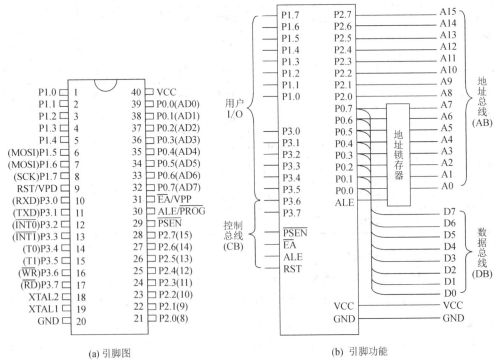

(a) 引脚图 (b) 引脚功能

图 9.4 MCS-51 系列单片机引脚及总线结构

MCS-51 系列单片机配备 4 组 8 位的 I/O 口：P0、P1、P2 和 P3 口，端口的组成及功能如下：

(1) P0 口(P0.0～P0.7)是一个 8 位漏极开路型的双向 I/O 口。P0 口具有两种功能：在不外接存储器且不扩展 I/O 接口时，用于传输用户的输入/输出数据；在接片外存储器或扩展 I/O 接口时，可分时提供低 8 位地址线和 8 位双向数据总线。

(2) P1 口(P1.0～P1.7)是一个内部带上拉电阻的准双向 I/O 口。

(3) P2 口(P2.0～P2.7)是一个内部带上拉电阻的 8 位准双向 I/O 口。P2 口具有两种功能：一种是用作准双向 I/O 端口，传输用户的输入/输出数据；另一种是与 P0 配合，在接片外存储器或扩展 I/O 接口时提供高 8 位地址线。

(4) P3 口(P3.0～P3.7)是一个内部带上拉电阻的 8 位准双向 I/O 口。在系统中，这 8 个引脚都有各自的第二功能。P3 口各个位的第二功能如表 9.2 所示。

表 9.2 P3 口各个位的第二功能

口　线	第　二　功　能
P3.0	RXD(串行口输入端)
P3.1	TXD(串行口输出端)
P3.2	$\overline{INT0}$(外部中断 0 请求输入端，低电平有效)
P3.3	$\overline{INT1}$(外部中断 1 请求输入端，低电平有效)
P3.4	T0(计数器 0 计数脉冲输入端)
P3.5	T1(计数器 1 计数脉冲输入端)
P3.6	$\overline{WR}$(片外数据存储器写选通信号输出端，低电平有效)
P3.7	$\overline{RD}$(片外数据存储器读选通信号输出端，低电平有效)

9.2 MCS-51 单片机 C 语言设计实例

用汇编程序设计 MCS-51 系列单片机应用程序时，必须考虑片内数据存储器与特殊功能寄存器的正确、合理使用，以及按实际地址处理端口数据。用 C 语言编写 MCS-51 单片机的应用程序时，无须像汇编语言那样具体地组织、分配存储器资源和处理端口数据，但对数据类型与变量的定义，必须要与单片机的存储结构相关联，否则编译器不能正确地映射定位。这也正是用 C 语言编写单片机应用程序与编写标准的 C 语言程序的不同之处。

本节从一个简单实例入手，介绍单片机开发必备的软件及开发的基本过程，并通过两个案例讲解 MCS-51 单片机的 C 语言应用。

9.2.1 第一个 C51 工程的建立

用 C 语言编写的应用程序必须经单片机的 C 语言编译器(简称 C51)转换生成单片机可

执行的代码程序。支持 MCS-51 系列单片机的 C 语言编译器有很多种,KEIL 是众多开发软件中优秀的软件之一,它支持众多不同公司的 MCS-51 架构的芯片,集编辑、编译、仿真等功能于一体,同时还支持 PLM、汇编和 C 语言的程序设计。它的界面和常用的微软 VC++ 的界面相似,界面友好,易学易用,在调试程序、软件仿真方面也有很强大的功能。因此 KEIL 是众多开发 51 应用的工程师或普通单片机爱好者的首选工具。

　　Proteus 是世界上著名的 EDA 工具(仿真软件),从原理图布图、代码调试到单片机与外围电路协同仿真、一键切换到 PCB 设计,真正实现了从概念到产品的完整设计,是目前世界上唯一将电路仿真软件、PCB 设计软件和虚拟模型仿真软件三合一的设计平台,其处理器模型支持 8051、HC11、PIC10/12/16/18/24/30/dsPIC33、AVR、ARM、8086 和 MSP430 等,2010 年又增加了 Cortex 和 DSP 系列处理器,并持续增加其他系列处理器模型。在编译方面,Proteus 也支持 IAR、KEIL 和 MPLAB 等多种编译器。

　　本小节通过建立一个简单的 C51 工程实例,简要介绍 KEIL 软件和 Proteus 软件的使用。这里需要说明的是,本小节及后面章节都将使用 MCS-51 系列中的 AT89C51 作为被编程对象。

1. 在 KEIL 软件中创建项目

启动 KEIL μVision5 软件,出现如图 9.5 所示的启动窗口,之后会进入 KEIL 界面。

图 9.5　KEIL 启动窗口

接着按下面的步骤建立第一个项目:

　　(1) 在 KEIL 界面中,点击"Project"菜单,在弹出的下拉式菜单中选择"New μVision Project",如图 9.6 所示。接着弹出一个标准 Windows 文件对话窗口,如图 9.7 所示。选择工程目录,在"文件名"中输入第一个 C 程序项目名称,这里用"test",点击"保存"后的文件扩展名为 uvproj,可以直接点击此文件来打开之前保存的项目。

图 9.6　New μVision Project 菜单

图 9.7　文件窗口

(2) 选择所要使用的单片机，这里选择 Atmel 公司的 AT89C51，单击"OK"完成设备的选择，如图 9.8 所示。选择设备结束后进入 μVision 的工作界面，如图 9.9 所示。

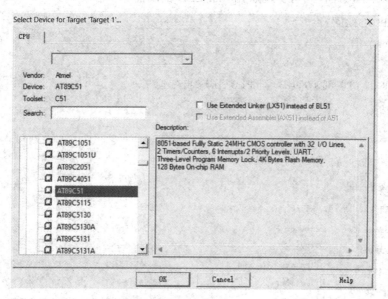

图 9.8　选择设备

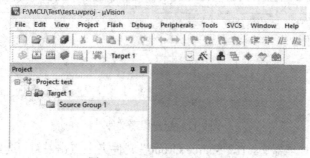

图 9.9　μVision 的工作界面

（3）在 μVision 中新建一个程序文件。单击"File"→"New"，新建一个默认名为"Text1"的空白文件，如图 9.10 所示。此时可以开始编写程序了。

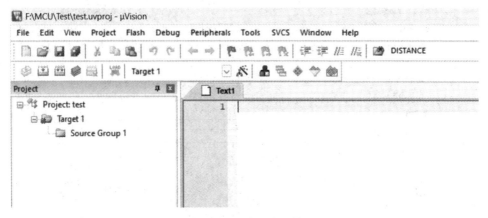

图 9.10　新建程序文件

（4）在"Text1"文件中输入如下代码，单击"File"→"Save"，将其保存为 main.c 文件，如图 9.11 所示，此代码可实现点亮一个 LED 的功能。

```c
#include <REGX51.H>
void main(void)
{
    P0 = 0x01;  //P0=00000001B，即 P1.0 引脚输出高电平
}
```

图 9.11　新建程序文件

（5）在项目资源管理器中，在"Source Group"文件夹上点击右键，选择"Add Exist Files to Group 'Source Group 1'"，如图 9.12 所示。在弹出的窗口中选择步骤(4)保存的 main.c

文件，如图 9.13 所示。点击"Add"按钮，可见 main.c 文件已经被添加到工程目录之中，如图 9.14 所示。

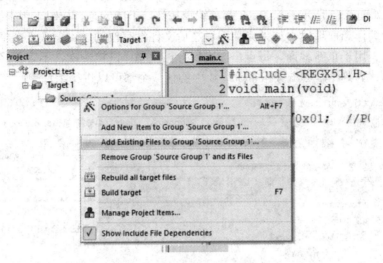

图 9.12　添加已有文件到项目中

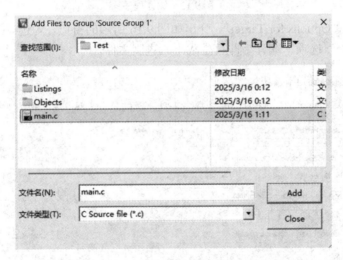

图 9.13　把文件添加到项目中

图 9.14　项目工程目录

(6) 单片机不能处理 C 语言程序，必须将 C 程序转换为二进制或十六进制代码。KEIL 软件本身带有 C51 编译器，可将 C 程序转换成十六进制代码，即*.hex 文件。在 μVision 工作界面中，如图 9.15 所示，1、2、3 都是编译按钮，不同的是，按钮 1 用于编译单个文件；按钮 2 用于编译当前项目，如果先前编译之后文件没有改动过，再次点击将不会再次重新编译；按钮 3 用于重新编译，每点击一次均会再次编译链接一次，不管程序改动与否。这个项目只有一个文件，点击按钮 1、2、3 中的任一个都可以进行编译。

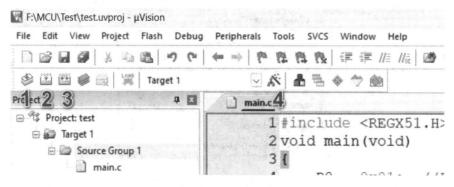

图 9.15 编译程序

点击按钮 4 "Options for Target"，弹出如图 9.16 所示的窗口，勾选 "Output" 页面中的 "Creat HEX File" 选项，编译后即可生成十六进制文件。

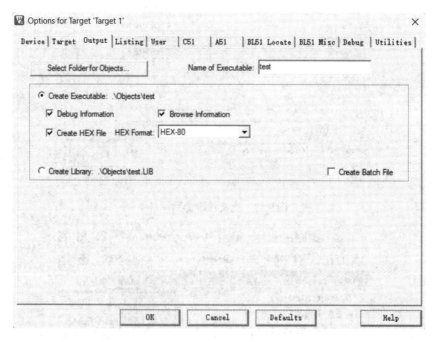

图 9.16 编译时生成十六进制文件的设置

点击按钮 1、2、3 中的任何一个用于编译程序，编译后提示信息如图 9.17 所示，图中显示 0 错误、0 告警，hex 文件已生成。hex 文件位于工程路径的 Objects 目录下，如图 9.18 所示。

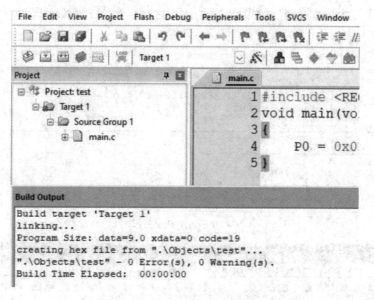

图 9.17　程序编译后的提示信息

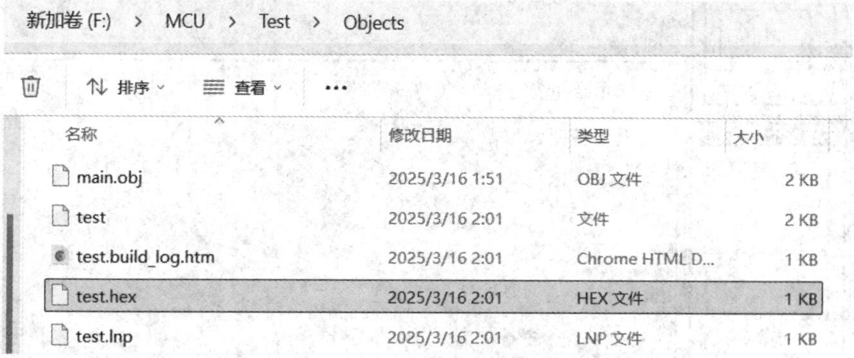

图 9.18　hex 文件保存位置

2. 使用 Proteus 软件进行仿真

运行 Proteus 8 Professional，会出现如图 9.19 所示的窗口界面。

图 9.19　Proteus 界面

(1) 在 Proteus 界面中，点击 "File" → "New Project"，在弹出的窗口中输入项目名、

选择项目路径，点击 "Next"，如图 9.20 所示。之后一直点击 "Next"，直到出现如图 9.21 所示的界面。

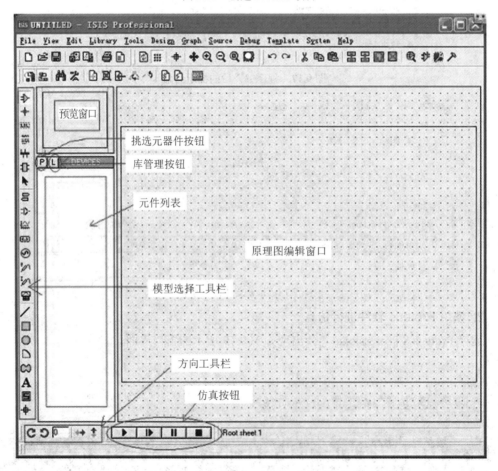

图 9.20　创建 Proteus 项目

图 9.21　Proteus 仿真环境界面

(2) 图 9.21 所示只是一个空白窗口，需要添加硬件元器件。以实现点亮一个 LED 灯的功能为例，需配备 AT89C51 单片机，以及单片机工作所必需的晶振(这里选择 12 MHz)、电容、电阻和发光二极管。添加元器件时，单击图 9.21 中的挑选元器件按钮 "P"，便会弹出图 9.22 所示的元器件筛选窗口。

图 9.22　元器件筛选窗口

(3) 在图 9.22 左上角的 Keywords 栏中输入"AT89C51"，右边区域会筛选出符合要求的元器件，如图 9.23 所示。双击第一个"AT89C51"，该器件就被添加到图 9.21 左侧的元器件列表中。接下来，用同样的方法添加晶振(CRYSTAL)、电阻(RES)、电容(CAP)以及发光二极管(LED-GREEN)等。添加时，只需改变图 9.22 中 Keywords 栏的内容。当所需的元器件都添加完毕后，单击"OK"按钮，退出元器件筛选窗口。

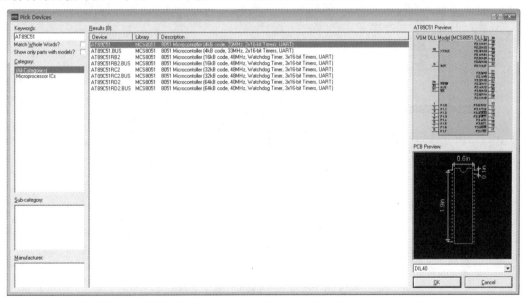

图 9.23　已选中器件

(4) 所有需要的元器件都添加完成以后，在图 9.21 的原件列表中单击选中元器件，然后在原理图编辑窗口中点击鼠标，即可放置元器件，如图 9.24 所示。

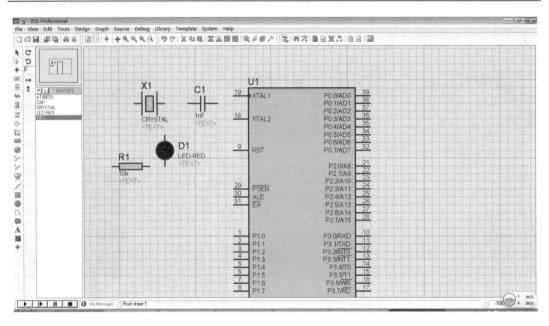

图 9.24　元器件的放置

(5) 在原理图编辑窗口中进行点亮一个 LED 的硬件电路设计,得到图 9.25 所示的电路图。

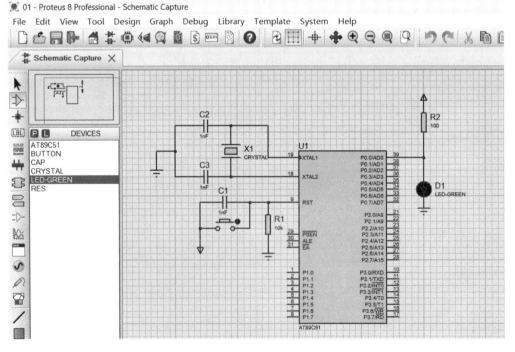

图 9.25　点亮一个 LED 的硬件电路图

(6) 将 KEIL 编译生成的.hex 文件下载到单片机中。双击图 9.25 中的单片机,弹出如图 9.26 所示的窗口。点击"Program File"后的"Select"按钮,在弹出的窗体中选择 KEIL 编译时生成的 test.hex 文件,然后点击"OK"按钮返回图 9.25 所示的电路界面。

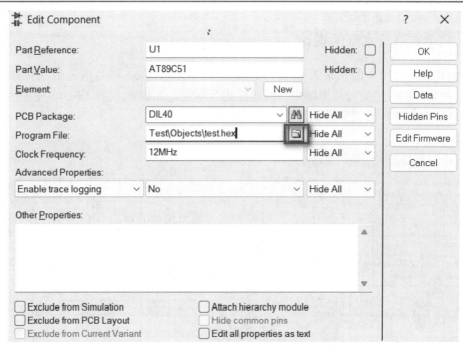

图 9.26　hex 文件选择

(7) 单击界面左下角的仿真按钮，开始仿真运行，如图 9.27 所示。此时可以观察到 LED 被点亮。

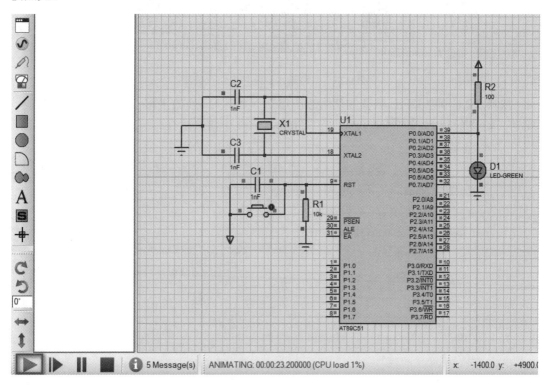

图 9.27　仿真运行

9.2.2　简单八路流水灯的设计

本例实现一个简单的八路流水灯。八路流水灯是指通过 51 单片机的某一个端口(P0、P1、P2、P3 均可)，控制外部电路中与其连接的八个发光二极管(简称 LED)，使其按照设定要求循环点亮发光。本例采用的硬件电路原理图如图 9.28 所示。

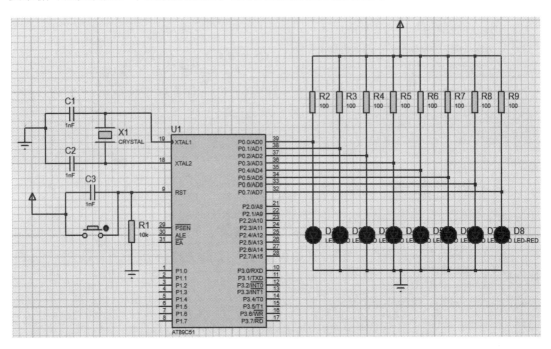

图 9.28　八路流水灯硬件电路原理图

按照 9.2.1 节中 KEIL 软件的使用方法建立一个名为 led 的工程，写入如下程序代码，编译生成可烧写 hex 文件 led.hex，并在 Proteus 软件中仿真运行。

```
#include <REGX51.H>
/*------------------------------------------------------
功能：延时 60ms
------------------------------------------------------*/
void Delay60ms()        //@12.000MHz
{
    unsigned char i, j;
    i = 117;
    j = 184;
    do
    {
        while (--j);
    }
```

```
        while (--i);
    }


    /*-------------------------------------------------
    功能：主函数
    -------------------------------------------------*/
    void main(void)
    {
        unsigned char i;
        //字符型数组，保存点亮 LED 的控制码
        unsigned char code ledCode[] = {0x01, 0x02, 0x04, 0x08, 0x10, 0x20, 0x40, 0x80};
        //无限循环
        while(1)
        {
            //循环 8 次，依次点亮 P0.0 到 P0.7 相连的 8 个 LED
            for(i=0; i<8; i++)
            {
                P0 = ledCode[i];
                Delay60ms();        //点亮两个 LED 之间延时 60 ms
            }
        }
    }
```

案例分析：

(1) MCS-51 系列单片机片内有许多特殊功能寄存器(参见表 9.1)。在 C51 中访问这些特殊功能寄存器时，须通过 sfr 或 sfr16 类型说明符进行定义，指明它们所对应的片内 RAM 单元的地址。本例中，P0 是一个特殊功能寄存器，头文件 REGX51.H 中已对其进行了定义：sfr P0 = 0x80。

(2) 本例定义了一个无符号字符型数组 ledCode[]，用于保存流水灯控制码，并使用关键字 code 将其定义为常量数组，这是为了告诉单片机该组数据要存放在 ROM 中。

(3) 实现流水灯循环点亮的核心代码是两个循环的嵌套。外层使用 while 循环语句，循环条件是 1，以实现 LED 不间断地循环点亮。内层使用 for 循环，循环变量 i 的值从 0 到 7。代码运行时，依次从 ledCode[]取出一个 8 位的十六进制控制码，控制码的每一位对应 P0 口的一个引脚。例如，0x01 对应的二进制码为 00000001B，此时单片机的 P0.0 引脚被赋予高电平，而 P0.1 到 P0.7 均为低电平，与 P0.0 相连的 LED 便会被点亮。

(4) 本例设置单片机的工作频率为 12 MHz，此时它的一个机器周期为 1 μs，也就是说 LED 循环点亮的速度达到 μs 级，人眼无法识别如此快速的交替闪烁。所以在点亮两个灯之间要调用延时函数 Delay60ms()。该函数内部是一些空语句，用于实现 CPU 延时等待的效果。

9.2.3　用外部中断控制 P0 口 LED 灯的亮灭

本例通过外部中断 0($\overline{\text{INT0}}$)控制 P0.0 和 P0.1 两个引脚连接的 LED 的亮灭，每次按下按键，两个 LED 就会交替点亮。本例采用的硬件电路原理图如图 9.29 所示。

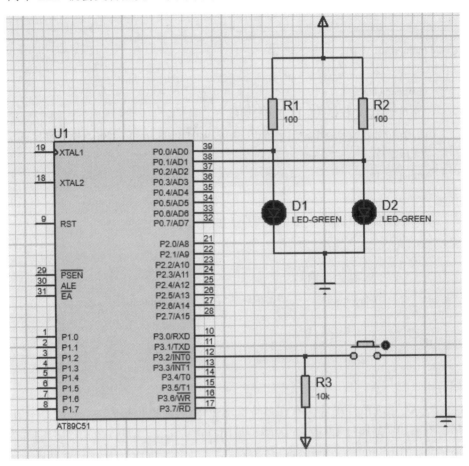

图 9.29　外部中断控制 LED 灯亮灭硬件电路原理图

按照 9.2.1 节中 KEIL 软件的使用方法，建立一个名为 interrupt 的工程，写入如下程序代码，编译生成可烧写 hex 文件 interrupt.hex，并在 Proteus 软件中仿真运行。

```c
#include <REGX51.H>
/*-------------------------------------------------
功能：主函数
-------------------------------------------------*/
void main(void)
{
    EA = 1;           //中断允许总控位
    EX0 = 1;          //外部中断 0 的中断允许位
    IT0 = 1;          //外部中断 0 为下降沿触发
```

```
        P0_0 = 1;
        P0_1 = 0;
        while(1)              //无限循环
        {
        }
    }
    /*--------------------------------------------------
    功能：中断处理程序
    --------------------------------------------------*/
    void int0() interrupt 0 using 0
    {
        P0_0 = ～P0_0;                //端口值取反
        P0_1 = ～P0_1;
    }
```

案例分析：

(1) 所谓中断，是指计算机在执行某一程序过程中，由于系统内部或外部的某事件，CPU 暂停当前程序，转去处理该事件，处理完毕后再返回被暂停的程序继续执行。引起 CPU 中断的事件称为中断源。MCS-51 系列单片机有 5 个中断源：外部中断 0($\overline{\text{INT0}}$)、外部中断 1($\overline{\text{INT1}}$)、定时/计数器 T0 中断、定时计数器 T1 中断、串行口中断。本例将按键连接到 P3.2 引脚，使用的是外部中断 0，参见表 9.2 中 P3 口各位的第二功能。

(2) 中断源产生的中断请求信号由单片机中的特殊功能寄存器 TCON 和 SCON 的相应位保存，中断允许或禁止由中断允许寄存器 IE 来控制。这三个寄存器均支持位寻址，可以直接寻址到寄存器中的控制位。实现本例需要使用三个控制位：EA(中断允许总控位)、EX0(外部中断 0 允许控制位)、IT0(外部中断 0 的触发方式，0 为低电平触发，1 为下降沿触发，即由高电平到低电平的负跳变触发)。

(3) 在 C51 中，为了方便用户处理，C51 编译器对 MCS-51 单片机的常用特殊功能寄存器和特殊位进行了定义，并放在 REGX51.H 头文件中。用户只需使用预处理命令#include <REGX51.H>将该头文件包含到程序中，即可使用殊功能寄存器名和特殊位名称。例如，REGX51.H 中已有如下定义：

```
    sbit P0_0 = 0x80;        // P0.0 引脚
    sbit P0_1 = 0x81;        // P0.1 引脚
    sbit IT0 = 0x88;
    sbit EX0 = 0xA8;
    sbit EA = 0xAF;
```

(4) 在 C51 中，使用 interrupt m using n 表示中断函数。其中，m 为中断源的编号，其取值对应的中断情况如下：

0：外部中断 0。

1：定时/计数器 T0。

2：外部中断 1。

3：定时/计数器 T1。

4：串行口中断。

修饰符 using　n 用于指定本函数内部使用的工作寄存器组，其中 n 的取值为 0～3，表示寄存器组号。

(5) 在中断函数中，使用了位运算符～，表示取反操作，即 P0.0 和 P0.1 的值由 0 变 1、由 1 变 0，如此与两个引脚连接的 LED 便可交替点亮。

第10章 综合项目

学习目标

1. 知识目标

(1) 掌握 C 语言在综合项目场景中的应用。

(2) 理解并掌握 C 语言模块化程序设计开发的方法。

(3) 了解项目的需求分析。

2. 能力目标

(1) 具备独立分析和设计小型 C 语言项目的能力。

(2) 能够运用 C 语言进行实际的编程实现。

(3) 掌握程序调试与测试的能力。

3. 素质目标

(1) 培养团队协作意识和沟通能力。

(2) 培养精益求精的工匠精神，提升创新意识和探索精神。

(3) 培养严谨的工作态度和良好的编程风格。

本章主要介绍 C 语言在综合项目场景中的实际应用以及模块化程序设计开发方法，通过具体案例帮助读者掌握如何将 C 语言知识转化为完整的项目解决方案，理解模块化设计在项目开发中的优势与实践技巧，了解项目需求分析的重要性与方法，在不断的应用中增强开发技能、锻炼编程思维。

▶10.1 需求分析

随着学校规模持续扩大，学生数量不断增多，与之相关的各类信息数据量也呈现出急剧增长的态势。面对庞大的信息量，需要开发计算机学生信息管理系统来提高学生管理工作的效率。该系统需具备一系列核心功能：在学生档案管理方面，应实现信息的添加、删除、修改与查询功能，确保学生档案数据的准确性与及时性；在成绩管理模块中，需支持学生成绩的录入与分析等功能，助力教学质量的提升。通过该系统，能够实现学生信息的规范化管理与科学统计，同时支持快速查询、修改、增加、删除等业务操作，从而减轻职能部门在学生管理工作中的负担，提高管理工作的整体效能。

学生信息管理系统的基本业务功能包括：

(1) 学生信息：学号、姓名、性别、年龄、各科成绩等。

(2) 信息操作功能：学生信息添加、修改、删除、查询等。

(3) 其他功能：学生科目成绩的统计、计算、排序、输出等。

(4) 信息存储功能：将信息保存在文件中，便于反复使用。

▶10.2 项目设计

项目设计分为总体设计和详细设计。总体设计旨在帮助开发者从宏观层面把握学生信息管理系统的架构，达成系统的整体功能目标。详细设计则是对总体设计中的各个功能模块进行具体实现，为开发者提供精确的编码指导，使其能将总体设计转化为可执行的代码。

10.2.1 总体设计

从学生信息管理系统的需求出发，本项目将学生信息管理系统以菜单形式呈现，一共有 9 个(0~8)可选项，包括：

(1) 查看帮助文档功能(选择 0)。

(2) 读入学生信息功能(选择 1)。

(3) 查询学生信息功能，分为按学号查询功能和按姓名查询功能(选择 2)。

(4) 修改学生信息功能，可以修改学生基本信息和各科成绩(选择 3)。

(5) 增加学生信息功能(选择 4)。

(6) 删除学生信息功能(选择 5)。

(7) 显示当前信息功能(选择 6)。

(8) 保存学生信息功能(选择 7)。

(9) 退出系统功能(选择 8)。

学生信息管理系统的总体功能结构图如图 10.1 所示。

图 10.1 学生信息管理系统总体功能结构图

学生信息管理系统根据系统的主要功能可以大致分为以下 10 个模块。

(1) 菜单模块：展示学生信息管理系统的主菜单界面，供用户选择所需功能。该功能通过自定义的 menu()函数实现。

(2) 查看帮助文档模块：为用户提供系统使用指南，帮助用户迅速熟悉系统操作规范。该功能通过自定义的 help()函数实现。

(3) 读入学生信息模块：从存有学生信息的文件中读入数据，建立信息。该功能通过自定义的 readfile()函数实现。

(4) 查询学生信息模块：可以按照学生学号或学生姓名来查询学生的相关信息。该功能通过 seek()函数来实现。

(5) 修改学生信息模块：可以根据需要修改学生的相关信息。该功能通过自定义的 modifiy()函数实现。

(6) 增加学生信息模块：可以根据需求选择增加若干名学生，并将学生的相关信息输入。该功能通过 insert()函数和 sort()函数来实现。

(7) 删除学生信息模块：可以根据需要删除学生的所有信息。该功能通过 del()函数来实现。

(8) 显示当前信息模块：可以显示当前系统存储的所有学生的相关信息。该功能通过 display()函数来实现。

(9) 保存学生信息模块：在增加或删除学生信息后将其保存到相应的文件中。该功能通过 save()函数来实现。

(10) 退出系统模块：可以通过主菜单选择退出系统功能，以退出学生信息管理系统。

10.2.2　详细设计

1. 数据结构的设计

使用两个宏定义设置学生学号的最大字符数以及存储的最大学生数；构建学生信息结构体，用于存储学生学号、姓名、年龄、性别、3 门课程的成绩。

```
#define LEN 15              /*设置学号和姓名最大字符数*/
#define N 100               /*最大学生人数，实际可更改*/
struct record              /*学生信息结构体*/
{
    char code[LEN+1];      /*学号*/
    char name[LEN+1];      /*姓名*/
    int age;               /*年龄*/
    char sex;              /*性别*/
    float score[3];        /*3 门课程的成绩*/
}stu[N];                   /*定义结构体数组*/
int k = 1,n,m;             /*定义全局变量，n 为学生总人数，m 为新增加的学生人数*/
```

2. 功能模块设计

(1) 读入学生信息模块。该模块的主要功能是从指定的文件中读取学生信息，并将这些信息存储到系统的数据结构中。若文件打开失败或者文件为空，系统会给出相应提示，指导用户进行后续操作。读入学生信息模块流程图如图 10.2 所示。

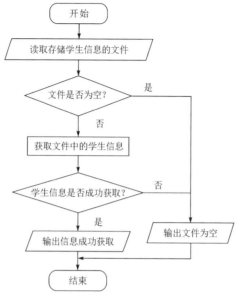

图 10.2 　 读入学生信息模块流程图

(2) 查询学生信息模块。该模块的主要功能是为用户提供学生信息查找服务，支持按学号和姓名两种方式进行查询，同时允许用户随时退出查询菜单。当用户输入查询条件后，系统会在已有的学生信息中进行匹配，若找到匹配的学生信息则将其显示出来，若未找到则给出相应的提示信息。查询学生信息模块流程图如图 10.3 所示。

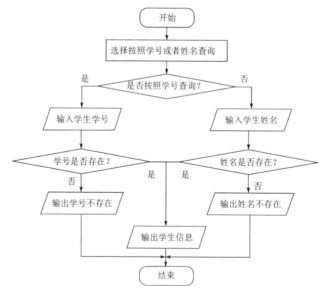

图 10.3 　 查询学生信息模块流程图

(3) 修改学生信息模块。此模块的主要功能是让用户修改学生的信息。用户先输入要修改信息的学生学号，系统会检查该学号是否存在。若学号存在，用户可以选择修改学生的姓名、年龄、性别、C 语言成绩、高等数学成绩、大学英语成绩；若学号不存在，系统将给出相应提示。修改学生信息模块流程图如图 10.4 所示。

(4) 增加学生信息模块。该模块的主要功能是向学生管理系统中插入新的学生信息。

用户可以指定要增加的学生数量，程序会依次提示用户输入每个学生的详细信息，同时会检查学号的唯一性，确保不会插入重复学号的学生信息。插入操作完成后，系统会对学生信息进行排序，并提示用户保存信息。增加学生信息模块流程图如图 10.5 所示。

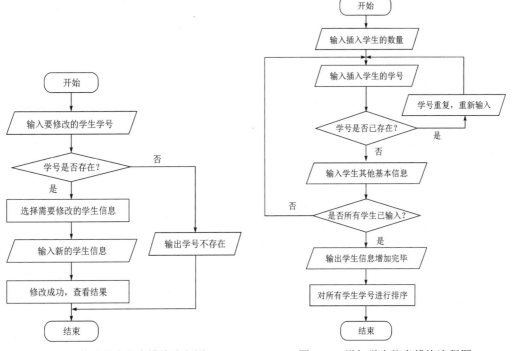

图 10.4 修改学生信息模块流程图 图 10.5 增加学生信息模块流程图

(5) 删除学生信息模块。该模块的主要功能是根据用户输入的学号，在学生管理系统中查找并删除对应的学生信息。若找到匹配的学生信息，系统会将其后的学生信息依次向前移动以覆盖该学生信息，并更新学生总数；若未找到，则给出相应提示。删除学生信息模块流程图如图 10.6 所示。

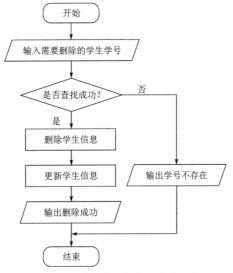

图 10.6 删除学生信息模块流程图

▷10.3 项目程序源码

```c
#include<stdio.h>            /*I/O 函数*/
#include<stdlib.h>           /*其他说明*/
#include<string.h>           /*字符串函数*/
#define LEN 15               /*设置学号和姓名最大字符数*/
#define N 100                /*最多学生人数，实际请更改*/
struct record                /*学生信息结构体*/
{
    char code[LEN+1];        /*学号*/
    char name[LEN+1];        /*姓名*/
    int age;                 /*年龄*/
    char sex;                /*性别*/
    float score[3];          /*3 门课程成绩*/
}stu[N];                     /*定义结构体数组*/
int k = 1,n,m;               /*定义全局变量，n 为学生总人数，m 为新增加的学生人数*/
void menu();                 /*用户界面函数声明*/
void help();                 /*帮助函数声明*/
void readfile();             /*读入数据函数声明*/
void seek();                 /*查找函数声明*/
void modify();               /*修改数据函数声明*/
void insert();               /*插入数据函数声明*/
void del();                  /*删除数据函数声明*/
void display();              /*显示信息函数声明*/
void save();                 /*保存信息函数声明*/
void sort();                 /*排序函数声明*/
/*主函数*/
int main()
{
    while(k)
    {
        menu();
    }
    return 0;
}
/*用户界面*/
void menu()
```

```
{
    int num;
    printf("\n\n");
    printf("\t*******************************************\n\n");
    printf("\t\t\t 学生信息管理系统\n\n");
    printf("\t*******************************************\n");
    printf("\t\t\t 系统功能菜单\n");
    printf("\t~~~~~~~~~~~~~~~~~~~~~~~~~~~~~~~~~~~~~~~~~~~~\n\n");
    printf("\t0.系统帮助及说明\t\t1.读入学生信息\n\n");
    printf("\t2.查询学生信息    \t\t3.修改学生信息\n\n");
    printf("\t4.增加学生信息    \t\t5.按学号删除信息\n\n");
    printf("\t6.显示当前信息    \t\t7.保存当前学生信息\n\n");
    printf("\t8.退出系统\n\n");
    printf("\t~~~~~~~~~~~~~~~~~~~~~~~~~~~~~~~~~~~~~~~~~~~~\n");
    printf("请选择菜单编号:");
    scanf("%d",&num);
    switch(num)
    {
        case 0:help();break;
        case 1:readfile();break;
        case 2:seek();break;
        case 3:modify();break;
        case 4:insert();break;
        case 5:del();break;
        case 6:display();break;
        case 7:save();break;
        case 8:k = 0;
        printf("即将退出程序！\n");
        break;
        default:printf("请在 0～8 之间选择\n");
    }
}
/*帮助*/
void help()
{
    printf("\n0.欢迎使用系统帮助！\n");
    printf("\n1.进入系统后，建议先从文件中读入学生信息，若文件不存在或文件为空，请选择
增加学生信息；\n");
    printf("\n2.按照菜单提示输入数字选择功能；\n");
```

```
        printf("\n3.增加学生信息后，切记保存；\n");
        printf("\n4.谢谢您的使用！\n");
        system("pause");        /*发出一个DOS命令，屏幕上输出"请按任意键继续..."*/
}
/*从文件中读入数据*/
void readfile()
{
        char filename[LEN+1];                    /*文件名*/
        FILE *fp;                                /*文件指针*/
        int i = 0;
        printf("请输入已存有学生信息的文件名：\n");
        scanf("%s",filename);
        if((fp=fopen(filename,"r"))==NULL)        /*以只读方式打开文件*/
        {
            printf("打开文件%s出错！",filename);
            printf("您需要先选择菜单中\"4.增加学生信息\"\n");
            system("pause");              /*发出一个DOS命令，屏幕上输出"请按任意键继续..."*/
            return;
        }
        while(fscanf(fp,"%s %s %d %c %f %f %f", stu[i].code, stu[i].name, &stu[i].age,&stu[i].sex,
    &stu[i].score[0], &stu[i].score[1], &stu[i].score[2])==7)   /*循环读入完整的学生信息*/
        {
            i++;
        }
        n = i;
        if(0==i)
        {
            printf("文件为空，请选择菜单中\"4.增加学生信息\"，并注意及时保存！\n");
        }
        else
            printf("读入完毕！\n");
        fclose(fp);                      /*信息读入结束后，关闭文件*/
        system("pause");                 /*发出一个DOS命令，屏幕上输出"请按任意键继续..."*/
}
/*查找学生信息*/
void seek()
{
        int i,item,flag;                 /*item代表选择查询的子菜单编，flag代表是否查找成功*/
        char s1[21];                     /*以姓名和学号最长长度+1为准*/
```

```
printf("****************\n");
printf("\t1.按学号查询\n");
printf("\t2.按姓名查询\n");
printf("\t3.退出本菜单\n");
printf("****************\n");
while(1)
{
    printf("请选择子菜单编号：");
    scanf("%d",&item);
    flag = 0;
    switch(item)
    {
        case 1:
            printf("请输入要查询的学生的学号：\n");
            scanf("%s",s1);
            for(i=0;i<n;i++)
            {
                if(strcmp(stu[i].code,s1)==0)
                {
                    flag = 1;
                    printf("学生学号  学生姓名  年龄  性别 C 语言成绩  高等数学成绩
                        英语成绩\n");
                    printf("%6s %8s %7d %4c %9.1f %9.1f %9.1f\n",stu[i].code,stu[i].name,
                        stu[i].age, stu[i].sex, stu[i].score[0], stu[i].score[1],stu[i].score[2]);
                    break;
                }
            }
            if(0==flag)
            {
                printf("该学号不存在！\n");
            }
            break;
        case 2:
            printf("请输入要查询的学生的姓名：\n");
            scanf("%s",s1);
            for(i=0;i<n;i++)
            {
                if(strcmp(stu[i].name,s1)==0)
                {
```

```
                flag=1;
                printf("学生学号   学生姓名   年龄   性别 C 语言成绩   高等数学成绩
英语成绩\n");
                printf("%6s %8s %7d %4c %9.1f %9.1f %9.1f\n",stu[i].code,stu[i].name,
stu[i].age, stu[i].sex, stu[i].score[0], stu[i].score[1],stu[i].score[2]);
                break;
            }
        }
        if(0==flag)
        {
            printf("该姓名不存在！\n");break;
        }
        break;
    case 3:return;
    default:printf("请在 1～3 之间选择\n");
    }
  }
}
/*修改学生信息*/
void modify()
{
    int i,item,num=-1;   /*item 代表选择修改的子菜单编号，num 保存要修改信息的学生的序号*/
    char sex1,s1[LEN+1],s2[LEN+1];     /*以姓名和学号最长长度+1 为准*/
    float score1;
    printf("请输入需要修改的学生的学号：\n");
    scanf("%s",s1);
    for(i=0;i<n;i++)
    {
        if(strcmp(stu[i].code,s1)==0)       /*比较字符串是否相等*/
            num=i;                          /*保存要修改信息的学生的序号*/
        if(num!=-1)
        {
            printf("**************\n");
            printf("1.修改姓名\n");
            printf("2.修改年龄\n");
            printf("3.修改性别\n");
            printf("4.修改 C 语言成绩\n");
            printf("5.修改高等数学成绩\n");
            printf("6.修改大学英语成绩\n");
```

```
printf("7.退出本菜单\n");
printf("***************\n");
while(1)
{
    printf("请选择子菜单编号：");
    scanf("%d",&item);
    switch(item)
    {
        case 1:
            printf("请输入新的姓名：\n");
            scanf("%s",s2);
            strcpy(stu[num].name,s2);
            break;
        case 2:
            printf("请输入新的年龄：\n");
            scanf("%d",&stu[num].age);
            break;
        case 3:
            printf("请输入新的性别：\n");
            while (getchar() != '\n');
            scanf("%c",&sex1);
            stu[num].sex = sex1;
            break;
        case 4:
            printf("请输入新的 C 语言成绩：\n");
            scanf("%f",&score1);
            stu[num].score[0] = score1;
            break;
        case 5:
            printf("请输入新的高等数学成绩：\n");
            scanf("%f",&score1);
            stu[num].score[1] = score1;
            break;
        case 6:
            printf("请输入新的英语成绩：\n");
            scanf("%f",&score1);
            stu[num].score[2] = score1;
            break;
        case 7:
```

```
                                return;
                    default:printf("请在 1～7 之间选择\n");
                }
            }
            printf("修改完毕！显示结果请选择菜单 6，并及时保存！\n");
        }
        else
        {
            printf("该学号不存在！\n");
            system("pause");         /*发出一个 DOS 命令，屏幕上输出"请按任意键继续..."*/
        }
    }
}
/*按照学号进行排序*/
void sort()
{
    int i,j,k,*p,*q,s;
    char temp[LEN+1],ctemp;
    float ftemp;
    for(i=0;i<n-1;i++)
    {
        for(j=n-1;j>i;j--)
        {
            if(strcmp(stu[j-1].code,stu[j].code)>0)
            {
                strcpy(temp,stu[j-1].code);
                strcpy(stu[j-1].code,stu[j].code);
                strcpy(stu[j].code,temp);
                strcpy(temp,stu[j-1].name);
                strcpy(stu[j-1].name,stu[j].name);
                strcpy(stu[j].name,temp);
                ctemp=stu[j-1].sex;
                stu[j-1].sex=stu[j].sex;
                stu[j].sex=ctemp;
                p=&stu[j-1].age;
                q=&stu[j].age;
                s=*q;
                *q=*p;
                *p=s;
```

```
            for(k=0;k<3;k++)
            {
                ftemp=stu[j-1].score[k];
                stu[j-1].score[k]=stu[j].score[k];
                stu[i].score[k]=ftemp;
            }
        }
    }
}
/*插入学生信息*/
void insert()
{
    int i = n,j,flag;
    printf("请输入待增加的学生数：\n");
    scanf("%d",&m);
    if(m>0)
    {
        do
        {
            flag=1;
            while(flag)
            {
                flag = 0;
                printf("请输入第%d 位学生的学号：\n", i+1);
                scanf("%s",stu[i].code);
                for(j=0;j<i;j++)          /*与之前已有学号比较，如果重复，则置 flag 为 1，重新
                                            进入循环体内输入*/
                {
                    if(strcmp(stu[i].code,stu[j].code)==0)
                    {
                        printf("已有该学号，请检查后重新录入！\n");
                        flag = 1;
                        break;            /*如有重复则退出该层循环*/
                    }
                }
            }
            printf("请输入第%d 位学生的姓名：\n",i+1);
            scanf("%s",stu[i].name);
```

```
        printf("请输入第%d位学生的年龄：\n",i+1);
        scanf("%d",&stu[i].age);
        printf("请输入第%d位学生的性别：\n",i+1);
        scanf(" %c",&stu[i].sex);
        printf("请输入第%d位学生的C语言成绩：\n",i+1);
        scanf("%f",&stu[i].score[0]);
        printf("请输入第%d位学生的高等数学成绩：\n",i+1);
        scanf("%f",&stu[i].score[1]);
        printf("请输入第%d位学生的大学英语成绩：\n",i+1);
        scanf("%f",&stu[i].score[2]);
        if(0==flag)                    /*与之前已有学生学号无重复，学生人数加1*/
        {
            i++;
        }
    }while(i<n+m);
}
n+=m;
printf("信息增加完毕！显示结果请选择菜单6，并及时保存\n\n");
sort();
system("pause");              /*发出一个DOS命令，屏幕上输出"请按任意键继续..."*/
}
/*删除学生数据信息*/
void del()
{
    int i,j,flag = 0;              /*flag为查找成功标记，0表示查找失败，1表示查找成功*/
    char s1[LEN+1];
    printf("请输入要删除学生的学号：\n");
    scanf("%s",s1);
    for(i=0;i<n;i++)
    {
        if(strcmp(stu[i].code,s1)==0)        /*找到要删除的学生记录*/
        {
            flag = 1;                        /*查找成功*/
            for(j=i;j<n-1;j++)               /*之前的学生记录向前移动*/
                stu[j]=stu[j+1];
        }
    }
    if(0==flag)                              /*查找失败*/
        printf("该学号不存在！\n");
```

```
        if(1==flag)
        {
            printf("删除成功！显示结果请选择菜单 6，并请及时保存\n");
            n--;                           /*删除成功后，学生人数减 1*/
        }
        system("pause");                   /*发出一个 DOS 命令，屏幕上输出"请按任意键继续..." */
}
/*显示学生信息数据*/
void display()
{
    int i;
    printf("共有%d 位学生的信息：\n",n);
    if(0!=n){
        printf("学生学号　学生姓名　年龄　　性别 C 语言成绩　高等数学成绩　英语成绩\n");
        for(i=0;i<n;i++){
            printf("%6s %8s %7d %4c %9.1f %9.1f %9.1f\n", stu[i].code, stu[i].name, stu[i].age,
                    stu[i].sex, stu[i].score[0], stu[i].score[1], stu[i].score[2]);
        }
    }
    system("pause");                       /*发出一个 DOS 命令，屏幕上输出"请按任意键继续..." */
}
/*保存学生信息*/
void save()
{
    int i;
    FILE *fp;                      /*文件指针*/
    char filename[LEN+1];          /*文件名*/
    printf("请输入将要写入学生信息的文件名：\n");
    scanf("%s",filename);
    fp = fopen(filename,"w");/*以写入方式打开文件*/
    for(i=0;i<n;i++){
        fprintf(fp,"%s %s %d %c %.1f %.1f %.1f\n", stu[i].code, stu[i].name, stu[i].age, stu[i].sex,
                stu[i].score[0], stu[i].score[1], stu[i].score[2]);
    }
    printf("保存成功！\n");
    fclose(fp);                            /*信息读入结束后，关闭文件*/
    system("pause");                       /*发出一个 DOS 命令，屏幕上输出"请按任意键继续..." */
}
```

附录 A   ASCII 码表

十六进制	十进制	字符	十六进制	十进制	字符	十六进制	十进制	字符	十六进制	十进制	字符
0	0	nul	20	32	sp	40	64	@	60	96	'
1	1	soh	21	33	!	41	65	A	61	97	a
2	2	stx	22	34	"	42	66	B	62	98	b
3	3	etx	23	35	#	43	67	C	63	99	c
4	4	eot	24	36	$	44	68	D	64	100	d
5	5	enq	25	37	%	45	69	E	65	101	e
6	6	ack	26	38	&	46	70	F	66	102	f
7	7	bel	27	39	`	47	71	G	67	103	g
8	8	bs	28	40	(	48	72	H	68	104	h
9	9	ht	29	41	)	49	73	I	69	105	i
0a	10	nl	2a	42	*	4a	74	J	6a	106	j
0b	11	vt	2b	43	+	4b	75	K	6b	107	k
0c	12	ff	2c	44	,	4c	76	L	6c	108	l
0d	13	er	2d	45	−	4d	77	M	6d	109	m
0e	14	so	2e	46	.	4e	78	N	6e	110	n
0f	15	si	2f	47	/	4f	79	O	6f	111	o
10	16	dle	30	48	0	50	80	P	70	112	p
11	17	dc1	31	49	1	51	81	Q	71	113	q
12	18	dc2	32	50	2	52	82	R	72	114	r
13	19	dc3	33	51	3	53	83	S	73	115	s
14	20	dc4	34	52	4	54	84	T	74	116	t
15	21	nak	35	53	5	55	85	U	75	117	u
16	22	syn	36	54	6	56	86	V	76	118	v
17	23	etb	37	55	7	57	87	W	77	119	w
18	24	can	38	56	8	58	88	X	78	120	x
19	25	em	39	57	9	59	89	Y	79	121	y
1a	26	sub	3a	58	:	5a	90	Z	7a	122	z
1b	27	esc	3b	59	;	5b	91	[	7b	123	{
1c	28	fs	3c	60	<	5c	92	\	7c	124	|
1d	29	gs	3d	61	=	5d	93	]	7d	125	}
1e	30	re	3e	62	>	5e	94	^	7e	126	~
1f	31	us	3f	63	?	5f	95	_	7f	127	del

附录 B　C 语言常用库函数

　　库函数并不是 C 语言的一部分,它是编译系统根据一般用户的需要编制并提供给用户使用的一组程序。每种 C 编译系统都配备一批库函数,不同的编译系统所提供的库函数的数目、函数名以及函数功能并非完全一致。ANSI C 标准提出了一批建议提供的标准库函数,涵盖了目前多数 C 编译系统所提供的库函数,但也有部分函数是某些 C 编译系统未曾实现的。出于通用性考虑,本附录列出 ANSI C 建议的常用库函数。

　　由于 C 库函数的种类繁多、数量庞大,如屏幕和图形函数、时间日期函数、与系统有关的函数等,且每类函数又包含具备各种功能的函数。受篇幅限制,本附录无法全部介绍,仅从教学需求角度列出最基础的部分。读者在编写 C 程序时,可根据实际需要,查阅相关系统的函数使用手册。

1. 数学函数

　　使用数学函数时,需在源文件中使用预编译命令:

　　#include <math.h>或#include "math.h"

函数名	函数原型	功　能	返回值
acos	double acos(double x);	计算 arccos x 的值,其中 $-1 \leqslant x \leqslant 1$	计算结果
asin	double asin(double x);	计算 arcsin x 的值,其中 $-1 \leqslant x \leqslant 1$	计算结果
atan	double atan(double x);	计算 arctan x 的值	计算结果
atan2	double atan2(double x, double y);	计算 arctan x/y 的值	计算结果
cos	double cos(double x);	计算 cos x 的值,其中 x 的单位为弧度	计算结果
cosh	double cosh(double x);	计算 x 的双曲余弦 cosh x 的值	计算结果
exp	double exp(double x);	求 e^x 的值	计算结果
fabs	double fabs(double x);	求 x 的绝对值	计算结果
floor	double floor(double x);	求出不大于 x 的最大整数	该整数的双精度实数
fmod	double fmod(double x, double y);	求整除 x/y 的余数	返回余数的双精度实数
frexp	double frexp(double val, int *eptr);	把双精度数 val 分解成数字部分(尾数)和以 2 为底的指数,即 $val = x \cdot 2^n$, n 存放在 eptr 指向的变量中	数字部分 x $0.5 <= x < 1$
log	double log(double x);	求 lnx 的值	计算结果
log10	double log10(double x);	求 lgx 的值	计算结果
modf	double modf(double val, int *iptr);	把双精度数 val 分解成数字部分和小数部分,把整数部分存放在 ptr 指向的变量中	val 的小数部分

续表

函数名	函数原型	功　能	返回值
pow	double pow(double x, double y);	求 x^y 的值	计算结果
sin	double sin(double x);	求 sin x 的值，其中 x 的单位为弧度	计算结果
sinh	double sinh(double x);	计算 x 的双曲正弦函数 sinh x 的值	计算结果
sqrt	double sqrt (double x);	计算 $\sqrt{x}$，其中 x≥0	计算结果
tan	double tan(double x);	计算 tan x 的值，其中 x 的单位为弧度	计算结果
tanh	double tanh(double x);	计算 x 的双曲正切函数 tanh x 的值	计算结果

2. 字符函数

在使用字符函数时，需在源文件中使用预编译命令：

#include <ctype.h>或#include "ctype.h"

函数名	函数原型	功　能	返回值
isalnum	int isalnum(int ch);	检查 ch 是否字母或数字	是，返回 1；否则返回 0
isalpha	int isalpha(int ch);	检查 ch 是否字母	是，返回 1；否则返回 0
iscntrl	int iscntrl(int ch);	检查 ch 是否控制字符(其 ASCII 码在 0 和 0xlF 之间)	是，返回 1；否则返回 0
isdigit	int isdigit(int ch);	检查 ch 是否数字	是，返回 1；否则返回 0
isgraph	int isgraph(int ch);	检查 ch 是否是可打印字符(其 ASCII 码在 0x21 和 0x7e 之间)，不包括空格	是，符返回 1；否则返回 0
islower	int islower(int ch);	检查 ch 是否是小写字母(a~z)	是，返回 1；否则返回 0
isprint	int isprint(int ch);	检查 ch 是否是可打印字符(其 ASCII 码在 0x21 和 0x7e 之间)，不包括空格	是，返回 1；否则返回 0
ispunct	int ispunct(int ch);	检查 ch 是否是标点字符(不包括空格)即除字母、数字和空格以外的所有可打印字符	是，返回 1；否则返回 0
isspace	int isspace(int ch);	检查 ch 是否空格、跳格符(制表符)或换行符	是，返回 1；否则返回 0
isupper	int isupper(int ch);	检查 ch 是否大写字母(A~Z)	是，返回 1；否则返回 0
isxdigit	int isxdigit(int ch);	检查 ch 是否一个 16 进制数字(即 0~9，或 A 到 F，a~f)	是，返回 1；否则返回 0
tolower	int tolower(int ch);	将 ch 字符转换为小写字母	返回 ch 对应的小写字母
toupper	int toupper(int ch);	将 ch 字符转换为大写字母	返回 ch 对应的大写字母

3. 字符串函数

使用字符串中函数时，需在源文件中使用预编译命令：

#include <string.h>或#include "string.h"

函数名	函数原型	功　　能	返回值
memchr	void memchr(void *buf, char ch, unsigned count);	在 buf 的前 count 个字符里搜索字符 ch 首次出现的位置	返回指向 buf 中 ch 的第一次出现的位置指针。若没有找到 ch，则返回 NULL
memcmp	int memcmp(void *buf1, void *buf2, unsigned count);	按字典顺序比较由 buf1 和 buf2 指向的数组的前 count 个字符	buf1<buf2，为负数 buf1=buf2，返回 0 buf1>buf2，为正数
memcpy	void *memcpy(void *to, void *from, unsigned count);	将 from 指向的数组中的前 count 个字符拷贝到 to 指向的数组中。From 和 to 指向的数组不允许重叠	返回指向 to 的指针
memove	void *memove(void *to, void *from, unsigned count);	将 from 指向的数组中的前 count 个字符拷贝到 to 指向的数组中。From 和 to 指向的数组不允许重叠	返回指向 to 的指针
memset	void *memset(void *buf, char ch, unsigned count);	将字符 ch 拷贝到 buf 指向的数组前 count 个字符中	返回 buf
strcat	char *strcat(char *str1, char *str2);	把字符 str2 接到 str1 后面，取消原来 str1 最后面的终止符 "\0"	返回 str1
strchr	char *strchr(char *str, int ch);	找出 str 指向的字符串中第一次出现字符 ch 的位置	返回指向该位置的指针，如找不到，则返回 NULL
strcmp	int *strcmp(char *str1, char *str2);	比较字符串 str1 和 str2	str1<str2，为负数 str1=str2，返回 0 str1>str2，为正数
strcpy	char *strcpy(char *str1, char *str2);	把 str2 指向的字符串拷贝到 str1 中	返回 str1
strlen	unsigned intstrlen(char *str);	统计字符串 str 中字符的个数(不包括终止符 "\0")	返回字符个数
strncat	char *strncat(char *str1, char *str2, unsigned count);	把字符串 str2 指向的字符串中最多 count 个字符连到串 str1 后面，并以 NULL 结尾	返回 str1
strncmp	int strncmp(char *str1, *str2, unsigned count);	比较字符串 str1 和 str2 中至多前 count 个字符	str1<str2，为负数 str1=str2，返回 0 str1>str2，为正数
strncpy	char *strncpy(char *str1, *str2, unsigned count);	把 str2 指向的字符串中最多前 count 个字符拷贝到串 str1 中	返回 str1
strnset	void *setnset(char *buf, char ch, unsigned count);	将字符 ch 拷贝到 buf 指向的数组前 count 个字符中	返回 buf
strset	void *setset(void *buf, char ch);	将 buf 所指向的字符串中的全部字符都变为字符 ch	返回 buf
strstr	char *strstr(char *str1, *str2);	寻找 str2 指向的字符串在 str1 指向的字符串中首次出现的位置	返回 str2 指向的字符串首次出现的地址，否则返回 NULL

4. 输入输出函数

在使用输入输出函数时,需在源文件中使用预编译命令:

#include <stdio.h>或#include "stdio.h"

函数名	函数原型	功　能	返　回　值
clearerr	void clearer(FILE *fp);	清除文件指针错误指示器	无
close	int close(int fp);	关闭文件(非 ANSI 标准)	关闭成功返回 0,不成功返回 −1
creat	int creat(char *filename, int mode);	以 mode 所指定的方式建立文件(非 ANSI 标准)	成功返回正数,否则返回 −1
eof	int eof(int fp);	判断 fp 所指向的文件是否结束	文件结束返回 1,否则返回 0
fclose	int fclose(FILE *fp);	关闭 fp 所指向的文件,释放文件缓冲区	关闭成功返回 0,不成功返回非 0
feof	int feof(FILE *fp);	检查文件是否结束	文件结束返回非 0,否则返回 0
ferror	int ferror(FILE *fp);	测试 fp 所指向的文件是否有错误	无错返回 0,否则返回非 0
fflush	int fflush(FILE *fp);	将 fp 所指向的文件的全部控制信息和数据存盘	存盘正确返回 0,否则返回非 0
fgets	char *fgets(char *buf, int n, FILE *fp);	从 fp 所指向的文件读取一个长度为 n – 1 的字符串,存入起始地址为 buf 的空间	返回地址 buf,若遇文件结束或出错则返回 EOF
fgetc	int fgetc(FILE *fp);	从 fp 所指向的文件中取得下一个字符	返回所得到的字符,出错返回 EOF
fopen	FILE *fopen(char *filename, char *mode);	以 mode 指定的方式打开名为 filename 的文件	成功则返回一个文件指针,否则返回 0
fprintf	int fprintf(FILE *fp, char *format,args,…);	把 args 的值以 format 指定的格式输出到 fp 所指向的文件中	实际输出的字符数
fputc	int fputc(char ch, FILE *fp);	将字符 ch 输出到 fp 所指向的文件中	成功则返回该字符,出错返回 EOF
fputs	int fputs(char str, FILE *fp);	将 str 指定的字符串输出到 fp 所指向的文件中	成功则返回 0,出错返回 EOF
fread	int fread(char *pt, unsigned size, unsigned n, FILE *fp);	从 fp 所指向的文件中读取长度为 size 的 n 个数据项,存到 pt 所指向的内存区	返回所读的数据项个数,若文件结束或出错则返回 0

续表一

函数名	函数原型	功　能	返　回　值
fscanf	int fscanf(FILE *fp, char *format,args,…);	从 fp 指向的文件中按给定的 format 格式将读入的数据送到 args 所指向的内存变量中(args 是指针)	输入的数据个数
fseek	int fseek(FILE *fp, long offset, int base);	将 fp 指向的文件的位置指针移到 base 所指向的位置为基准、以 offset 为位移量的位置	返回当前位置,否则返回 −1
ftell	long ftell(FILE *fp);	返回 fp 所指向文件的读写位置	返回文件中的读写位置,否则返回 0
fwrite	int fwrite(char *ptr, unsigned size, unsigned n, FILE *fp);	将 ptr 所指向的 n*size 个字节输出到 fp 所指向的文件中	写到 fp 文件中的数据项的个数
getc	int getc(FILE *fp);	从 fp 所指向的文件中读出下一个字符	返回读出的字符,若文件出错或结束则返回 EOF
getchar	int getchar();	从标准输入设备中读取下一个字符	返回字符,若文件出错或结束则返回 −1
gets	char *gets(char *str);	从标准输入设备中读取字符串存入 str 指向的数组	成功返回 str,否则返回 NULL
open	int open(char *filename, int mode);	以 mode 指定的方式打开已存在的名为 filename 的文件(非 ANSI 标准)	返回文件号(正数),若打开失败则返回 −1
printf	int printf(char *format, args,…);	在 format 指定的字符串的控制下,将输出列表 args 的数据输出到标准设备	输出字符的个数,若出错则返回负数
prtc	int prtc(int ch, FILE *fp);	将字符 ch 输出到 fp 所指向的文件中	输出字符 ch,若出错则返回 EOF
putchar	int putchar(char ch);	将字符 ch 输出到 fp 标准输出设备	返回换行符,若失败则返回 EOF
puts	int puts(char *str);	将 str 指向的字符串输出到标准输出设备,将"\0"转换为回车行	返回换行符,若失败则返回 EOF
putw	int putw(int w, FILE *fp);	将一个整数 i (即一个字)写到 fp 所指向的文件中(非 ANSI 标准)	返回读出的字符,若文件出错或结束则返回 EOF

续表二

函数名	函数原型	功　能	返回值
read	int read(int fd, char *buf, unsigned count);	从文件号 fp 所指向的文件中读 count 个字节到由 buf 所指向的缓冲区(非 ANSI 标准)	返回真正读出的字节个数，文件结束返回 0，出错返回 -1
remove	int remove(char *fname);	删除以 fname 为文件名的文件	成功返回 0，出错返回 -1
rename	int remove(char *oname, char *nname);	将 oname 所指向的文件名改为由 nname 所指向的文件名	成功返回 0，出错返回 -1
rewind	void rewind(FILE *fp);	将 fp 指向的文件指针置于文件头，并清除文件结束标志和错误标志	无
scanf	int scanf(char *format,args,…);	从标准输入设备按 format 指示的格式字符串规定的格式，输入数据给 args 所指向的单元。args 为指针	读入并赋给 args 数据个数，文件结束返回 EOF，出错返回 0
write	int write(int fd, char *buf, unsigned count);	从 buf 指向的缓冲区输出 count 个字符到 fd 所指向的文件中(非 ANSI 标准)	返回实际写入的字节数，出错返回 -1

5. 动态存储分配函数

在使用动态存储分配函数时，应该在源文件中使用预编译命令：
#include <stdlib.h>或#include "stdlib.h"

函数名	函数原型	功　能	返　回　值
callloc	void *calloc(unsigned n, unsigned size);	分配 n 个数据项的内存连续空间，每个数据项的大小为 size	分配内存单元的起始地址，若不成功则返回 0
free	void free(void *p);	释放 p 所指内存区	无
malloc	void *malloc(unsigned size);	分配 size 字节的内存区	所分配的内存区地址，若内存不够则返回 0
realloc	void *realloc(void *p, unsigned size);	将 p 所指向的已分配内存区的大小改为 size。size 可以比原来分配的空间大或小	返回指向该内存区的指针，若重新分配失败，则返回 NULL

6. 其他函数

有些函数由于不便归入某一类，所以单独列出。使用这些函数时，需在源文件中使用预编译命令：

#include <stdlib.h>或#include "stdlib.h"

函数名	函数原型	功　能	返回值
abs	int abs(int num);	计算整数 num 的绝对值	返回计算结果
atof	double atof(char *str);	将 str 指向的字符串转换为一个 double 型的值	返回双精度计算结果
atoi	int atoi(char *str);	将 str 指向的字符串转换为一个 int 型的值	返回转换结果
atol	long atol(char *str);	将 str 指向的字符串转换为一个 long 型的值	返回转换结果
exit	void exit(int status);	中止程序运行。将 status 的值返回至调用该过程的地方	无
itoa	char *itoa(int n, char *str, int radix);	将整数 n 的值按照 radix 进制转换为等价的字符串，并将结果存入 str 指向的字符串中	返回一个指向 str 的指针
labs	long labs(long num);	计算 long 型整数 num 的绝对值	返回计算结果
ltoa	char *ltoa(long n, char *str, int radix);	将长整数 n 的值按照 radix 进制转换为等价的字符串，并将结果存入 str 指向的字符串	返回一个指向 str 的指针
rand	int rand();	产生 0 到 RAND_MAX 之间的伪随机数。RAND_MAX 在头文件中定义	返回一个伪随机(整)数
random	int random(int num);	产生 0 到 num 之间的随机数	返回一个随机(整)数
randomize	void randomize();	初始化随机函数，使用时包括头文件 time.h	

参 考 文 献

[1]　龚尚福，丁雪芳. 案例 C 语言程序设计教程[M]. 西安:西安电子科技大学出版社,2016.

[2]　李振富. C 语言程序设计[M]. 西安：西安电子科技大学出版社，2012.

[3]　常中华，王春蕾，毛旭亭，等. C 语言程序设计实例教程[M]. 北京：人民邮电出版社，2023.

[4]　黑马程序员. C 语言程序设计案例式教程[M]. 北京：人民邮电出版社，2022.

[5]　柴钰，张晶园，杨良煜. 单片机原理及应用[M]. 2 版. 西安：西安电子科技大学出版社，2018.

[6]　雷思孝，付少锋，冯育长. 单片机原理及工程应用[M]. 西安：西安电子科技大学出版社，2023.

[7]　王东锋，王会良，董冠强. 单片机 C 语言应用 100 例[M]. 北京：电子工业出版社,2009.

[8]　熊聪聪，宁爱军. C 语言程序设计[M]. 北京：人民邮电出版社，2021.

[9]　陈珂，陈静. C 语言程序设计任务式教程[M]. 北京：人民邮电出版社，2024.

[10]　李丽娟. C 语言程序设计教程[M]. 北京：人民邮电出版社，2019.

[11]　刘琨，段再超. C 语言程序设计[M]. 北京：人民邮电出版社，2020.

[12]　谭浩强. C 程序设计[M]. 3 版. 北京：清华大学出版社，2017.

[13]　王敬华. C 语言程序设计教程慕课版[M]. 北京：清华大学出版社，2021.

[14]　李少华. C 语言程序设计基础教程[M]. 北京：清华大学出版社，2020.

[15]　吕秀锋，黄倩. C 语言程序设计：现代方法[M]. 2 版. 北京：人民邮电出版社，2021.

[16]　PRATA S. C Prime Plus(中文版)[M]. 6 版. 张海龙，袁国忠，译. 北京：人民邮电出版社，2016.

[17]　REEK K A. C 和指针[M]. 徐波，译. 北京：人民邮电出版社，2008.

[18]　孙军，曹芝兰. C 语言程序设计[M]. 北京：电子工业出版社，2024.